石油高等院校特色规划教材

源汇沉积学原理与应用

徐长贵　龚承林　朱红涛　主编

石油工业出版社

内容提要

本书系统介绍了源汇沉积学的基础知识、基本原理和基本方法，内容丰富、图文并茂、原理与应用紧密结合、可读性和实用性强。

本书可作为高等院校地质学、资源勘查工程、矿产普查与勘探、地质工程、地质资源与地质工程等专业本科生和研究生的教材，也可作为相关领域专业技术人员的参考书。

图书在版编目（CIP）数据

源汇沉积学原理与应用 / 徐长贵，龚承林，朱红涛主编 . -- 北京：石油工业出版社，2024.10. -- （石油高等院校特色规划教材）. --ISBN 978-7-5183-7014-6

Ⅰ . P588.2

中国国家版本馆 CIP 数据核字第 2024RH3276 号

出版发行：石油工业出版社
　　　　　（北京市朝阳区安华里 2 区 1 号楼　100011）
　　　网　　址：www.petropub.com
　　　编辑部：（010）64251362　图书营销中心：（010）64523633
经　　销：全国新华书店
排　　版：北京乘设伟业科技有限公司
印　　刷：北京九州迅驰传媒文化有限公司

2024 年 10 月第 1 版　2024 年 10 月第 1 次印刷
787 毫米 ×1092 毫米　开本：1/16　印张：12.75
字数：320 千字

定价：100.00 元
（如发现印装质量问题，我社图书营销中心负责调换）
版权所有，翻印必究

序
FOREWORD

陆源碎屑沉积物从源到汇输送的过程依次经历源区风化侵蚀、通过特定介质搬运（如河流、风、冰川等），以及沉积物颗粒发生沉降等过程。沉积物源—汇过程中的物质源区、搬运介质及沉积盆地等组成了沉积物的源汇系统。运用沉积学理论和方法对沉积记录进行解译是研究地球表层系统演化历史的重要途径。然而，由于沉积物源—汇过程的复杂性，对沉积记录的正确解释，需要深入理解沉积物从源到汇搬运过程中所经历的物理过程及其动力学机制。同时，作为沉积物源汇系统的重要组成部分，如河流、三角洲等，往往是人口稠密的地区，对人类生存环境、全球水循环及生态系统均具有重要意义。当今人类赖以生存的化石能源（如煤、石油及天然气等）都赋存于沉积盆地中，其形成、储藏和运移均与沉积物源—汇过程息息相关。因此，对沉积物源汇系统的深入研究，无论是对地球科学理论的发展还是对人类生存条件的改善均具有重大科学意义。

20世纪末以来，国际地球科学界执行了一系列大型科学计划，对世界不同地区的沉积物源汇系统开展研究，如 STRATAFORM 计划（"大陆边缘地层形成"，1994 年至 2000 年）研究美国加利福尼亚州岸外的鳗鱼河（Eel River）源汇系统、EUROSTRATAFORM 计划（"欧洲大陆边缘地层形成"，2002 年至 2005 年）选择地中海北部波河（Po River）和罗纳河（Rhone River）源汇系统、MARGINS-S2S 计划（"大陆边缘—从源到汇"，2002 年至 2010 年）研究巴布亚新几内亚弗莱河（Fly River）和新西兰怀保阿河（Waipaoa River）源汇系统。这些研究均以沉积物从源到汇过程为科学问题，以多种手段开展跨学科的沉积过程机理研究，也成为研究地球表层系统的关键领域。在国内，由于我国具有研究源汇系统的独特地质地貌条件，源汇系统研究也成为我国沉积学发展的战略方向之一。例如，从青藏高原、主要河流系统到南海东海等沉积物源汇，其构造和沉积演化研究都取得了长足的进步，但是针对东亚大陆边缘整个源汇系统综合多学科的研究还近乎空白，这为后期开展源汇系统综合研究奠定了良好的基础。

在这样国际地球科学发展前沿研究的背景下，为了解决"层序不一定控砂、低位不一定有扇"的勘探难题，我国石油工业界开始了源汇系统与沉积学的交叉融合，在预测沉积盆地的地层结构、沉积充填和成藏要素等方面得到了广泛应用，实现了沉积学由表征功能向预测功能的转变，孕育形成了源汇沉积学（source-to-sink sedimentology）。《源汇沉积学原理与应用》一书系统梳理了陆湖和陆海源汇系统在"构成要素表征、源汇过程重建、源汇耦合响应与工业化应用"的成果积累与研究进展，系统介绍了源汇沉积学的基础知识、基本原理和基本方法。

上述工作是中国海洋石油集团有限公司与中国石油大学（北京）和中国地质大学（武汉）的一批优秀中青年学者集体合作、长期开展该领域科学研究所取得成果的集中体现，也是对沉积学前沿问题的积极探索。《源汇沉积学原理与应用》一书内容丰富、资料详实，既有重要的学术价值，也具有重要的应用前景，相信它的出版将会对我国沉积学发展具有重要的推动作用，也将使相关领域的在校学生和科研人员受益！

中国科学院院士

Preface

This new and important textbook entitled "Principles and Applications of Source-to-Sink Sedimentology" by Drs. Changgui Xu, Chenglin Gong and Hongtao Zhu focuses on development of a more quantitative and predictive version of stratigraphy, as opposed to a historical version that has traditionally been qualitative and descriptive. What this textbook refers to as "Predictive Stratigraphy" has been developing within the geosciences since the 1960s, and, at a very basic level, seeks to quantify and predict rock and reservoir properties in areas with substantial data, as well as in areas where data density may be low to non-existent.

Early development of predictive stratigraphy as a fundamental tool in basin analysis was concurrent with the development of facies models and came to be known as sequence stratigraphy. This approach emerged from the breakthrough research of Larry Sloss and Harry Wheeler in the United States in the 1950s and 60s, and from the new field of seismic stratigraphy that was being developed by researchers at Exxon Production Research in the 1970s. At a basic level, sequence stratigraphy emphasizes the relationship between accommodation (generated by relative sea-level change) and sediment supply, and how changes in that relationship can drive the landward and seaward migration of shorelines, cause spatial shifts in environments of deposition, and modulate the export of sediment to deepwater environments. At the operational level, sequence stratigraphic methods are grounded on identification and mapping of key stratal surfaces, across which there have been changes in depositional processes and environments, and in doing so provides a qualitative framework for subdividing stratigraphic successions into genetically-significant units.

This new textbook seeks to define a forward-looking generation of predictive stratigraphy that is grounded on integration of sequence stratigraphy with the source-to-sink (S2S) paradigm, which has emerged in the geosciences only over the last 2-3 decades. The S2S approach developed from studies in the early 1980s and 1990s that began to quantify sediment transport processes and fluxes in modern marine basins, was then adapted to the quantitative study of sediment production and transport in modern terrestrial settings, and eventually began to impact our way of thinking about studies of ancient successions. S2S approaches were explicitly designed to explore how tectonics, climate and sea-level change, and autogenic processes interact to modulate the production, transfer, and storage of sediments and solutes from their sources in tectonic uplands to terminal sinks in the deep oceans. S2S approaches are now widely utilized to quantify morphological and sedimentary properties and scaling relationships within and between different segments within modern sediment-routing systems, and use insights developed from studies of modern systems to understand when and how clastic sediments are delivered to the shoreline and beyond, into the deep sea terminal sinks. Such insights commonly recognize that sediment flux is, in itself, a primary driver for downdip changes in environments, and how that flux is partitioned within different system segments and plays a role in determining the characteristics of those segments themselves.

The source-to-sink sedimentology that Drs. Changgui Xu, Chenglin Gong and Hongtao Zhu advocates in this textbook is a holistic approach to basin analysis, it has a broader and more quantitative focus to the study of sedimentary basin fills than sequence-stratigraphic approaches alone, and it is consistent with testing of hypotheses. For example, sand-rich deepwater reservoirs are not always found in lowstand systems tracts, as predicted by traditional sequence stratigraphic principles, or conversely, they can be found in sea-level highstand systems tracts. Sedimentary geologists can use hypotheses and process-based concepts developed through S2S research on modern systems to predict and more fully understand the boundary conditions and a suite of physical processes that combine to transfer sand to shelf-penetrating canyons, where turbidites are then ignited and sands are then transferred to the deep water terminal sink.

In summary, the source-to-sink sedimentology in this textbook seems like a natural and inevitable evolution of the way sedimentary geologists think and conduct their research. This new and important textbook entitled "Principles and Applications of Source-to-Sink Sedimentology" seems like the world's first textbook on S2S concepts and approaches.

In short, sequence stratigraphy provides methods to organize the stratigraphic record into genetic units, whereas the S2S approach is strongly grounded in processes of sediment production, transfer, and deposition. Integrating these two approaches as advocated in this new textbook (i.e., source-to-sink sedimentology) will change the way we interpret sedimentary rocks for the better, from the scale of individual environments of deposition to basin fills, as well as facilitate predictions of the distribution of rock properties and hydrocarbon exploration play elements in sedimentary basins.

Dr. Mike Blum
Scott and Carol Ritchie Distinguished Professor
Earth, Energy and Environment Center
University of Kansas
Lawrence, Kansas USA

前 言
INTRODUCTION

沉积盆地源汇系统这一概念萌芽于20世纪80年代地质学家对剥蚀区所剥蚀沉积物以及河流输送搬运沉积物的定量计算，形成于21世纪初美国国家科学基金会大陆边缘科学计划（MARGINS Program Science Plans 2004）。在大陆边缘科学计划中，沉积学和地层学项目组制定了源汇系统的研究专题，开始了在沉积学研究中引入源汇分析的概念和思想。源汇系统研究的核心是将沉积物在母岩区的剥蚀、流域盆地的搬运与汇水盆地的堆积纳入到一个由"源"到"汇"的系统中，来研究地球表层动力学过程对这一"剥蚀—搬运—堆积"源汇历程的过程响应与控制作用。

近年来，源汇系统和沉积学更加紧密地交叉融合、相互渗透，并深刻地改变着传统沉积学的方法原理与研究范式。源汇系统实现了沉积学研究的对象由"沉积物和沉积岩"向"剥蚀—搬运—堆积"系统历程的拓展，促使沉积学研究的功能从"表征"向"预测"的转变。源汇系统正在深刻地影响着沉积学理论的发展，两者的交叉渗透，正在孕育形成了一个新的学科方向——源汇沉积学（source-to-sink sedimentology）。

源汇沉积学作为一种地学理论得到了地质学家越来越多的认可与关注，正在产生一系列重要学术成果；作为一种盆地分析技术，在预测沉积盆地的地层结构、沉积充填和成藏要素等方面得到了广泛应用，并将取得更大进展。然而值得注意的是：目前，全球还没有一本源汇沉积学教材，导致不同科研院所之间源汇沉积的研究规范和方法手段存在诸多差异，甚至同一单位不同项目组之间源汇沉积的研究规范和概念方法也不尽相同。因此，出版一本介绍源汇沉积学基础知识、基本原理和基本方法的专业教材已迫在眉睫。

笔者自2005年带领团队针对渤海复杂断陷盆地古近系储层预测难题，率先在陆相断陷盆地的油气勘探和沉积学研究中引入源汇系统的方法和概念。经过十余年锲而不舍的深化研究，系统建立了陆相断陷盆地源汇控砂方法理论，极大地提高了渤海油田古近系储层预测的成功率。基于10余年的积累，笔者于2020年出版了《陆相断陷盆地源汇系统控砂原理与应用》一书，该书系统介绍源汇控砂的基本概念、基本原理以及工业化应用的基本方法，在沉积盆地的储层预测和沉积充填分析中取得了良好的应用成效，得到了国内同行的广泛认可。

在《陆相断陷盆地源汇系统控砂原理与应用》一书的基础上，笔者组织参与中国近海盆地源汇研究的校企青年学者一起参与《源汇沉积学原理与应用》一书的编写工作，旨为我国高等院校地质学、资源勘查工程、矿产普查与勘探、地质工程、地质资源与地质工程等相关专业本科生和研究生提供一本教材，为沉积学、地质学和油气勘探开发等相关领域专业技术人员提供一本参考书。

本书是集体智慧的结晶，全书编写思路、编写提纲由徐长贵构思拟定，共分九章：第1章由徐长贵和朱红涛执笔；第2章由徐长贵和龚承林执笔；第3章由徐长贵、朱红涛和杜晓峰执笔；第4章由朱红涛、徐长贵和刘强虎执笔；第5章由龚承林和刘强虎执笔；第6章由龚承林、朱红涛和刘强虎执笔；第7章由龚承林和朱红涛执笔；第8章由徐长贵、龚承林和朱红涛执笔；第9章由徐长贵、杜晓峰和朱红涛执笔。全书由徐长贵、龚承林和朱红涛任主编并统稿，并由徐长贵最后审定。参加本书内容研究工作的还有许多青年学者，在此对他/她们的支持和帮助致以诚挚的谢意。

中国科学院院士、著名沉积学家王成善教授以及国际沉积地质学会（SEPM）主席（2020—2021年）、美国堪萨斯大学终身教授Mike Blum百忙之中为本书作序，令本书增色良多，在此深表谢忱。

源汇沉积学是一项多学科交叉的重大课题，本书仅是笔者对源汇沉积学基础知识、基本原理和基本方法的系统总结，以期抛砖引玉。虽尽心竭力，奈何诠才末学，多有纰漏与不足，敬请广大读者批评指正。

编者
2024年4月22日于北京

目 录
CONTENTS

第1章 绪论 ··· 1

1.1 沉积盆地的基本概念和基本类型 ··· 1
    1.1.1 沉积盆地的基本概念 ·· 1
    1.1.2 沉积盆地的基本类型 ·· 1

1.2 沉积盆地分析的发展历程及主要进展 ··································· 2
    1.2.1 沉积盆地分析发展历程 ··· 2
    1.2.2 沉积盆地分析主要进展 ··· 5

1.3 沉积盆地源汇系统的内涵、形成与研究进展 ·························· 9
    1.3.1 源汇系统的内涵与形成 ··· 9
    1.3.2 源汇系统研究进展 ·· 11

参考文献 ·· 12

第2章 沉积体系、层序地层与源汇系统 ·· 17

2.1 沉积环境与沉积体系 ··· 17
    2.1.1 由源到汇的源汇沉积学基本概念 ································ 17
    2.1.2 由源到汇的源汇沉积体系 ··· 19

2.2 层序地层基本原理 ·· 23
    2.2.1 地质界面与层序地层学 ·· 23
    2.2.2 层序地层学的基本模式 ·· 27

2.3 从层序地层学走向源汇沉积学 ··· 34
    2.3.1 源汇系统概念的萌芽与建立 ······································ 34
    2.3.2 从层序地层学走向源汇沉积学 ··································· 36

参考文献 ·· 38

第3章 沉积盆地源汇系统分析基本原理 ································ 43

3.1 源汇分析基本思想与源汇系统基本类型 ························· 43
3.1.1 源汇分析基本思想 ································· 43
3.1.2 源汇系统基本类型 ································· 46
3.2 物源体系与搬运体系 ····································· 50
3.2.1 物源体系 ·· 50
3.2.2 搬运体系 ·· 53
3.3 坡折体系与汇聚体系 ····································· 55
3.3.1 坡折体系 ·· 55
3.3.2 汇聚体系 ·· 58
参考文献 ·· 60

第4章 源汇系统构成要素表征 ································ 63

4.1 物源子系统表征 ··· 63
4.1.1 物源区物源类型与基岩特征 ························· 63
4.1.2 物源区古地理与古水系恢复 ························· 66
4.2 搬运子系统表征 ··· 67
4.2.1 搬运通道类型识别 ································ 67
4.2.2 输砂通道表征 ···································· 71
4.3 汇聚子系统表征 ··· 73
4.3.1 坡折体系识别与表征 ······························ 73
4.3.2 古地貌识别与表征 ································ 75
参考文献 ·· 76

第5章 沉积盆地源汇系统分析基本方法 ························ 79

5.1 碎屑岩物源示踪 ··· 79
5.1.1 传统方法 ·· 79
5.1.2 地质年代学物源示踪 ······························ 84

5.2 源汇参数与比例关系 ··· 93
  5.2.1 物源区源汇参数特征与比例关系 ··· 93
  5.2.2 过渡区和沉积区源汇地貌特征与比例关系 ······································· 98
5.3 源汇参数定量计算与半定量分析 ·· 103
  5.3.1 源汇参数定量计算 ··· 103
  5.3.2 源汇参数半定量分析 ··· 106
参考文献 ·· 109

第6章 源汇系统重建方法 ·· 114

6.1 古物源和古地貌恢复重建 ·· 114
  6.1.1 母岩类型恢复 ·· 114
  6.1.2 古地貌恢复 ·· 117
6.2 源汇系统水系重建 ·· 121
  6.2.1 基于地貌的古水系拾取 ·· 121
  6.2.2 古水系重建的典型实例 ·· 123
6.3 源汇系统级次划分 ·· 125
  6.3.1 源汇系统的级次划分方法 ·· 125
  6.3.2 源汇系统级次划分典型实例 ·· 128
参考文献 ·· 129

第7章 源汇系统过程响应与耦合模式 ·· 132

7.1 迟滞响应源汇系统的过程响应 ··· 132
  7.1.1 迟滞响应源汇系统的定义与形成条件 ··· 132
  7.1.2 迟滞响应源汇系统多尺度环境信号的过程响应 ···························· 134
7.2 瞬态响应源汇系统的过程响应 ··· 135
  7.2.1 瞬态响应源汇系统的定义与形成条件 ··· 135
  7.2.2 瞬态响应源汇系统多尺度环境信号的过程响应 ···························· 138
7.3 源汇系统的耦合模式 ·· 141
  7.3.1 基于空间尺度的源汇系统耦合模式 ·· 141
  7.3.2 基于尺寸规模的源汇系统耦合模式 ·· 142
参考文献 ·· 145

第8章 源汇系统控砂模式与控储机制 147

8.1 陆洋源汇系统控砂模式 147
8.1.1 基于锆石测年重建陆洋源汇系统宏观沉积背景 147
8.1.2 陆洋源汇系统沉积体尺寸规模预测 151

8.2 陆湖源汇系统控砂模式 156
8.2.1 陆湖源汇系统转换带控砂 156
8.2.2 陆湖源汇系统沟谷控砂 162

8.3 源汇系统控储机制 165
8.3.1 "源—渠—汇—岩"概念的提出 165
8.3.2 基于"源—渠—汇—岩"的优质储层预测技术 167

参考文献 174

第9章 源汇系统工业化制图方法 177

9.1 源汇系统工业化制图内容与物源子系统分析 177
9.1.1 源汇系统工业化制图与层序地层格架 177
9.1.2 物源区汇水单元划分工业化制图 178

9.2 物源子系统分析与搬运子系统表征 180
9.2.1 物源子系统工业化制图 180
9.2.2 基岩地质年代与岩性组成工业化制图 181

9.3 汇聚子系统分析与源汇系统耦合 183
9.3.1 搬运子系统与坡折子系统工业化制图 183
9.3.2 源汇系统耦合及其控砂控储工业化制图 185

参考文献 187

第 1 章 绪 论

1.1 沉积盆地的基本概念和基本类型

沉积盆地是盆地分析的主要研究对象和载体,依据不同的标准可以划分为不同的类型。

1.1.1 沉积盆地的基本概念

沉积盆地是指地球表面(岩石圈表面)相对长时期沉降的区域,它与周缘造山带往往呈镶嵌式分布,因形似一个盆子而得名(图1.1.1)(窦立荣等,2021;何登发等,2021)。沉积盆地是地表的"负性区",地表除沉积盆地以外的其他区域都是遭受侵蚀的剥蚀区,即沉积物的物源区,这种剥蚀区是构造上相对隆起的"正性区"。隆起的正性区遭受侵蚀剥蚀,使其剥蚀下来的物质向负性的沉积盆地迁移,并在盆地中堆积下来,这实际上就是一种均衡调整(或称补偿)作用。

从广义上来说,沉积盆地是指地壳上有沉积物或火山碎屑充填的区域,既可以接受物源区搬运来的沉积物,也可以充填火山喷出物质或火山碎屑物质以及盆内原地化学作用、生物作用或机械作用所形成的沉积物;从狭义上来说,沉积盆地是指在漫长的地质历史时期能堆积并保存沉积物的地区(图1.1.1)。沉积盆地这一概念包含三个基本条件:(1)有沉积物或火山碎屑的充填;(2)在构造上是一个下凹的单元;(3)形态上基本为封闭的。因此,沉积盆地既可以是大洋深海、大陆架(海相盆地),也可以是海岸、山前、山间地带(陆相盆地)。

1.1.2 沉积盆地的基本类型

据统计,全球共计发育483个沉积盆地。沉积盆地按照不同的标准可以划分为不同的类型(图1.1.1)(窦立荣等,2021)。

从"盆地形成后是否受构造变形影响和剥蚀破坏而改变原有面貌"的角度,Selley(1976)将沉积盆地分为同沉积盆地(syn-depositional basin)和后沉积盆地(post-depositional basin)。同沉积盆地是指沉积充填阶段盆地的原来面貌,而后沉积盆地是指被改造了的盆地。当改造作用强烈,原沉积盆地大面积被剥蚀后保存下来的盆地也被称为"后沉积盆地"或"残留盆地",现今地球表面形成时代较早(中生代之前)的盆地都经历了多期构造形变和暴露剥蚀,多为残留盆地。年代较晚的盆地(如新生代盆地)大多未发生强烈改造,基本保存了原来面貌多为"同沉积盆地",如新生代的渤海湾盆地和近海珠江口盆地、东海陆架盆地等诸多含油气盆地。可以通过鉴别盆地边界类型（沉积边界还是侵蚀边界）来区分"同沉积盆地"和"后沉积盆地"。同沉积盆地的原始边界一般为沉积边界，而后沉积盆地的盆地边界一般为经过后期改造剥蚀残留的边界，同沉积盆地边界往往有盆地边缘相，如冲积扇、辫状河、扇三角洲沉积。

从"不同时期形成的盆地往往在时空上相互叠置"的角度，将由不同地质时代、不同成因类型的盆地叠合而成的沉积盆地称为"叠合沉积盆地"或"叠合盆地"，如塔里木盆地和四川盆地都是叠合盆地的典型代表，为中新生代前陆式盆地叠合在古生代海相盆地之上。叠合盆地的形态和边界常由后期相对年轻盆地的构造边界所决定，不同时代、不同成因的原型盆地具有不同的构造样式和沉积充填特征。朱夏等（1982）把这些不同时期形成的盆地单元称为"盆地原型"（proto-type）。因此，叠合盆地分析需要识别出每种原型并分别进行研究，这样才能客观地揭示不同时期构造演化的继承、改造和变革等具成因联系的复杂关系，合理地解释构造格局和沉积充填样式的差异性。

从"威尔逊旋回原理"出发，窦立荣等（2021）通过解剖全球483个沉积盆地前寒武纪以来成盆演化历史，将全球483个沉积盆地划分为14种类型：陆内生长裂谷盆地、陆间裂谷盆地、内克拉通盆地、弧后前陆盆地、弧前盆地、周缘前陆盆地、斜压走滑盆地、陆内夭折裂谷盆地、被动大陆边缘盆地、弧后裂谷盆地、弧后小洋盆、弧后坳陷盆地、走滑拉分盆地和海沟盆地（图1.1.1）。

1.2 沉积盆地分析的发展历程及主要进展

对能源资源的需求是推动沉积盆地分析发展的主要驱动力，从20世纪至今沉积盆地分析经历了数十年的发展历程，在层序地层和源汇系统等方面取得了系列进展。

1.2.1 沉积盆地分析发展历程

以沉积盆地为研究对象的沉积盆地分析是地质学研究的重要领域，在多年的研究过程中形成了系统的方法原理和理论体系。沉积盆地分析从概念提出到原理方法系统化，经历了三个主要的发展历程。

1.2.1.1 沉积盆地分析起步阶段

20世纪60年代初至70年代末，地质学家（尤其是沉积学家）开展了盆地的沉积充填特征分析和盆地不同沉降阶段的古地理重建，沉积盆地分析开始萌芽起步。

20世纪60年代初，Potter等（1963）发表了专著 Paleocurrents and Basin Analysis（《古流与盆地分析》）（1963年初出版，1977年再版）。这一专著强调古水流体系在盆地分析中的重要性，并首次提出了盆地分析的整体思想。20世纪70年代末，沉积学家 Eric Conybeare 在 Lithostratigraphic Analysis of Sedimentary Basin（《沉积盆地岩性地层分析》）一书中，详细论述了沉积盆地岩性地层分析及其系统编图方法。

第1章 绪论
CHAPTER 1

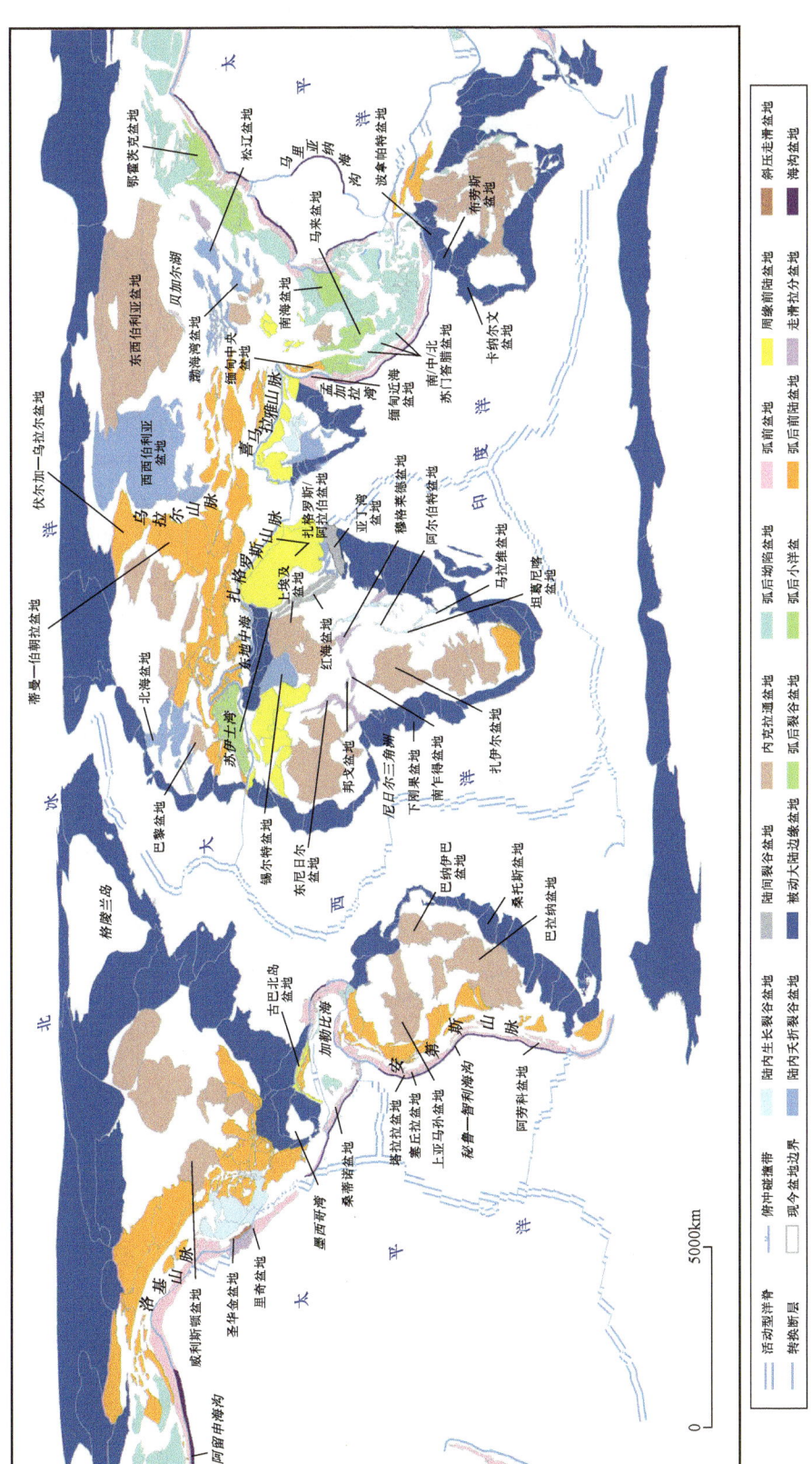

图 1.1.1 全球沉积盆地类型及其分布图（据窦立荣等，2021）

1.2.1.2　沉积盆地分析发展阶段

20世纪80年代初到90年代末，国内外地质学家出版了影响深远的沉积盆地分析系列专著，沉积盆地分析进入了蓬勃发展阶段。

20世纪80年代以来，人们从岩石圈板块的相互作用中重新认识了沉积盆地的成因和演化，逐渐使沉积盆地分析从概念萌芽发展为一门独立的学科方向，例如1982年在加拿大汉密尔敦市召开的第11届国际沉积学大会，首次将"盆地分析的原理和方法"专门分组。在此基础上，一些学者从板块构造与沉积的相互作用角度提出了新的盆地分类（Klein，1987）。

国际上，从20世纪90年代初开始地质学家发表了一系列沉积盆地分析著作，例如Miall（1990）主编 *Principles of sedimentary basin analysis*（《沉积盆地分析原理》）一书，Allen等（1990，2005）主编了 *Basin Analysis：Principles and Applications*（《盆地分析：原理和应用》）教材，Lerche L（1990）主编了 *Basin analysis：quantitative methods*（《盆地分析中的定量方法》）一书。与此同时，美国石油地质学家协会（American Association of Petroleum Geologists）也组织编著了各类型盆地的系列专著，包括离散/被动大陆边缘盆地、克拉通内部盆地、活动大陆边缘盆地、前陆盆地和褶皱带、陆内裂谷盆地等相关方面的专著（Landon，1994）。

国内，从20世纪70年代末到80年代末，我国学者开始了陆相断陷沉积盆地分析相关研究工作，并形成独具特色的沉积盆地分析研究思路和方法体系，《断陷盆地分析与煤聚积规律》（李思田，1988）是当时这一领域的代表作。此外，许多中国学者在陆相盆地和大型叠合盆地领域也出版了大量有特色的著作（李德生，1992；田在艺等，1996）。

1.2.1.3　沉积盆地分析成熟阶段

从20世纪90年代末至今，沉积盆地分析形成了成熟的研究思路和方法体系，沉积盆地分析进入相对成熟阶段。

20世纪90年代初期提出了沉积盆地动力学的重要学术思想，使盆地研究进一步深化。Dickinson（1993）提出：准静态的（quasistatic）盆地分类应该走向更具动力学意义和更具适应性的分类；盆地研究的集中点应从盆地分类转向盆地形成过程的动力学分析，并指出盆地演化常常是多种作用的联合控制，是多种作用的复杂函数。美国地球动力学委员会（USGC）聘请以William R.Dickinson教授为首席科学家的专家组编写的《沉积盆地动力学》提出了具有前瞻性的沉积盆地研究纲要（Dickinson，1997），突出了盆地分析的重大课题应与全球气候变化、流体流动和地球动力学密切结合。该纲要指出盆地研究的集中点应从盆地分类转向盆地形成过程的动力学分析，并提出沉积盆地研究的六大科学问题：

（1）板块构造和地幔对流格架中盆地的形成；

（2）盆地演化过程中烃类的生成和运移；

（3）现今和古流体的活动及其运移的化学动力学；

（4）与构造环境有关的盆地充填和热演化；
（5）地下岩石孔渗性的时空变化；
（6）保存在盆地中的构造、古气候和海平面变化的记录。

在这一时期，对沉积盆地成因的研究成为探索地球演化动力学过程、揭示化石能源和矿产资源在地下深处分布规律的重要学科，沉积盆地分析发展成为一门成熟的学科方向。沉积盆地分析已经成为跨沉积地质学、构造地质学、现代地层学、地球物理学、地球化学和计算机技术等多学科的新兴交叉学科。

1.2.2 沉积盆地分析主要进展

对能源日益增长的需求，沉积盆地分析出现了持续不衰的研究热潮，相继开展实施了多个大科学计划。

20世纪末，许多国际机构开展了多个与盆地分析相关的综合性研究项目。1989年3月，以美国地球科学家为首提出了1990年至2020年的为期30年的具有科学导向的"大陆动力学"研究计划，其中大型沉积盆地的成因和演化是重要的科学问题之一（许志琴等，2008）。由国际地质科学联合会（International Union of Geological Sciences）与国际大地测量学和地球物理学联合会（International Union of Geodesy and Geophysics）共同发起实施了国际岩石圈计划（International Lithosphere Program），将沉积盆地成因作为主要研究内容，开展了持续30年的研究。从2005年开始，国际岩石圈计划以沉积盆地为主要研究任务开展全球范围内的研究，来自大西洋、中东、非洲、环太平洋以及南半球的大学及研究机构的学者开展了一系列研讨。近年来国际岩石圈计划资助的TOPO-EUROPE计划开展的地球深部与地表过程研究也涉及大量盆地动力学研究内容（Cloetingh et al.，2009）。此外，欧洲研究基金会还资助了大量与盆地动力学相关的研究课题，如ESF-Integrated Basin Studies、EUROPROBE GeoRift（Starostenko et al.，2004）、ESF-EUROMARGINS等。与此同时，我国实施了"华北克拉通破坏"和"南海深海过程演变"两个重大研究计划，其中沉积盆地分析是这些大科学计划的重要研究内容（汪品先，2012）。

与持续不断的大科学计划实施相对应，沉积盆地分析从理论研究到资源勘查都取得了大量成果，在层序地层学、地震地貌学、地震沉积学和源汇系统等方面取得了重要进展。

1.2.2.1 层序地层学

20世纪90年代，伴随着全球海平面变化曲线和体系域等概念的提出，地震地层学逐渐发展成为层序地层学；层序地层学成为一种全新的沉积盆地分析方法，并在资源勘查（尤其是油气资源勘探）中扮演着不可替代的作用（图1.2.1）。层序地层学是指：研究以不整合面或与之相对应的整合面为界的、有成因联系的年代地层框架内的岩石关系为主要内容的一门学科（图1.2.1）（薛良清，1995）。

层序地层学的兴起大大提高了对盆地整体的认知，等时地层框架的建立和精细的储层沉积学分析为盆地内部构成研究提供了更为有效的方法（图 1.2.1）。尽管不同学者依据不同的资料，提出了不同的层序地层分析方法，形成了不同的流派（Cross et al., 1999），但这些方法在特定的构造背景或沉积盆地都可很好地应用（Catuneanu, 2006）。层序地层学自提出以来，作为一种地学理论得到了地质学家的广泛认可，产生了一系列重要学术成果；作为一种新的盆地分析方法，在地层格架对比、沉积矿产预测和古地理重建等方面得以广泛推广和应用，取得了巨大的经济效益（Galloway, 1989; Catuneanu et al., 2009; Catuneanu, 2006, 2022; 薛良清, 1995; 侯明才等, 2001; 龚承林等, 2022; 徐长贵等, 2023）。

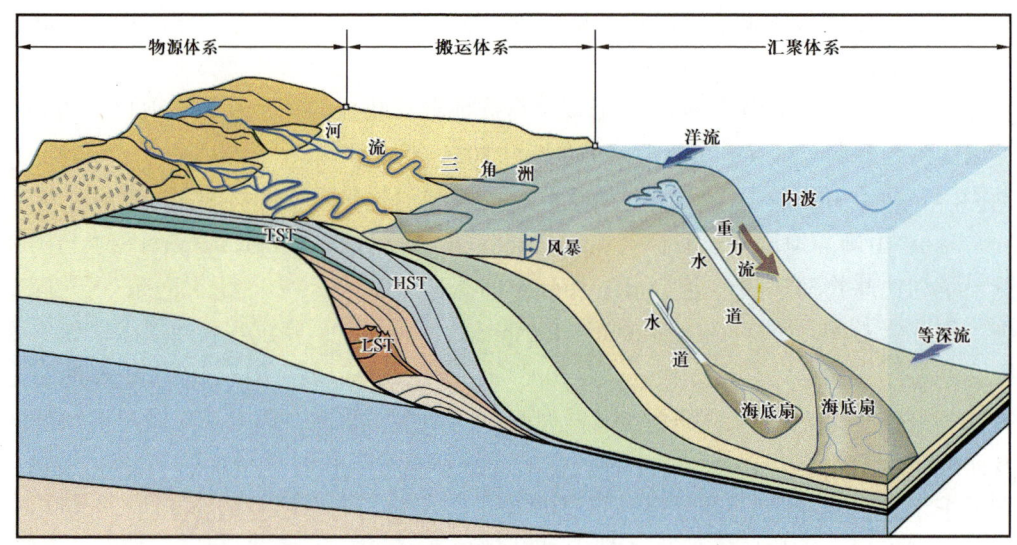

图 1.2.1 "层序地层"和"源汇系统"概念模式图
TST—海侵体系域；HST—高位体系域；LST—低位体系域

1.2.2.2 地震地貌学

地震地貌学是指：综合运用多项地震特征与地质（地貌学、沉积学和地层学）解释技术，通过三维地震数据平面成像来对地下地貌形态进行分析和研究，获取沉积体系的特征和演化等地质信息的学科。地震地貌学由美国沉积学家 Henry W. Posamentier 博士于 2001 年首次提出。高精度的三维地震数据体和计算机三维可视化技术是地震地貌学产生的前提条件；而"沉积单元都具有宽度远远大于厚度这一地质规律"是地震地貌学产生的理论基础。

地震地貌学被认为是 21 世纪以来石油工业重要的科技革新和沉积地质学发展的新航程。地震地貌学与地震地层学和层序地层学的联合运用，代表了现今三维地震资料解释最先进的技术手段。地震地貌学应用范围覆盖了河流—三角洲沉积等陆相沉积体系、陆架边缘三角洲等海陆过渡相沉积体系、深水水道—海底扇等海相沉积体以及碳酸盐岩沉积等（图 1.2.2）（Posamentier et al.，2003，2022；Howlett et al.，2020；McHargue et al.，2021；Xu et al.，2021）。地震地貌学作为一种新的地震地质解释思路目前已经在全球含油气盆地范围内获得了极大的成功（Posamentier et al.，2007，2022；Xu et al.，2021）。尤为重要的是地震地貌学手段在深水沉积体系的刻画研究中具有得天独厚的优势，最新地震地貌学技术手段（如 PaleoScan 和 Geotric 软件平台）所刻画的深水沉积体系比以往任何方法手段都能够更加栩栩如生、其义自见地展示各种深水沉积单元的地震地貌学特征（图 1.2.2）。

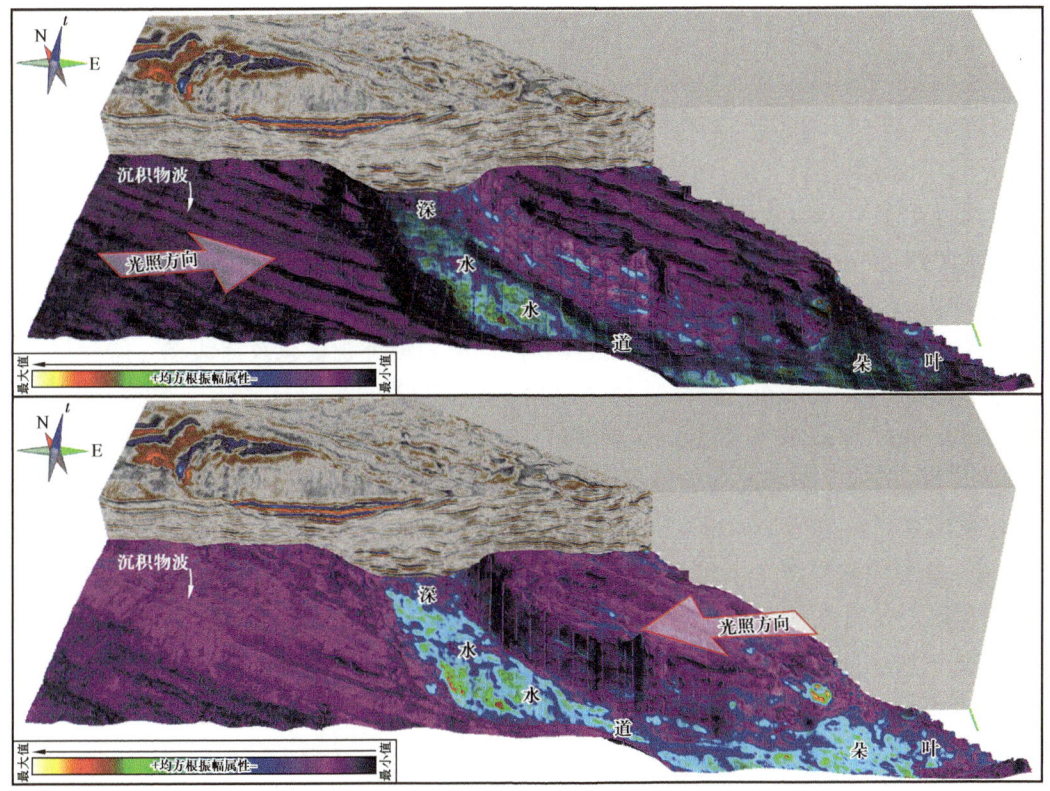

图 1.2.2　基于地震地貌学的深水水道在不同的光照方向条件下显示效果之对比

1.2.2.3　地震沉积学

地震沉积学概念的提出要追溯到 1998 年，美国得克萨斯州立大学奥斯汀分校曾洪流研究员等在 Geophysics 杂志上发表的关于地层切片的文章中（Zeng et al.，1998），首次提出"地震沉积学"一词，但当时并没给出详细定义。2004 年，曾洪流研究员及其同事对地震沉积学给出如下定义：地震沉积学是用地震资料来研究沉积岩及其形成过程的学科（Zeng et al.，2004）。

地震沉积学是继地震地层学、层序地层学和地震地貌学之后出现的一个新的学科方向，它是通过地震岩性学和地震地貌学的综合分析，研究地层岩性、沉积成因、沉积体系和盆地充填历史的学科（Zeng et al.，1998；Zeng et al.，2004）。地震沉积学可用于精细沉积体系三维几何形态、内部构成分析以及岩性预测，已在河流体系、海底扇研究中取得了广泛的成功，成为继地震地层学、层序地层学之后研究沉积岩及其形成过程的一门新技术方法，在油气勘探开发领域中展现了强大的生命力（曾洪流，2011；曾洪流等，2012；朱筱敏等，2019）。地震沉积学的提出使得沉积学家和油气勘探学家的研究视角产生了革命性变化，从利用地震垂向分辨率开展常规地震相研究走向充分利用地震水平分辨率开展多种平面沉积体系研究（特别是利用地层切片进行沉积体系研究和薄层砂体预测）（朱筱敏等，2019，2020）。

1.2.2.4 源汇系统

源汇系统是指：将沉积物在母岩区的剥蚀、流域盆地的搬运与汇水盆地的堆积纳入到一个由"源"到"汇"的系统中，研究剥蚀—搬运—堆积这一地球表层动力学过程对构造（物源区隆升与沉积区沉降）和气候（物源区气候和沉积区海平面）的过程响应与反馈机制的地质学分支学科（图1.2.1）（Allen，2008；林畅松等，2015；Romans et al.，2016；Walsh et al.，2016；Martinsen et al.，2017）。

源汇系统这一概念萌芽于地质学家对剥蚀区所剥蚀沉积物以及河流输送搬运沉积物的定量计算（Brown et al.，1971）。20世纪80年代，美国科罗拉多州立大学（Colorado State University）Stanley A. Schumm教授在 The Fluvial System 一书中，首次将河流中沉积颗粒产生—搬运—堆积的生命历程（沉积颗粒宿命）划分为：剥蚀区碎屑颗粒的产生、转换区碎屑颗粒的搬运和沉积区碎屑颗粒的堆积。这一概念的提出正式标志着"源汇系统"这一概念的初步建立（图1.2.3）（Schumm，1977）。在此基础上，地质学家开始尝试将物源区的定量数据（如沉积物供给量等）和沉积区的地下数据（如地震和钻测井数据等）纳入到一个由"源"到"汇"的系统中，并综合分析沉积物的剥蚀、搬运至堆积这一系统历程的响应关系与控制机制（图1.2.1）（Romans et al.，2016；Martinsen et al.，2017）。

源汇系统研究构成了沉积盆地分析一个新的方向，其与层序地层二者是相辅相成的，它们共同的学科目标均是为了"预测沉积盆地的沉积充填与成藏要素（尤其是有利砂体）"；且层序划分往往是源汇研究的基础，为源汇分析提供区域可对比的等时格架（图1.2.1）（朱红涛等，2022）。作为一种地学理论，层序地层和源汇系统得到了地质学家的广泛认可，产生了一系列重要学术成果；作为一种盆地分析技术，源汇系统分析能够用于定量预测汇水区沉积体系的尺寸规模和时空展布等，对沉积矿产（尤其是石油与天然气资源）预测的指导意义已经显现（Sømme et al.，2009；徐长贵，2013；林畅松等，2015；徐长贵等，2017；王成善等，2021；Romans et al.，2016；Catuneanu，2022；徐长贵等，2023）。

源汇系统是美国"MARGINS Program Science Plans 2004"（洋陆边缘科学计划2004）所确定的四个主要研究领域之一（高抒，2005）。该计划提出源汇系统研究任务包括沉积物和溶解质从源到汇的产出、转换和堆积，物质侵蚀、转换过程的反馈机制，全球海平面变化历史记录和地层层序形成。同样，在欧盟第五框架协议的资助下，欧洲 9 个国家 20 多个实验室和研究机构结合 InterMARGINS 和 IODP 发起了 EuroSTRATAFORM 计划。该计划的目的是了解从源到汇的沉积系统，理解和模拟地中海和北大西洋边缘由河流经浅海陆架和峡谷到深海的无机颗粒和有机颗粒搬运过程，确定沉积物搬运过程、通道和通量的时空变化特征及其对沉积地层形成的作用和贡献。

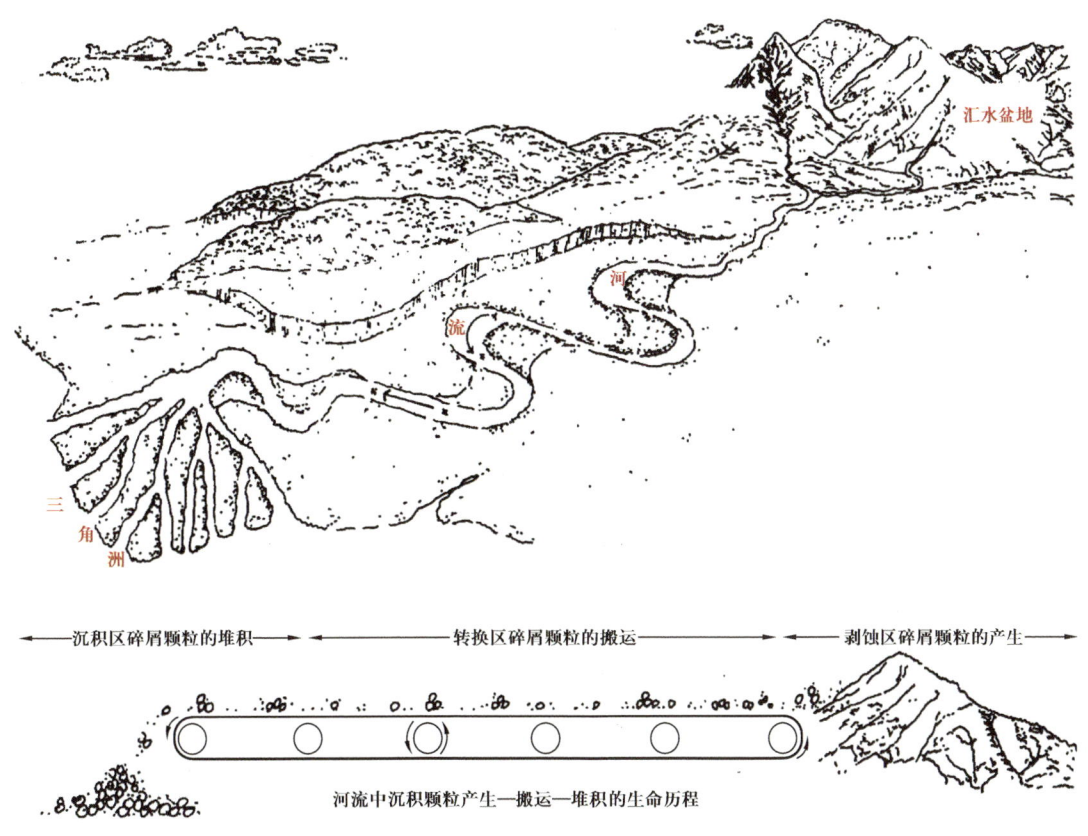

图 1.2.3　河流中沉积颗粒产生—搬运—堆积系统过程概念模式图（据 Schumm，1977，有修改）

1.3　沉积盆地源汇系统的内涵、形成与研究进展

源汇系统研究的核心是将沉积物在母岩区的剥蚀、流域盆地的搬运以及汇水区的堆积纳入到一个由"源"到"汇"的系统中，来研究地球表层动力学过程（构造和气候）对源汇沉积过程的塑造与控制。

1.3.1　源汇系统的内涵与形成

地球科学发展至 21 世纪进入地球系统研究的新阶段，各子系统相互作用的整体动态研究体系逐渐取代了各子系统的独立研究体系，更加注重地球岩石圈、水圈、大气圈和生物圈之间的相互作用（汪品先，2014）。沉积盆地作为地球系统重要子系统之一，其沉积充填过程无疑成为地球系统研究重要的子课题之一。然而早期沉积学中沉积充填过程研究并未达到地球系统研究的整体化与动态化层次，为将研究层次提高至地球系统层次，源汇系统（source-to-sink system）应运而生，也称为沉积路径系统（sediment routing system）（徐长贵，2013；林畅松等，2015；Romans et al.，2016；Walsh et al.，2016）。源汇系统先进于沉积学和层序地层学，其先进性表现在三个方面。

首先，源汇系统不再局限于沉积学和层序地层学研究中的沉积区，将研究区域扩展到剥蚀区和搬运区，将沉积物在剥蚀区的剥蚀、剥蚀区的搬运与汇水区的堆积这一完整的"宿命"过程，纳入到一个由"源"到"汇"的系统中；形成了由层序地层体系、物源体系和汇聚体系构成的完整研究体系（图1.2.3，图1.3.1）（徐长贵，2013；林畅松等，2015；Bhattacharya et al.，2016；Helland-Hansen et al.，2016；Romans et al.，2016；Walsh et al.，2016）。

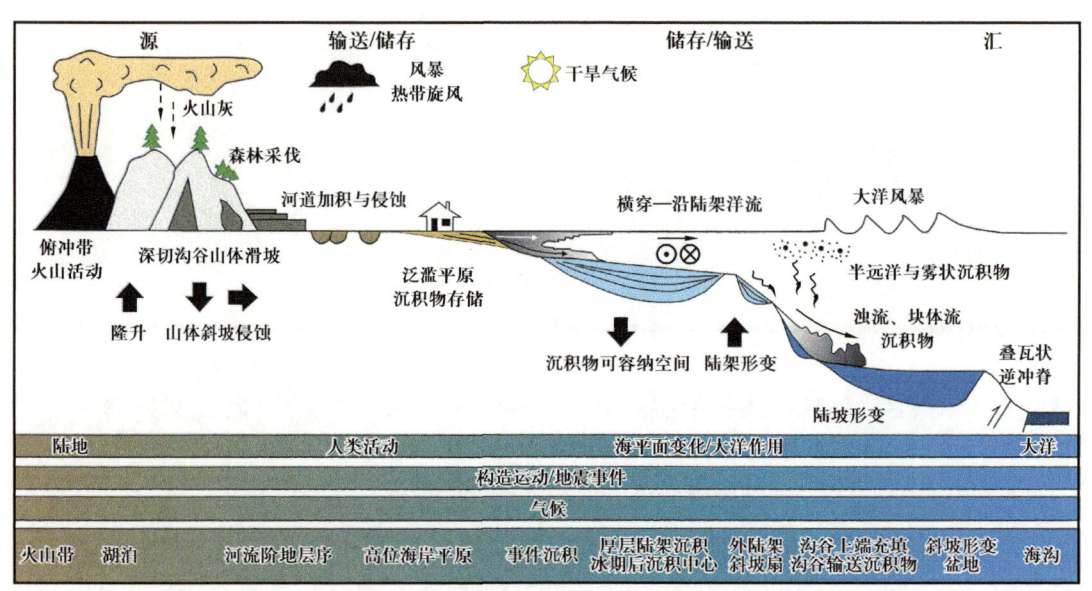

图1.3.1 新西兰Waipaoa源汇系统要素构成与地表动力学过程一览（据Carter et al.，2010）

其次，源汇系统更注重通过定量—半定量分析，建立物源—搬运—沉积整个过程的定量响应关系，从而可以有效地提高沉积体预测的精准度（Sømme et al.，2009；Helland-Hansen et al.，2016；Snedden et al.，2018；Nyberg et al.，2018）。在断陷盆地的砂体预测中，徐长贵等（2017，2020）提出了山（有效物源）—沟（搬运通道）—坡（坡折体系）—面（层序界面）耦合控砂的理论方法，认为山—沟—坡—面的有效配置决定了砂体在平面上的分布位置，而层序界面决定了砂体发育的有利时期。山—沟—坡—面耦合控砂理论方法认为：在平面上，发育完整有效山—沟—坡—面配置关系的区域方为有利储集砂体的富集场所；在剖面上，层序界面附近（尤其是低位域沉积期）是有利储集砂体的富集时期。

最后，源汇系统遵从正演思路，聚焦于"过程化""动态化"和"机制化"三个方面，重塑沉积物从源到汇的动态过程，深刻揭示沉积体成因机制（Cowie et al.，2008；Walsh et al.，2016）。

源汇系统本质上是自然界物质守恒定律的延伸，最早应用于大气污染与景观格局研究中，后被引入到沉积学研究中。近二十年来，源汇概念开始在大陆边缘沉积作用的研究中兴起，已经成为沉积学研究中十分关注的课题，许多重大地球科学研究计划都设立了关于源汇系统的长期研究工作，如美国国家自然科学基金会（National Science Foundation，NSF）与联合海洋学协会（Joint Oceanographic Institution，JOI）在1998年启动的"大陆边缘科学计划（MARGINS Program）"，其中沉积学与地层学项目组研究专题为"源汇系统"，该专题把从造山带的物源区到冲积平原、浅海陆架，最终到深海盆地的源汇系统列为近十年的四大重要研究领域之一（图1.2.1）（Walsh et al.，2016），拉开了源汇系统研究的序幕（李铁刚等，2003；高抒，2005）。随后，欧洲InterMARGINS组织于1999年成立，2002年国际大洋发现计划（International Ocean Discovery Program，IODP）开始关注大陆边缘沉积作用，日本则在2003年结合InterMARGINS提出"亚洲三角洲演化与近代变化"（Anthony et al.，1999；徐长贵等，2017）。中国也于2000年启动了国家重点基础研究发展规划项目"中国边缘海的形成演化及重要资源的关键问题"，这是中国的洋陆边缘研究的主要项目之一，它针对的科学问题包括中国边缘海岩石层结构与深部地球动力学过程、东海和南海构造演化及边缘海的形成演化对重大资源形成的控制作用（徐长贵等，2017）。

1.3.2 源汇系统研究进展

从山区形成的沉积颗粒进入被称为由"源"到"汇"的系统中，并最终沉积下来的源汇系统研究是当前国际地球科学领域内人们颇为关注的一个重要方向（Allen，2005；Carter et al.，2010；Sømme et al.，2009；Kuehl et al.，2016；Amorosi et al.，2016；Romans et al.，2016）。

当前源汇系统研究的关键问题是"沉积—构造—气候"的耦合机制及其对源汇过程的控制作用（图1.3.1）（Liu et al.，2016；Walsh et al.，2016；Romans et al.，2016；Bernhardt et al.，2017；Straub et al.，2020）。源汇系统研究的核心是将沉积物在母岩区的剥蚀、流域盆地的搬运以及汇水区的堆积纳入到一个由"源"到"汇"的系统中，来研究构造（包括物源区的构造隆升和沉积区的构造沉降）和气候（包括物源区的降雨和沉积区的海平面变化等）对源汇过程的塑造与控制（图1.3.1）。譬如，综合大洋钻探计划（IODP）354航次（2015年）和362航次（2016年）的核心科学目标之一便是通过获取孟加拉扇和若开—尼科巴扇钻探取样来揭示喜马拉雅隆升剥蚀与亚洲季风演化是如何控制沉积物由"源"（喜马拉雅）到"汇"（孟加拉湾）剥蚀—搬运—堆积的地球表层动力学过程（France-Lanord et al.，2016；McNeill et al.，2017）。

在国际上，正如 Hodgson 等（2018）所指出的那样：如果人们想要深化源汇系统研究，更好地认知沉积记录是如何记载过去的环境演变，人们需要研究地貌过程、利用沉积档案解译古环境变迁。"利用孟加拉扇的沉积记录解译新生代以来喜马拉雅地区侵蚀过程与亚洲季风演化"是 2015 年在孟加拉扇实施的 IODP 354 航次的核心科学目标（France-Lanord et al.，2016；Blum et al.，2018；Reilly et al.，2020）。在国内，中国沉积学发展战略研究报告（A Roadmap of Sedimentology in China until 2030）中指出中国沉积学界未来 10 年源汇系统研究的四大核心科学问题之一便是源汇系统对气候演变和构造活动的响应。

参 考 文 献

窦立荣，温志新，2021. 从原型盆地叠加演化过程讨论沉积盆地分类及含油气性［J］. 石油勘探与开发，48（6）：1100-1113.

高抒，2005. 美国《洋陆边缘科学计划 2004》述评［J］. 海洋地质与第四纪地质，25（1）：119-123.

龚承林，Ronald J. Steel，王英民，等，2022. 深海碎屑岩层序地层学 50 年（1970—2020）重要进展［J］. 沉积学报，40（2）：292-318.

何登发，李德生，童晓光，等，2021. 中国沉积盆地油气立体综合勘探论［J］. 石油与天然气地质，42（2）：265-284.

侯明才，陈洪德，田景春，2001. 层序地层学的研究进展［J］. 矿物岩石，21（3）：128-134.

胡见义，1991. 中国陆相石油地质理论基础［M］. 北京：石油工业出版社.

李德生，1992. 李德生石油地质论文集［M］. 北京：石油工业出版社.

李思田，1988. 断陷盆地分析与煤聚积规律［M］. 北京：地质出版社.

李铁刚，曹奇原，李安春，等，2003. 从源到汇：大陆边缘的沉积作用［J］. 地球科学进展，18（5）：713-721.

林畅松，夏庆龙，施和生，等，2015. 地貌演化、源—汇过程与盆地分析［J］. 地学前缘，22（1）：9-20.

Posamentier H W，Kolla V，刘化清，2019. 深水浊流沉积综述［J］. 沉积学报，37（5）：879-903.

田在艺，张庆春，1996. 中国含油气沉积盆地论［M］. 北京：石油工业出版社.

汪品先，2012. 追踪边缘海的生命史："南海深部计划"的科学目标［J］. 科学通报，57（20）：1807-1826.

汪品先，2014. 对地球系统科学的理解与误解：献给第三届地球系统科学大会［J］. 地球科学进展，29（11）：1277-1279.

王成善，林畅松，2021. 中国沉积学近十年来的发展现状与趋势［J］. 矿物岩石地球化学通报，40（6）：1217-1229.

徐长贵，2013. 陆相断陷盆地源—汇时空耦合控砂原理：基本思想、概念体系及控砂模式［J］. 中国海上油气，25（4）：1-21.

徐长贵，杜晓峰，2017. 陆相断陷盆地源—汇理论工业化应用初探：以渤海海域为例［J］. 中国海上油气，29（4）：9-18.

徐长贵，杜晓峰，徐伟，等，2017. 沉积盆地"源—汇"系统研究新进展. 石油与天然气地质，38（1）：1-11.

徐长贵，杜晓峰，朱红涛，2020. 陆相断陷盆地源汇系统控砂原理与应用［M］. 北京：科学出版社.

徐长贵，龚承林，2023. 从层序地层走向源—汇系统的储层预测之路［J］. 石油与天然气地质，44（3）：

521-538.

许志琴，李廷栋，杨经绥，等，2008. 大陆动力学的过去，现在和未来：理论与应用［J］. 岩石学报，24（7）：12.

薛良清，1995. 层序地层学研究现状、方法与前景［J］. 石油勘探与开发，22（5）：8-13+96.

曾洪流，2011. 地震沉积学在中国：回顾和展望［J］. 沉积学报，29（3）：417-426.

曾洪流，朱筱敏，朱如凯，等，2012. 陆相坳陷型盆地地震沉积学研究规范［J］. 石油勘探与开发，39（3）：275-284.

朱红涛，朱筱敏，刘强虎，等，2022. 层序地层学与源—汇系统理论内在关联性与差异性［J］. 石油与天然气地质，43（4）：763-776.

朱夏，陈焕疆，1982. 中国大陆边缘构造和盆地演化［J］. 石油实验地质，4（3）：153-160.

朱筱敏，董艳蕾，曾洪流，等，2019. 沉积地质学发展新航程：地震沉积学［J］. 古地理学报，21（2）：189-201.

朱筱敏，董艳蕾，曾洪流，等，2020. 中国地震沉积学研究现状和发展思考［J］. 古地理学报，22（3）：397-411.

Allen P A，2005. Striking a chord［J］. Nature，434（7036）：961.

Allen P A，2008. From landscapes into geological history［J］. Nature，451（7176）：274-276.

Allen P A，Allen J R，1990. Basin Analysis：Principles and Applications［M］. Oxford：Blackwell Scientific Publications.

Amorosi A，Maselli V，Trincardi F，2016. Onshore to offshore anatomy of a late Quaternary source-to-sink system（Po Plain-Adriatic Sea，Italy）［J］. Earth-Science Reviews，153：212-237.

Anthony E J，Julian M，1999. Source-to-sink sediment transfers, environmental engineering and hazard mitigation in the steep Var River catchment, French Riviera, southeastern France［J］. Geomorphology，31（1-4）：337-354.

Barrell J，1912. Criteria for the recognition of ancient delta deposits［J］. GSA Bulletin，23（1）：377-446.

Bernhardt A，Schwanghart W，Hebbeln D，et al.，2017. Immediate propagation of deglacial environmental change to deep-marine turbidite systems along the Chile convergent margin［J］. Earth and Planetary Science Letters，473：190-204.

Bhattacharya J P，Copeland P，Lawton T F，et al.，2016. Estimation of source area, river paleo-discharge, paleoslope, and sediment budgets of linked deep-time depositional systems and implications for hydrocarbon potential［J］. Earth-Science Reviews，153：77-110.

Blum M，Rogers K，Gleason J，et al.，2018. Allogenic and autogenic signals in the stratigraphic record of the deep-sea Bengal Fan［J］. Scientific Reports，8（1）：1-13.

Brown Ⅲ W M，Ritter J R，1971. Sediment transport and turbidity in the Eel River basin, California［R］. Reston：U S Geological Survey.

Brown L F Jr，Fisher W L，1977. Seismic Stratigraphy—Applications to Hydrocarbon Exploration［M］. Tulsa：American Association of Petroleum Geologists.

Carter L，Orpin A R，Kuehl S A，2010. From mountain source to ocean sink-the passage of sediment across an active margin, Waipaoa Sedimentary System, New Zealand［J］. Marine Geology，270（1-4）：1-10.

Catuneanu O，2022. Principles of Sequence Stratigraphy［M］. 2nd ed. Amsterdam：Elsevier Press.

Catuneanu O，Abreu V，Bhattacharya J P，et al.，2009. Towards the standardization of sequence stratigraphy［J］. Earth-Science Reviews，92（1-2）：1-33.

Catuneanu, 2006. Principles of Sequence Stratigraphy [M]. Amsterdam: Elsevier Press.

Catuneanu, 2020. Sequence stratigraphy of deep-water systems [J]. Marine and Petroleum Geology, 114: 104238.

Cloetingh S, Thybo H, Faccenna C, 2009. TOPO-EUROPE: Studying continental topography and Deep Earth—Surface processes in 4D [J]. Tectonophysics, 474 (1-2): 4-32.

Cowie P A, Whittaker A C, Attal M, et al., 2008. New constraints on sediment-flux-dependent river incision: Implications for extracting tectonic signals from river profiles [J]. Geology, 36 (7): 535-538.

Cross T A, Lessenger M A, 1999. Construction and application of a stratigraphic inverse model [M] // Harbaugh J W, Watney W L, Rankey E C, et al., Numerical experiments in stratigraphy: recent advances in stratigraphic and sedimentologic computer simulations. McLean: SEPM (Society for Sedimentary Geology) Special Publication 62: 69-83.

Dickinson W R, 1993. Basin Geodynamics [J]. Basin Research, 5: 195-196.

Dickinson W R, 1997. The dynamics of sedimentary basins [M]. Reston: USGS National Academy Press.

France-Lanord C, Spiess V, Klaus A, et al., 2016. Bengal Fan [J]. Proceedings of the International Ocean Discovery Program, 354.

Galloway W E, 1989. Genetic stratigraphic sequences in basin analysis I: architecture and genesis of flooding-surface bounded depositional units [J]. AAPG Bulletin, 73 (2): 125-142.

Galloway W E, Whiteaker T L, Ganey-Curry P E, 2011. History of Cenozoic North American drainage basin evolution, sediment yield, and accumulation in the Gulf of Mexico basin [J]. Geosphere, 7 (4): 938-973.

Helland-Hansen W, Sømme T O, Martinsen O J, et al., 2016. Deciphering Earth's natural hourglasses: perspectives on source-to-sink analysis. Journal of Sedimentary Research, 86 (9): 1008-1033.

Hodgson D M, Bernhardt A, Clare M A, et al., 2018. Grand challenges (and great opportunities) in sedimentology, stratigraphy, and diagenesis research [J]. Frontiers in Earth Science, 6: 173.

Howlett D M, Gawthorpe R L, Ge Z, et al., 2020. Turbidites, topography and tectonics: evolution of submarine channel-lobe systems in the salt-influenced Kwanza Basin, offshore Angola [J]. Basin Research, 33 (2): 1076-1110.

Klein G D, 1987. Current aspects of basin analysis [J]. Sedimentary Geology, 50 (1-3): 95-118.

Kuehl S A, Alexander C R, Blair N E, et al., 2016. A source-to-sink perspective of the Waipaoa River margin [J]. Earth-Science Reviews, 153: 301-334.

Landon S M, 1994. Interior rift basins: AAPG Memoir 59 [M]. Tulsa: AAPG.

Lerche L, 1990. Basin Analysis Quantitative Methods, Volume 1 [M]. San Diego: Academic Press Inc.

Liu J T, Hsu R T, Hung J-J, et al., 2016. From the highest to the deepest: the Gaoping River-Gaoping Submarine Canyon dispersal system [J]. Earth-Science Reviews, 153: 274-300.

Liu Z, Zhao Y, Colin C, et al., 2016. Source-to-sink transport processes of fluvial sediments in the South China Sea [J]. Earth-Science Reviews, 153: 238-273.

Martinsen O J, Sømme T O, Audun G, 2017. Development of predictive stratigraphy—sequences, source-to-sink, and back to seismic [C] //Hart B, Rosen N C, West D, et al., Sequence stratigraphy: the future defined. 36th Annual Gulf Coast Section SEPM Foundation Perkins-Rosen Research Conference, Houston, Texas, 7-8.

McHargue T R, Hodgson D M, Shelef E, 2021. Architectural diversity of submarine unconfined lobate deposits [J]. Frontiers in Earth Science, 9: 697170.

McNeill L C, Dugan B, Backman J, et al., 2017. Understanding Himalayan erosion and the significance of the Nicobar Fan [J]. Earth and Planetary Science Letters, 475: 134−142.

Miall A D, 1990. Principles of sedimentary basin analysis [M]. 2nd ed. New York: Springer−Verlag.

Nyberg B, Helland−Hansen W, Gawthorpe R L, et al., 2018. Revisiting morphological relationships of modern source−to−sink segments as a first−order approach to scale ancient sedimentary systems [J]. Sedimentary Geology, 373: 111−133.

Posamentier H W, Davies R J, Cartwright J A, et al., 2007. Seismic Geomorphology−an Overview [C] // Davies R J, Posamentier H W, Wood L, et al., Seismic geomorphology: applications to hydrocarbon exploration and production, Vol. 277. London: Geological Society of London, Special Publications: 1−14.

Posamentier H W, Kolla V, 2003. Seismic geomorphology and stratigraphy of depositional elements in deep−water settings [J]. Journal of Sedimentary Research, 73 (3): 367−388.

Posamentier H W, Paumard V, Lang S C, 2022. Principles of seismic stratigraphy and seismic geomorphology I: Extracting geologic insights from seismic data [J]. Earth−Science Reviews, 228: 103963.

Potter P E, Pettijohn F J, 1963. Paleocurrents and basin analysis [M]. Berlin: Springer−Verlag.

Reilly B T, Bergmann F, Weber M E, et al., 2020. Middle to late Pleistocene evolution of the Bengal Fan: Integrating core and seismic observations for chronostratigraphic modeling of the IODP Expedition 354 8° north transect [J]. Geochemistry, Geophysics, Geosystems, 21 (4): e2019GC008878.

Romans B W, Castelltort S, Covault J A, et al., 2016, Environmental signal propagation in sedimentary systems across timescales [J]. Earth−Science Reviews, 153: 7−29.

Schumm S A, 1977. The fluvial system [M]. New York: John Wiley & Sons: 338.

Selley R C, 1976. The habitat of North Sea oil [J]. Proceedings of the Geologists' Association, 87 (4): 359−387.

Snedden J W, Galloway W E, Milliken K T, et al., 2018. Validation of empirical source−to−sink scaling relationships in a continental−scale system: the Gulf of Mexico basin Cenozoic record [J]. Geosphere, 14: 768−784.

Sømme T O, Helland−Hansen W, Martinsen O J, et al., 2009. Relationships between morphological and sedimentological parameters in source−to−sink systems: a basis for predicting semi−quantitative characteristics in subsurface systems [J]. Basin Research, 21: 361−387.

Sømme T O, Martinsen O J, Thurmond J B, 2009. Reconstructing morphological and depositional characteristics in subsurface sedimentary systems: an example from the Maastrichtian−Danian Ormen Lange system, Møre Basin, Norwegian Sea [J]. AAPG bulletin, 93 (10): 1347−1377.

Starostenko V I, Legostaeva O V, Makarenko I B, et al., 2004. On automated computering geologic−geophysical maps images with the first type ruptures and interactive regime visualization of three−dimensional geophysical models and their fields [J]. Geophys. J., 26: 3−13.

Straub K M, Duller R A, Foreman B Z, et al., 2020. Buffered, incomplete, and shredded: The challenges of reading an imperfect stratigraphic record [J]. Journal of Geophysical Research: Earth Surface, 125: e2019JF005079.

Walsh J P, Wiberg P L, Aalto R, et al., 2016. Source−to−sink research: economy of the Earth's surface and its strata [J]. Earth−Science Reviews, 153: 1−6.

Xu G, Haq B U, 2021. Seismic facies analysis: past, present and future [J]. Earth-Science Reviews, 224: 103876.

Zeng H, Backus M M, Barrow K T, et al., 1998, Stratal slicing, Part I: realistic 3-D seismic model [J]. Geophysics, 63: 502-513.

Zeng H, Henry S C, Riola J P, 1998. Stratal slicing, Part II: real seismic data [J]. Geophysics, 63: 514-522.

Zeng H, Hentz T F, 2004. High-frequency sequence stratigraphy from seismic sedimentology: applied to Miocene, Vermilion Block 50, Tiger Shoal area, offshore Louisiana [J]. AAPG Bulletin, 88(2): 153-174.

第 2 章 沉积体系、层序地层与源汇系统

2.1 沉积环境与沉积体系

2.1.1 由源到汇的源汇沉积学基本概念

从源到汇的源汇沉积学研究的基本要素是地球表面各种沉积环境及其产物（沉积相）。

2.1.1.1 沉积环境和沉积相的概念

沉积环境（depositional environment）是指沉积作用发生的自然地理环境，如河流环境、湖泊环境、三角洲环境、滨浅海环境和深海环境等（图 2.1.1）（Reading et al.，1996；Nichols，2009）。每一种自然地理环境具有特定的物理的（如波浪、潮汐和海流等）、化学的（如酸碱度、盐度和溶解度等）和生物的（如生物活动和遗体堆积等）自然作用；这些特定的自然作用对沉积物剥蚀—搬运—堆积的系统过程产生特定的影响。譬如，图2.1.1 示例了现今青海湖及其周缘河流和三角洲沉积环境；这些不同的沉积环境下具有差异的自然作用或地表动力学过程。因而，沉积环境又可定义为"在物理上、化学上和生物上均有别于相邻地区的一块地表"（姜在兴，2010）。沉积环境有现代与古代之分，"现代沉积环境"是指地球表面上现今的自然地理单元；"古代沉积环境（又称古环境）"是指地质历史中某一时期曾经出现过的自然地理单元。

图 2.1.1 地形图示例了青海湖及其周缘典型沉积环境

沉积相（depositional facies）是指沉积环境以及在该环境中形成的沉积岩（物）特征的总和（Reading et al.，1996；Nichols，2009；姜在兴，2010）。这里所说的"沉积岩特征"主要包括岩性特征（如岩石颜色、岩石粒度和沉积构造等）、古生物特征（如种属和遗迹等）以及地球化学特征（如元素丰度和含量变化等）等。

沉积环境和沉积相是因果关系，沉积环境是形成沉积岩特征的决定因素（根本原因），沉积岩特征则是沉积环境的物质表现（必然结果）。例如，在青海湖湖泊沉积环境下往往形成相对富泥的半深湖—深湖沉积，而在青海湖周缘沉积环境中往往形成相对富砂的河流和三角洲沉积（图2.1.2）。

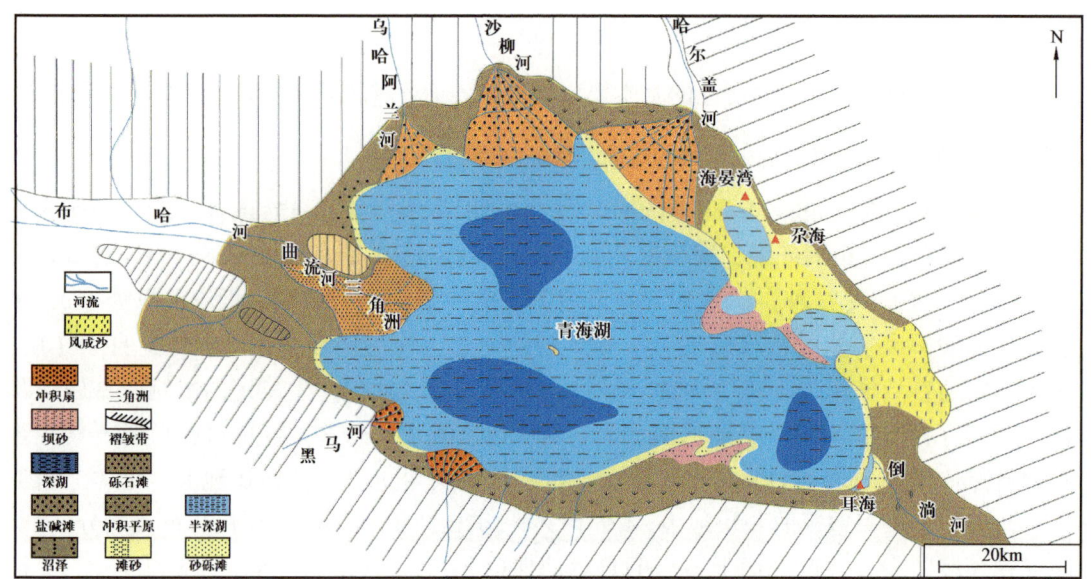

图 2.1.2　青海湖及其周缘典型沉积相解释

2.1.1.2　沉积体系

沉积体系（depositional system 或 sedimentary system）一词最早是由 Brown 和 Fisher（1977）提出，用于定义"在沉积环境和沉积过程方面有成因联系的三维岩相组合体"，如三角洲沉积体系、河流沉积体系、障壁岛沉积体系等。这一概念目前被拓展延伸，用于定义"沉积过程相关沉积环境中所形成的沉积相在空间上组合"。沉积体系这一概念中所涉及的沉积环境应具有空间关联，所包括的沉积相应具有成因联系。沉积体系与沉积相是包含与被包含的关系，一个沉积体系可以由多个成因关联的沉积相组成。例如，在如图2.1.1和图2.1.2所示的青海湖长轴方向上，布哈河及其前方形成的曲流河三角洲在空间上是相邻的，在成因上是关联的，因此可被称为"河流—三角洲沉积体系"。如果该沉积体系前方的深湖—半深湖环境下所发育的湖底扇是由布哈河曲流河三角洲滑塌所形成的，那么又可组成河流—三角洲—湖底扇沉积体系。

2.1.1.3 沉积相分析的原理和方法

沉积相分析是指依据沉积岩（物）的岩性、古生物和地球化学等特征分析形成时期的古自然地理环境，恢复再造沉积时期的古地理面貌。现实主义原理是沉积相分析的基本原理，现实主义原理是由19世纪英国著名的地质学家查尔斯·莱尔爵士（Chareles Lyell）于1830年在《地质学原理》一书中首次提出的。现实主义原理是指现在正在进行着的地质作用，也曾以基本相同的方式和强度在整个地质时期发生过，古代的地质事件可以用今天所观察到的现象和作用加以解释。现实主义原理说明可以通过对现代地质作用的认识去分析判断古代曾发生过的地质作用，换言之"加强对现代沉积环境、沉积作用及其成因的研究，可以更加准确地恢复再造沉积时期的古沉积环境"。譬如，通过对现代青海湖的沉积环境及其产物研究发现在湖泊的长轴方向上往往发育出现曲流河三角洲（图2.1.1和图2.1.2中的布哈河曲流河三角洲）。因此，进行沉积相分析时，如若湖盆长轴方向出现了大规模扇状、锥状或三角状的反旋回砂体，它被解释为曲流河三角洲的可能性也就最大。

可以依据多种分析恢复沉积岩形成时期的古自然地理环境，常见的沉积相分析方法主要有：

（1）地质方法：通过对地质资料进行直接观察、描述、测量或取样，综合应用沉积岩和沉积物的颜色、岩性和构造等特征进行沉积环境分析和沉积相判别。

（2）地球物理方法：利用地球物理资料（测井资料和地震资料）进行岩性判别和沉积相分析，包括测井相和地震相两种分析方法。测井相分析是利用测井曲线形态进行岩性判别和沉积相分析的测井解释技术，而地震相分析主要依据地震相参数［如外部形态、反射参数（振幅、频率和连续性）和内部结构］来确定沉积相的地震解释技术。

（3）遗迹学方法：利用遗迹化石类型或组合来进行沉积环境分析和沉积相解释的方法。遗迹化石除了粪化石以外均为原地保存，它们既是生物行为习性的反映，又是生物赖以生存的自然地理环境的结果。因此，可以利用遗迹化石来进行沉积环境的解释。

在实际应用中，上述沉积相分析方法应相互结合，只有在综合多种实际资料后，才能更加准确地分析形成时期的古自然地理环境，恢复再造沉积时期的古地理面貌。

2.1.2 由源到汇的源汇沉积体系

源汇沉积体系（source-to-sink depositional system）是指：具有相同物源区和沉积物分散系统的沉积体系空间组合，包括冲积扇—河流—三角洲源汇沉积体系和深水（湖盆和海盆两类）源汇沉积体系两种主要类型（图2.1.3）。

2.1.2.1 冲积扇—河流—三角洲源汇沉积体系

冲积扇—河流—三角洲源汇沉积体系自陆向海主要由山前的冲积扇、各种类型河流（曲流河、辫状河和网状河），以及河流入湖或入海后形成的三角洲组成（图2.1.3至图2.1.5），它们的沉积特征概述如下：

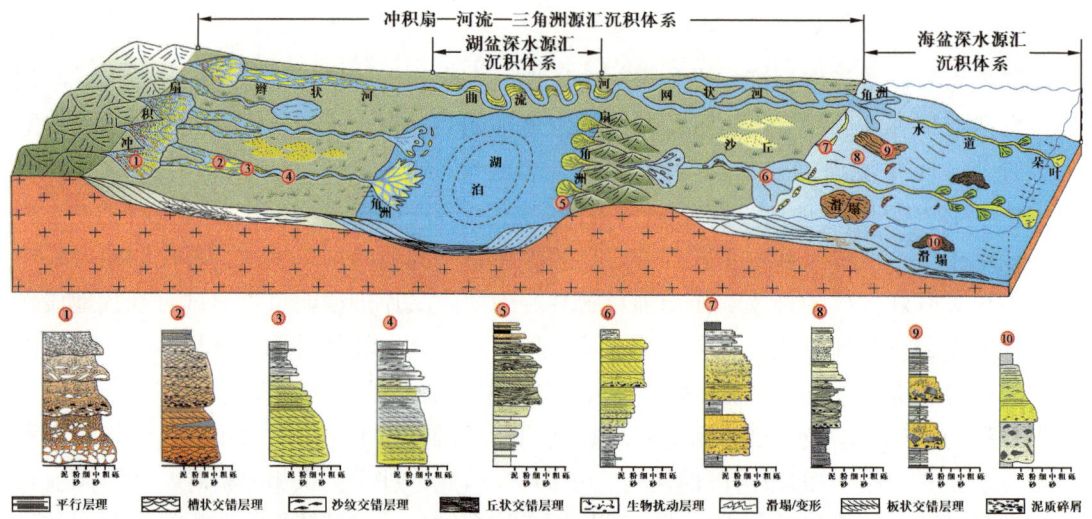

图 2.1.3　典型的碎屑岩沉积相及其形成的沉积体系空间序列（据于兴河等，2022，有修改）

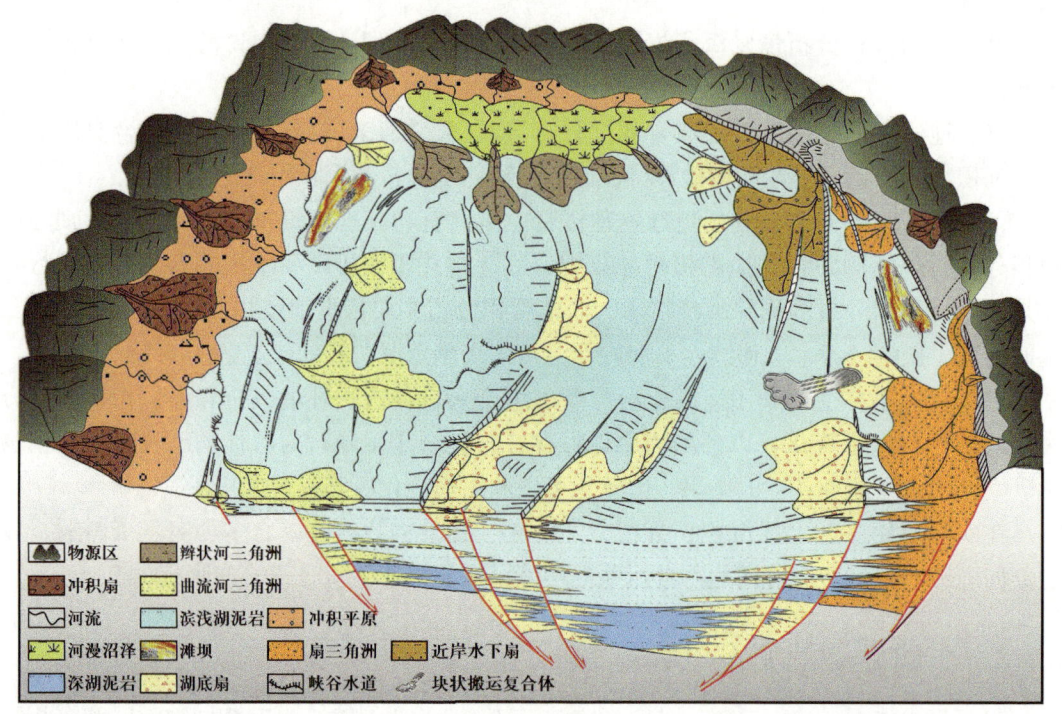

图 2.1.4　典型冲积扇—河流—三角洲源汇沉积体系构成单元及其空间分布模式图（据林畅松，2019，有修改）

（1）冲积扇：沿山口向外伸展的锥形山麓粗碎屑堆积体，其不同于扇三角洲和近岸水下扇，完全发育在地表（图 2.1.3，图 2.1.4）（于兴河，2008；朱筱敏，2008）。在分布上，冲积扇一般分布在盆地边缘，且往往发育在盆缘同生大断裂的下降盘；是陆上沉积体系中分选最差（混杂堆积）、粒度最粗的近源粗粒堆积体（图 2.1.3，图 2.1.4）。在平面上，冲积扇呈锥形或扇状，其半径从数百米至百余千米不等；通常多个冲积扇彼此相连且重叠，形成沿山麓展布的带状或裙边状的冲积扇群（图 2.1.3，图 2.1.4）。

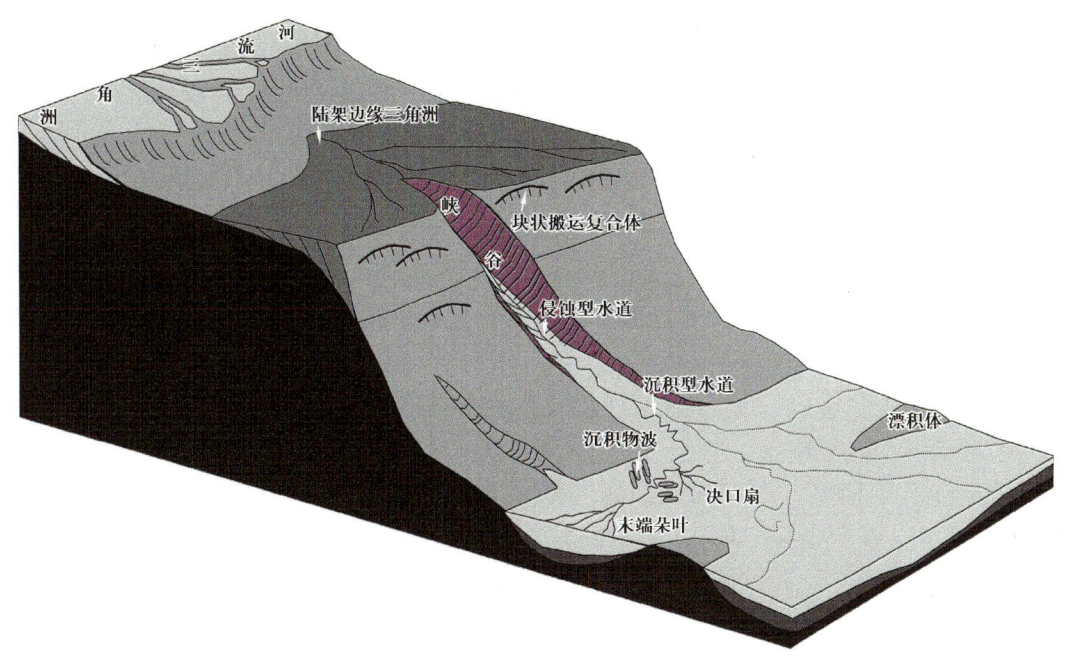

图 2.1.5　典型海相碎屑岩沉积相及其空间分布模式图（据 Posamentier et al., 2003）

（2）河流：流水由陆地流向湖泊或海洋的重要通道，河流搬运过程中伴随着沉积作用，形成广泛发育分布的河流相砂岩储层（图 2.1.3，图 2.1.4）（Raef et al., 2016；吴胜和等，2021）。在分布上，河流主要发育在物源区和沉积区之间的冲积平原上（图 2.1.3，图 2.1.4）（于兴河，2008）。在平面上，河流的平面形态多变（图 2.1.3），按照平面形态可以划分为辫状河（bradided river）（弯曲度小于 1.5）、曲流河（meandering river）（弯曲度大于 1.5）、网状河（anastomosing river）和顺直河（straight river）（弯曲度小于 1.5），这其中尤以辫状河和曲流河最为常见（图 2.1.3）（Rust，1978；于兴河，2008）。

（3）湖盆三角洲：河流携带大量沉积物在一个相对稳定的湖泊水体中所形成的，部分出露水面的似三角形沉积物堆积体（图 2.1.3，图 2.1.4）（Barrell，1912）。在分布上，在断陷湖盆中，三角洲一般发育出现在断陷湖盆的长轴方向或缓坡带；在坳陷湖盆中，由于地形较为平缓，所形成的坳陷湖盆三角洲的规模较大，且三角洲离盆地边界较远发育（图 2.1.3，图 2.1.4）。在平面上，河控陆相三角洲一般具有鸟足状或朵状的平面形态特征，浪控陆相三角洲具有似弧状和鸟嘴状（尖头状）的平面形态特征（图 2.1.3，图 2.1.4）。

（4）海盆三角洲：河流携带大量沉积物在一个相对稳定的海洋水体中所形成的，部分出露水面的似三角形沉积体（图 2.1.3，图 2.1.5）（Barrell，1912）。在分布上，海盆三角洲一般发育在浅水陆架上，离盆地边界较远，不受盆缘边界断层活动的控制；按照其在陆架上的分布位置其又可进一步划分为内陆架三角洲、中陆架三角洲和外陆架三角洲（也称为"陆架边缘三角洲"）（图 2.1.3，图 2.1.5）。在平面上，低位体系域时期形成的陆架边缘三角洲，海侵体系域时期形成的湾头三角洲，高位体系域时期形成的内陆架三角洲以及下降体系域时期形成的中陆架三角洲（Porebski et al., 2003，2006）。

2.1.2.2 湖盆深水和海盆深水源汇沉积体系

湖盆深水和海盆深水源汇沉积体系由发育在湖盆或海盆深水区的各类扇体及重力流沉积体系构成（图2.1.3至图2.1.5），它们的沉积特征概述如下：

（1）扇三角洲：是一类粗粒三角洲，常常定义为陆地冲积扇直接入湖或入海形成的三角洲（图2.1.3，图2.1.4）（Nemec et al.，1988）。在分布上，扇三角洲是由河流在盆缘大断裂下降盘形成冲积扇后很快就转入水下形成三角洲而产生的一种冲积扇（水上部分）与三角洲（水下部分）的复合体；扇三角洲一般临近高差大、坡度陡的隆起区，且往往与同沉积边界大断裂相伴生（图2.1.3，图2.1.4）。在平面上，扇三角洲往往呈扇状，但规模通常较小（面积从几到十余平方千米不等），通常平面上多个扇三角洲彼此相连成群出现，形成扇三角洲群（图2.1.3，图2.1.4）（Du et al.，2017）。

（2）近岸水下扇：发育在盆地陡坡带断层根部、与暗色泥岩互层的扇形粗碎屑堆积体（图2.1.4）。在分布上，近岸水下扇一般分布在断陷陡坡带下降盘根部，由于此类扇体直接进入到深湖区中，距油源岩近（图2.1.4）。在平面上，近岸水下扇呈朵状，面积从几到几十平方千米不等（图2.1.4）。

（3）湖底扇：湖盆环境中由重力流（包括异重流）堆积形成的扇状、朵状或锥状沉积物堆积体（图2.1.4）（Pan et al.，2017）。在分布上，主要形成发育在非限定—半限定的半深湖—深湖沉积环境中，尤以大型坳陷湖盆的湖心区最为发育（图2.1.4）（Pan et al.，2017）。在平面上，湖底扇往往呈叶状，由丝带状深水水道和朵状或扇状的末端朵叶构成（图2.1.4）（Pan et al.，2017）。

（4）深水水道：由顺坡而下的沉积物重力流（浊流）侵蚀下切下伏地层，所形成的向海盆方向延伸的深切沟谷（图2.1.3，图2.1.5）（Wynn et al.，2007；Weimer et al.，2007；Janocko et al.，2013）。在分布上，深水水道主要发育在陆架坡折以深的深水陆坡区，在深海平原中也有发育（图2.1.3，图2.1.5）。在平面上，深水水道呈顺直（弯曲度小于1.2）或蛇曲（弯曲度大于1.2）的条带状（Wynn et al.，2007；Weimer et al.，2007）。

（5）末端朵叶：深水水道中沟道化沉积物重力流（浊流）携带的大量泥砂在水道出口处因坡度减缓、限定性减弱、水流面积增大，从而导致流速急剧减小而卸载堆积所形成的朵状沉积物堆积体（图2.1.3，图2.1.5）（Posamentier et al.，2003；Prélat et al.，2009；Doughty-Jones et al.，2017；Posamentier等，2019）。在分布上，末端朵叶常常发育在深水水道末端地形平坦处，而非侧翼的堤岸沉积环境中（图2.1.3，图2.1.5）（Prélat et al.，2009；Doughty-Jones et al.，2017；Posamentier等，2019）。在平面上，末端朵叶主要形成发育在非限定性沉积环境中，在限定性—半限定性沉积环境中亦有发现；往往具有朵状或扇状的形态特征（图2.1.3，图2.1.5）（Doughty-Jones et al.，2017）。

（6）海底扇：深海环境中由沉积物重力流（浊流）形成的锥状、朵状或扇状堆积体（图2.1.3，图2.1.5）（Posamentier et al.，2003；Posamentier等，2019）。在分布上，海底扇在全球所有海域均发育，主要形成发育在陆架坡折以深的深水陆坡上；是地球上体积最大的沉积单元（如孟加拉扇）（图2.1.5）。在平面上，海底扇呈锥状、扇状或朵状；主要由补给水道（包括侵蚀型水道和沉积型水道）和末端朵叶构成，故而又常常被称为"水道—朵叶复合体"（图2.1.5）（Galloway et al.，1996；Posamentier et al.，2003；Posamentier等，2019）。

（7）块状搬运复合体：在海盆沉积环境中由于重力失稳而导致大规模重力流的发生（滑块、滑塌和碎屑流），由此而产生的大规模沉积物堆积体（图2.1.3，图2.1.5）（Bull et al.，2009；Shanmugam，2020）。在分布上，主要发育在深水陆坡区，尤以陡峻的深水陆坡区最为发育。在平面上，局限型块状搬运复合体往往发育在限定性—半限定性沉积环境中（如峡谷水道内部），呈不规则状、面积从几到数十平方千米不等、所搬运的沉积物体积从几到数十立方千米不一（图2.1.3，图2.1.5）（Moscardelli et al.，2008；Gong et al.，2014）。

2.2 层序地层基本原理

2.2.1 地质界面与层序地层学

为了应对"预测有利成藏要素（储层和盖层等）"时空展布的勘探挑战，埃克森美孚公司地质学家创立并发展了层序地层方法理论。

2.2.1.1 地质界面的类型与识别

沉积地层基本上是层状的，相邻地层之间以可见的"界面"为界。相邻地层之间的界面从形态上可以区分为整一面和不整一面，从成因上可区分为不整合面与整合面（图2.2.1）。

图2.2.1 典型的整合面与不整合面的露头剖面特征
（a）露头剖面来自意大利南部三叠系（据Catuneanu，2020）；（b）露头剖面来自土耳其东部（据Yılmaz et al.，2021）

1)地质界面的类型

当界面上下的新老地层产状一致,其间未出现角度接触关系时,这两套地层之间的地层接触关系从形态上称为"整一接触",之间的接触面称为"整一面(concordance)"。反之,当界面上下的新老地层产状不同,其间出现了角度接触关系地层缺失;这两套地层之间的地层接触关系(stratal termination)从形态上称为"不整一接触",之间的接触面称为"不整一面(discordance)"。如图2.2.1(a)所示的来自意大利南部三叠系某露头剖面上,低密度碳酸盐岩浊流沉积与高密度碎屑岩浊流沉积之间的地质界面从形态上看不存在明显的角度接触关系,为一典型的整一面;而如图2.2.1(b)所示的来自土耳其东部的Lake Van露头剖面上,早中新世海底扇与渐新世深海沉积之间的地质界面从形态上看存在明显的角度接触关系,为一典型的不整一面。

当两套地层在形成时间上不连续,其间出现地层缺失;这两套地层之间的地层接触关系从成因上称为"不整合接触",之间的接触面称为"不整合面(unconformity)"[图2.2.1(b)](Catuneanu,2006)。反之,当两套地层在形成时间上连续,其间无明显的地层缺失;这两套地层之间的接触关系称为"整合接触",之间的接触面被称为"整合面(conformity)"[图2.2.1(a)](Catuneanu,2006)。形成不整合面的地质成因是:不整合面之下的地层形成之后,可能经历了褶皱、断裂、上升、剥蚀等地质作用,而后又重新下沉接受沉积,形成不整合面之上的地层。

不整一面和不整合面分别从形态和成因两个角度对同一地质界面进行命名,两者之间既相互联系又有一定的区别。一般而言,不整合面多为不整一面;如图2.2.1(b)所示露头剖面上,渐新世深海沉积被抬升剥蚀、而后接受沉积形成早中新世海底扇;它们之间的地质界面从形态上看应为不整一面,从成因上看应该为不整合面。然而,并不是所有整合面均为整一面,如平行不整合面从形态上来看为整一面,而从成因上来看为不整合面。

2)地质界面的识别

地震资料是用来识别地质界面划分层序格架最常用的手段,当地震剖面上出现如下四种地震反射终止关系时,它所对应的顶部或底部包络面为不整一面;而当地震反射界面的振幅、频率和连续性横向上较稳定、不存在地震反射终止关系的地震反射界面时,它所对应的顶部或底部包络面为整一面。

(1)"削截地震反射终止关系",是指:界面之下的地震反射同相轴以较大角度陡然终止于倾角更小的界面之下,且界面之下的地层厚度横向上变化不大(图2.2.2)。削截地震反射终止关系的顶部包络面称为"削截面",它是削蚀角度不整合的体现(图2.2.2)。

(2)"顶超地震反射终止关系",是指:界面之下的地震反射同相轴呈切线逐渐终止于该界面处,且界面之下地层单元横向上厚度变化较大(图2.2.2)。顶超地震反射终止关系的顶部包络面称为"顶超面",顶超面与三角洲等进积显著的沉积体相伴生,是三角洲等进积明显的沉积体末端沉积过路面的过程响应。

[第 2 章 沉积体系、层序地层与源汇系统]
CHAPTER 2

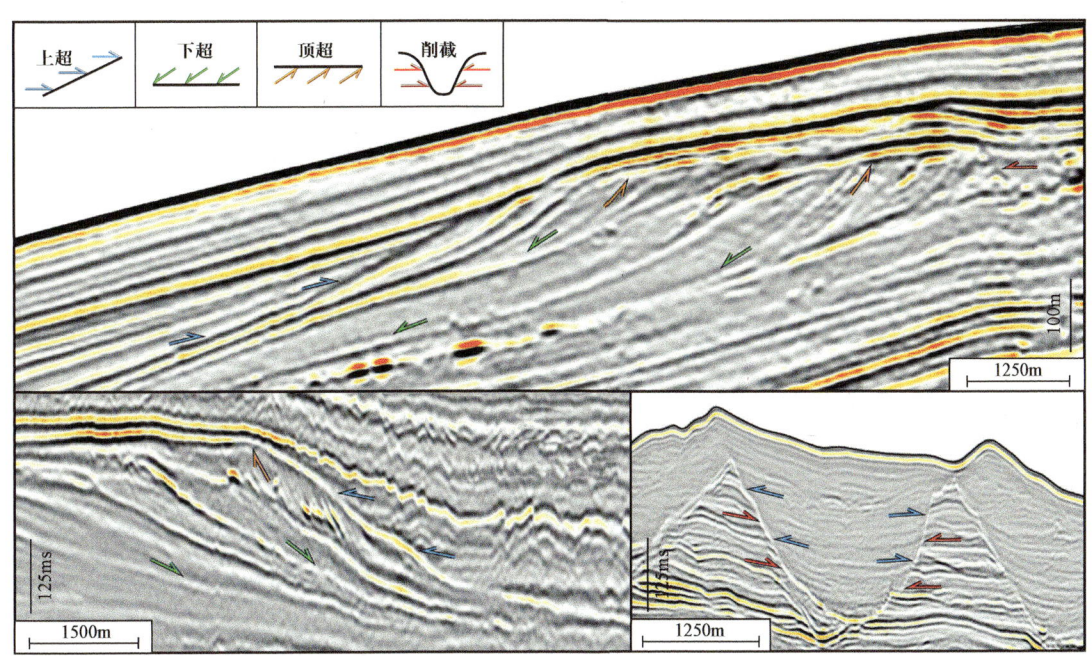

图 2.2.2 四种典型地震反射终止关系剖面地震反射特征（据 Posamentier et al., 2022）

（3）"上超地震反射终止关系"，是指：界面之上地震反射同相轴由盆地原始低部位向高部位逐个终止于界面之下倾角更大的地震反射同相轴之上（图 2.2.2）。上超地震反射终止关系的底部包络面称为"上超面"，它是超覆不整合面的表现（图 2.2.2）。

（4）"下超地震反射终止关系"，是指：界面之上的地震反射同相轴向物源供给方向，以切线方式逐个终止于界面之下倾角更小的地震反射同相轴之上（图 2.2.2）。下超地震反射终止关系往往与上超地震反射终止关系"成对出现"，常与三角洲等进积显著的沉积体相伴生。下超地震反射终止关系的底部包络面称为"下超面"，它是沉积物向盆地方向快速进积的表现，一般发育在三角洲或扇体的前缘带。

前已述及，不整一面多为不整合面，但并不是所有的不整一面均为不整合面。具体来说，在出现上述四种常见地震反射终止关系的不整一面当中，顶超和削截的顶部包络面以及上超的底部包络面既是不整一面，也是不整合面；但下超地震反射终止关系的底部包络面从形态上看为不整一面，但从成因上看为整合面（图 2.2.2）。下超包络面为典型的"沉积速率剧变面"，是一类沉积速率在横向上具有显著变化、但无时代断续出现的地质界面。在层序划分中，下超包络面为典型的最大海（湖）泛面（Catuneanu, 2006; Posamentier et al., 2022）。

2.2.1.2 层序地层学的基本概念

20 世纪 60 年代，前美国地质学会主席 Laurence L. Sloss 教授发表在 *GSA Bulletin* 第 74 期的学术论文中首次使用了"层序"一词；它指以不整合面或与之相对应的整合面为界的地层单元（表 2.2.1）（Sloss, 1963）。

- 25 -

表 2.2.1　层序地层学相关术语及其定义

术语	定义
层序	一套相对整一的、有成因联系的地层单元，其顶界和底界以不整合面及与之可以对比的整合面为界（Sloss，1963）
地震地层学	以地震资料为基础，进行地层划分与对比、判断沉积环境、预测岩性和岩相的地层学分支学科（Vail et al.，1977）
地震层序	顶底以不整一面和与之可对比的整一面为界、连续沉积的一套地层单元（Vail et al.，1977）
层序地层学	研究以侵蚀面或无沉积作用面以及与之可对比的整合面为界的、重复的、有成因联系的年代地层框架内的岩石关系（Van Wagoner et al.，1988）
不整一面	界面上下的新老地层产状不同，其间出现了角度接触关系（如地震反射终止关系）；这两套地层之间的接触面从形态上被称为"不整一面"（Mitchum et al.，1977）
整一面	界面上下的新老地层产状一致，其间未出现角度接触关系（如地震反射终止关系）；这两套地层之间的接触面从形态上被称为"整一面"（Mitchum et al.，1977）
不整合面	当两套地层在形成时间上不连续，其间出现地层缺失；这两套地层之间的接触面从成因上被称为"不整合面"
整合面	当两套地层在形成时间上连续，其间无明显的地层缺失；这两套地层之间的接触面从成因上被称为"整合面"
海进海退层序	当海退序列紧跟着一个海侵序列时，就形成地层中沉积物成分、粒度、化石等特征有规律的镜像对称分布现象（Embry et al.，1988；Embry et al.，1992）
成因层序	一套由相对整合的、彼此有成因联系的地层组成，顶底以最大洪泛面为界的地层单位（Galloway，1989）
体系域	一系列具有成因联系的、同时期形成的沉积体系组合（Van Wagoner et al.，1988）
准层序	一套相对整一的、以海（湖）面或与之相对应的面为界、成因上有联系的层或层组构成的沉积序列（Van Wagoner et al.，1988）
准层序组	一套成因上有联系的、以重要海（湖）面或与之可对比的界面为界的、由多个准层序组成的、具有叠置样式的地层单元；可分为加积式、进积式和退积式3种（Posamentier et al.，1988）
沉积基准面	一个虚拟的动态平衡面，用于描述沉积作用的上限和侵蚀作用的下限；高于基准面时发生风化剥蚀作用，而低于基准面时发生泥沙沉积作用（Wheeler，1964）
可容纳空间	在沉积基准面之下可供沉积物堆积的空间（Jervey，1988）

　　20世纪70年代，为了提高被动陆缘海相碎屑岩地层的探井成功率，埃克森美孚公司地质人员研究发现可以利用二维地震数据地震反射接触关系来预测烃源岩、储层和盖层的发育展布，进而建立地震地层学（Ⅰ型沉积层序）（Mitchum et al.，1977；Vail et al.，1977）。美国石油地质协会于1977年出版了 *Seismic Stratigraphy：Application to Hydrocarbon Exploration* 一书，它标志着地震地层学的诞生和层序地层学的奠基。Vail 等（1977）将层序定义为：一套相对整合的、成因上有联系的、以不整合面和与之可对比的

整合面为界的地层单元（表 2.2.1）。在地震地层学中，地质学家提出了地震层序、不整一面、整一面和沉积体系等概念（表 2.2.1）。

20 世纪 80 年代，美籍巴基斯坦裔地质学家 Bilal U. Haq 提出了第二代全球海平面变化曲线（Haq et al.，1987），次年美国沉积地质学协会出版了 *Sea-level Changes：An Integrated Approach* 一书，认为层序的发育演化主要受控于全球海平面变化（Van Wagoner et al.，1988）；这标志着地震地层学正式发展演化为层序地层学。"层序地层学"是指：研究以不整合面或与之相对应的整合面为界的、重复的、有成因联系的年代地层框架内的岩石关系为主要内容的一门学科（Van Wagoner et al.，1988）。层序地层学与地震地层学的主要区别有二：（1）层序地层学除了应用地震资料外，还综合利用钻测井资料、岩心、露头和古生物资料；（2）层序地层学提出了准层序、准层序组、体系域和可容空间等概念（表 2.2.1）。

准层序和准层序组分别用以定义"一套相对整一的、以海（湖）面或与之相对应的面为界的、成因上有联系的层或层组构成的沉积序列（Van Wagoner et al.，1988）"，以及"一套成因上有联系的、以重要海（湖）面或与之可对比的界面为界的、由多个准层序组成的、具有叠置样式的地层单元；可分为加积式、进积式和退积式三种（Posamentier et al.，1988）"。体系域是指一系列具有成因联系的、同时期形成的沉积体系组合（Van Wagoner et al.，1988）。可容纳空间是指在沉积基准面之下可供沉积物堆积的空间（Jervey，1988）。

2.2.2　层序地层学的基本模式

20 世纪 70 年代末埃克森美孚（Exxon）公司地质学家创立了层序地层学，而后源于被动大陆边缘盆地的层序地层学经历 50 多年的发展完善，相继形成了海进—海退（T-R）层序、成因层序和高分辨层序三种主要的层序模式（图 2.2.3、图 2.2.5）。

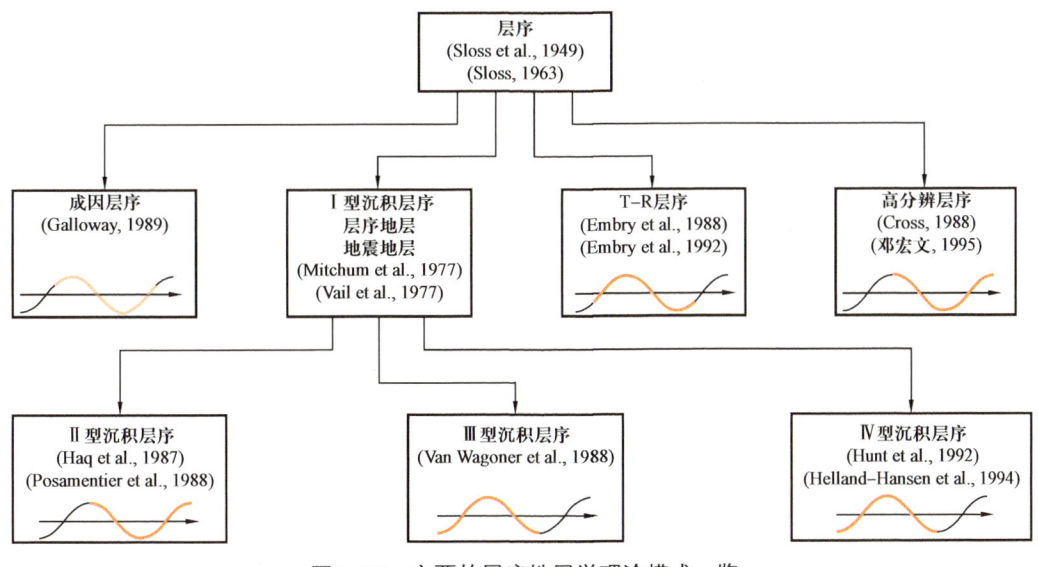

图 2.2.3　主要的层序地层学理论模式一览

2.2.2.1 沉积层序地层模式

"沉积层序"是指：一套相对整合的、以不整合面和与之可对比的整合面为界，成因上有联系的地层单元（Vail et al., 1977）（图2.2.3）。这一层序模式也被称为"Ⅰ型沉积层序"，依据"按照海平面是否下降到同期陆架坡折之下"可进一步被区分为两种层序模式（图2.2.3中的Ⅱ型和Ⅲ型沉积层序）。Ⅱ型沉积层序模式适用于当海平面下降到陆架坡折之下的层序研究，相应发育低位体系域（LST）、海侵体系域（TST）和高位体系域（HST）三个体系域（Posamentier et al., 1988）；而Ⅲ型沉积层序适用于当海平面未能下降到陆架坡折之下的层序研究，应发育陆架边缘体系域（SMST）、海侵体系域（TST）和高位体系域（HST）三个体系域［图2.2.4（a）和图2.2.5］。地质历史时期中下降到同期陆架坡折之下的大幅海平面变化并不多见，且Ⅲ型层序边界往往缺少暴露剥蚀标志，导致Ⅲ型沉积层序的边界很难被识别区分，因而Posamentier和Allen（1999）建议废止Ⅱ型和Ⅲ型沉积层序的概念。

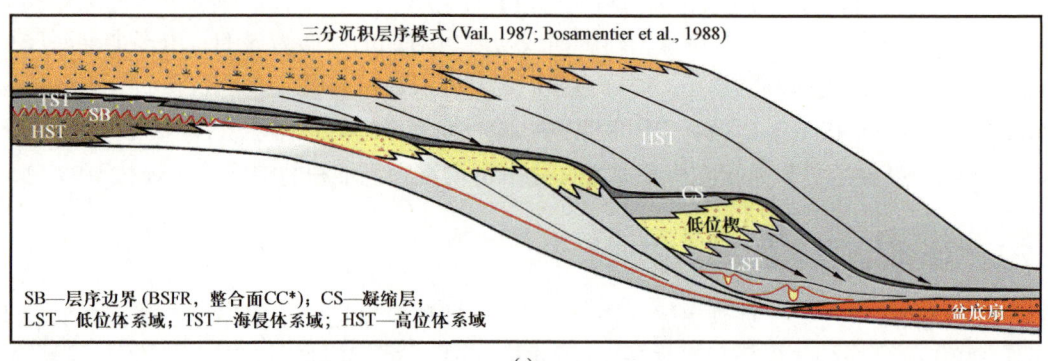

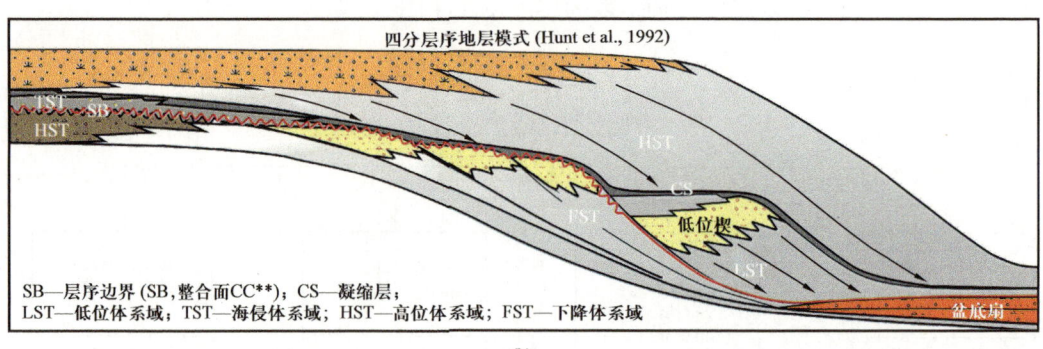

图2.2.4 三分层序模式（a）与四分层序模式（b）层序界面和构成样式之对比

除了Ⅱ型和Ⅲ型沉积层序模式外，Van Wagoner等（1988）提出了将层序界面以及与之可对比的整合面CC**放置于强制海退结束（亦即海平面下降达到最低点）所对应的界面处（表2.2.2）。这一整合面CC**被后续的四分层序模式所采纳（表2.2.2）（Hunt et al., 1992）。

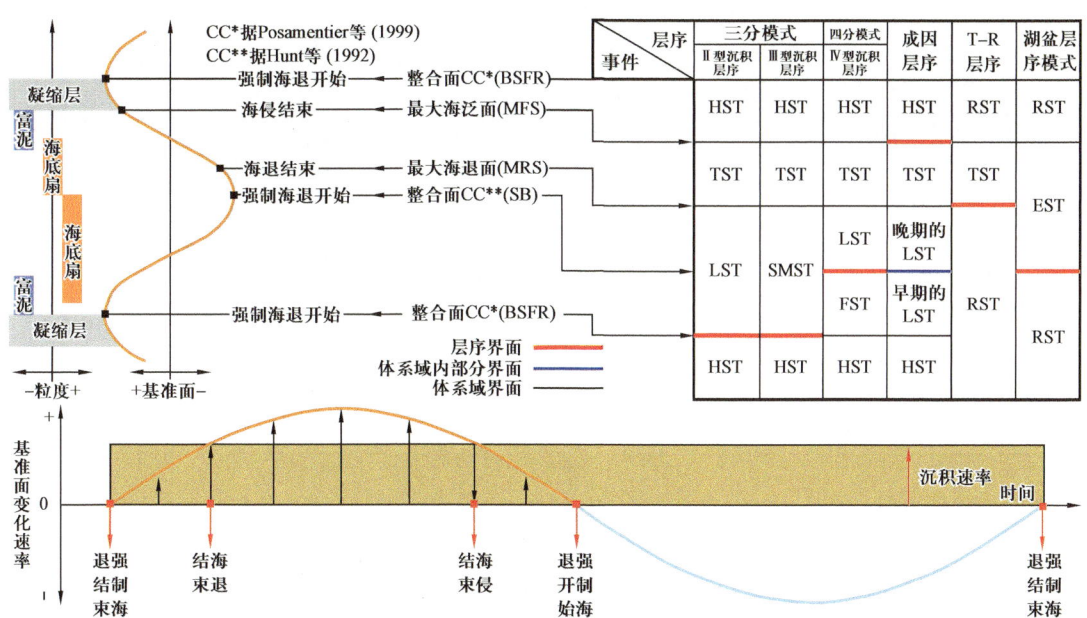

图 2.2.5 不同层序模式的体系域分类方案及其与基准面变化事件和海底扇发育演化的成因关联
LST—低位体系域；TST—海侵体系域；HST—高位体系域；SMST—陆架边缘体系域；FST—下降体系域；RST—海退体系域；EST—湖扩体系域

表 2.2.2 层序地层界面在不同沉积环境中发育存在与否

基准面变化事件	层序地层界面	不同的沉积环境		
		陆相	海陆过渡相	海相
强制海退开始	整合面 CC*	×	√	√
海平面变化突变	下降体系域内部界面	×	×	√
强制海退结束	层序界面 CC**	×	√	√
海退结束	最大海退面（MRS）	√	√	√
海侵结束	最大海泛面（MFS）	√	√	√

注：√代表存在，×代表不发育。

Hunt 和 Tucker（1992）在 Ⅱ 型和 Ⅲ 型沉积层序模式的基础上，提出了下降体系域（FST）的概念和 Ⅳ 型沉积层序；将一个沉积层序四分为低位体系域（LST）、海侵体系域（TST）、高位体系域（HST）和下降体系域（FST）[图 2.2.3，图 2.2.4（b）]。相较于经典的三分层序地层模式，四分层序模式变化有二种类型。

第一，四分层序模式将层序界面的形成时间从强制海退的开始推移至强制海退的结束（图 2.2.5 中的 BSFR 界面）（Hunt et al., 1992）。彼时，海平面下降到最低点、海退达到最盛，所形成的层序界面的不整合面规模也就达到最大；故更易被识别厘定（尤其是在地震剖面上）（图 2.2.5，图 2.2.6 和表 2.2.2）。

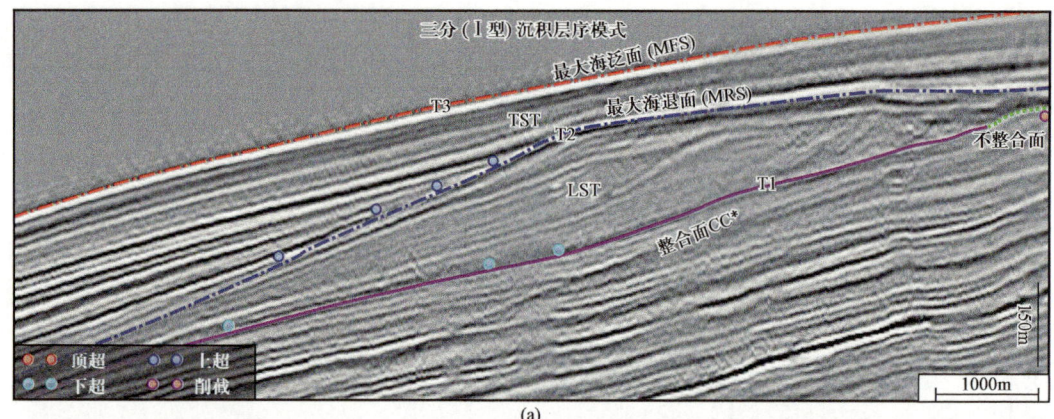

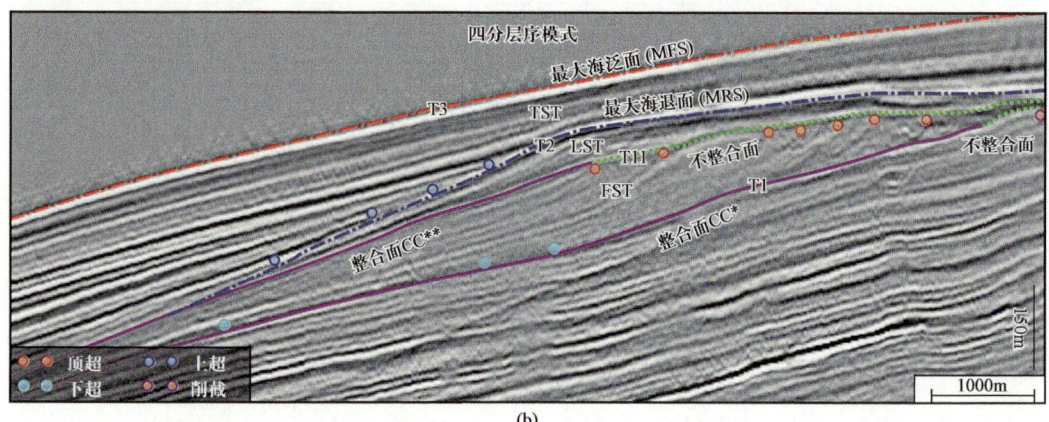

图 2.2.6 来自墨西哥湾某地震剖面基于"三分（Ⅰ型）沉积层序模式（a）"和"四分层序模式（b）"进行层序划分方案之对比（据 Catuneanu et al., 2009）

第二，Ⅱ型和Ⅲ型沉积层序模式的低位域［图 2.2.4（a），图 2.2.6（a）中的 LST］被划分为两个新的体系域［图 2.2.4（a），图 2.2.6（b）中的 FST 和 LST］。

利用四分层序方法开展沉积充填预测的典型实例如图 2.2.7 所示：（1）在两个最大海泛面（MFS）所限定的地层序列（中中新世珠江陆缘）中，依据地震反射终止关系，识别了不整一面及其对应的整一面 CC*（层序界面 CC*）、不整一面及其对应的整一面 CC**（层序界面 CC**）和最大海退面（MRS）；（2）这三个局部不整一面将中中新世珠江陆缘划分为 HST、FST、LST 和 TST 四个沉积体系域。FST 形成于基准面下降时期，在剖面上表现为顶积层和底积层不发育、见较厚前积层的斜交型前积反射；在这一沉积体系域内发育陆架边缘三角洲前缘和小规模滑塌型海底扇，发育出现岩性圈闭。LST、TST 和 HST 形成于基准面上升时期，其中 LST 在剖面上表现为顶积层和前积层不发育，见较厚底积层的顶超型前积反射；在这一沉积体系域内，海底扇大规模发育出现、且向层序界面 CC** 不断上超尖灭，形成规模岩性圈闭。由此可见，以区域可对比的高精度层序格架（四分层序模式）为作图单元进行区域编图，对于搜索深水规模优质储层和岩性圈闭均具有重要实践意义（图 2.2.7）。

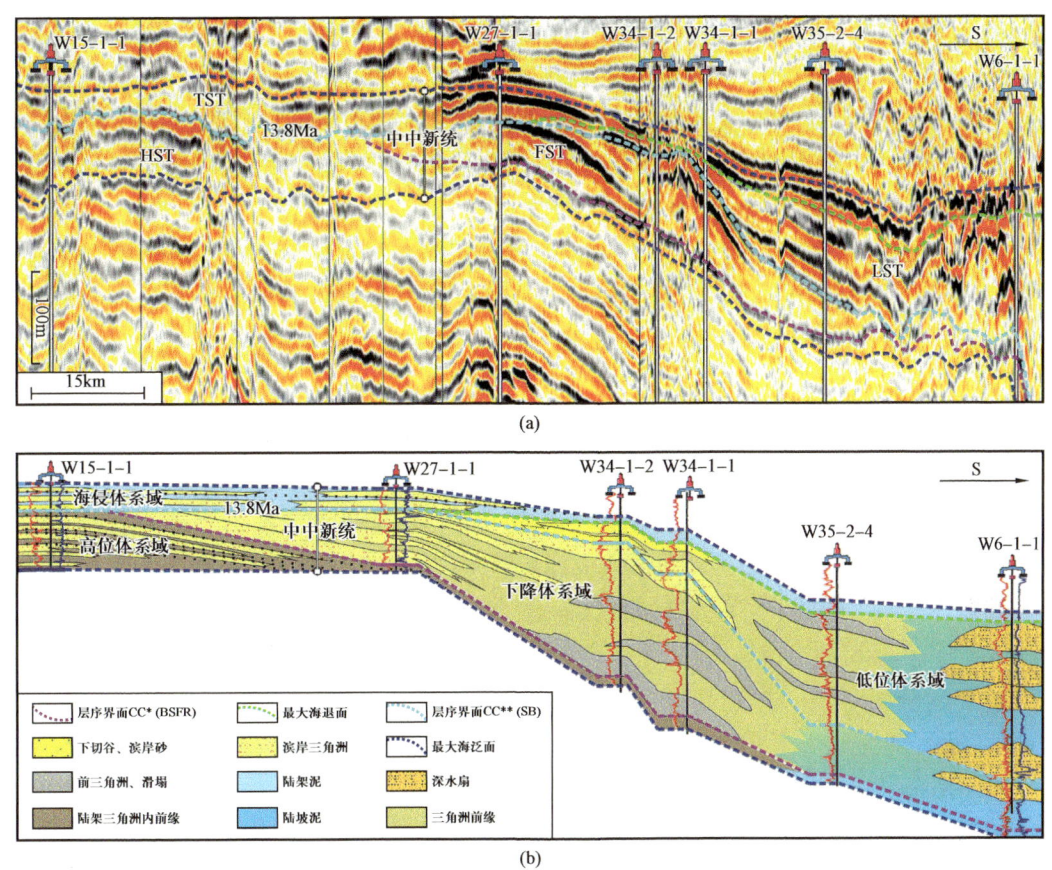

图 2.2.7 基于四分层序模式的中中新世珠江陆缘井—震结合高精度层序划分对比

尽管当前学界倡导推进层序地层标准化，依据沉积基准面变化划分体系域的"沉积层序方法原理"仍然是工业界广为接受和使用的方法技术（林畅松，2019；龚承林等，2022）。基于层序地层方法理论所识别的不同类型层序界面及其所建立起来的层序格架是划分地层单元、预测沉积充填最为行之有效的工具；在碎屑岩油气勘探中（如西非和墨西哥湾等典型被动大陆边缘）得到了广泛运用，取得了巨大的经济效益（林畅松，2019；龚承林等，2022；Catuneanu，2022）。

2.2.2.2 其他层序地层模式

在 Exxon 沉积层序方法原理的基础上，地质学家相继建立了 T–R 层序、成因层序和高分辨层序三种层序地层模式。

1）T–R 层序模式

Exxon 沉积层序模式认为层序界面为浅水暴露剥蚀所形成的不整合面和与之可对比的深水整合面，故层序界面所对应的整合面在深水环境中常常因无明显的岩性变化而难以识别。针对这一难题，加拿大地调局 Ashton F. Embry 博士在研究加拿大北极群岛三叠纪海平面变化时，将海侵—海退（T–R）旋回的概念与层序格架的划分对比结合起来

（Embry et al., 1988）；并于 1992 年正式提出了海侵—海退（T-R）层序模式（图 2.2.3）（Embry et al., 1992）。海侵—海退层序是指：当海退序列紧跟着一个海侵序列时，就形成地层中沉积物成分、粒度、化石等特征有规律的镜像对称分布现象（表 2.2.1）。海侵—海退层序地层模式以最大海退面（MRS）和最大海泛面（MFS）为界，将层序划分为早期海退体系域（RST）和晚期海侵体系域（TST）。

相较于 Exxon 沉积层序模式，海侵—海退层序模式不再强调全球性海平面变化对层序发育演化的控制作用，以最大海退面和最大海泛面为界将一套层序分为海进和海退两个体系域，分别对应滨线向陆一侧和向海一侧迁移运动时所形成的地层（Embry et al., 1992）。

在湖盆沉积序列中初始湖泛面的确定往往缺少地貌（地形坡折带）参照，因此往往难以识别出首次湖泛面并区分出沉积层序模式中的低位体系域和海侵体系域两个体系域。在这种情况下，采用两分（海侵—海退）层序模式，以最大湖泛面为界将一个湖盆沉积层序划分为沉积基准面上升条件下形成的湖扩体系域（EST）和沉积基准面下降条件下形成的湖退体系域（RST）可能是在湖盆沉积充填预测研究中最具合理性的层序划分方案（图 2.2.5）。

基于两分（海侵—海退）层序模式，可将渤中凹陷东营组东二下亚段沉积层序 SQd_2^1 以最大湖泛面（下超包络面）划分为湖扩体系域和湖退体系域两个沉积体系域（图 2.2.8）。这一沉积层序的湖扩体系域发育上行水进型迁移轨迹，而湖退体系域发育下行水退型迁移轨迹；规模富砂水道型湖底扇主要发育出现在上行水进型迁移轨迹（沉积基准面上升）前方的深湖—半深湖区（图 2.2.8）。

2）成因层序模式

成因层序模式概念是由美国得克萨斯奥斯汀大学 William E. Galloway 教授于 1989 年正式提出的（图 2.2.3）（Galloway 1989）。成因层序是指：一套由相对整合的，彼此有成因联系的地层组成的，顶底以最大洪泛面为界的地层单位。成因层序将一套层序划分为三个体系域：高位体系域（HST）、低位体系域（LST）和海侵体系域（TST）；其中低位体系域又可进一步细分为早期的低位扇（early FST）和晚期的低位楔（late FST）（图 2.2.5）。成因层序模式和观点得到人们的广泛赞同与认可，主要原因有以下三点。

首先，成因层序模式强调以最大洪泛面为层序边界，这一界面代表相对广泛的连续沉积面。因而，最大洪泛面是最好的等时面，吻合年代地层格架对等时界面的要求（Galloway, 1989）。

其次，最大海泛面标志着海退与海侵之间的分界面，在岩性上具有明显的沉积响应特征（李宝庆，2015）。最大洪泛面在测井响应特征上，常常表现为高伽马—低电阻的"泥脖子"；在地震反射特征上，常常表现为区域稳定、连续的强振幅反射。因而，最大洪泛面易于在盆地范围内进行区域识别对比，尤其在地震资料上最大洪泛面更易被对比解释。

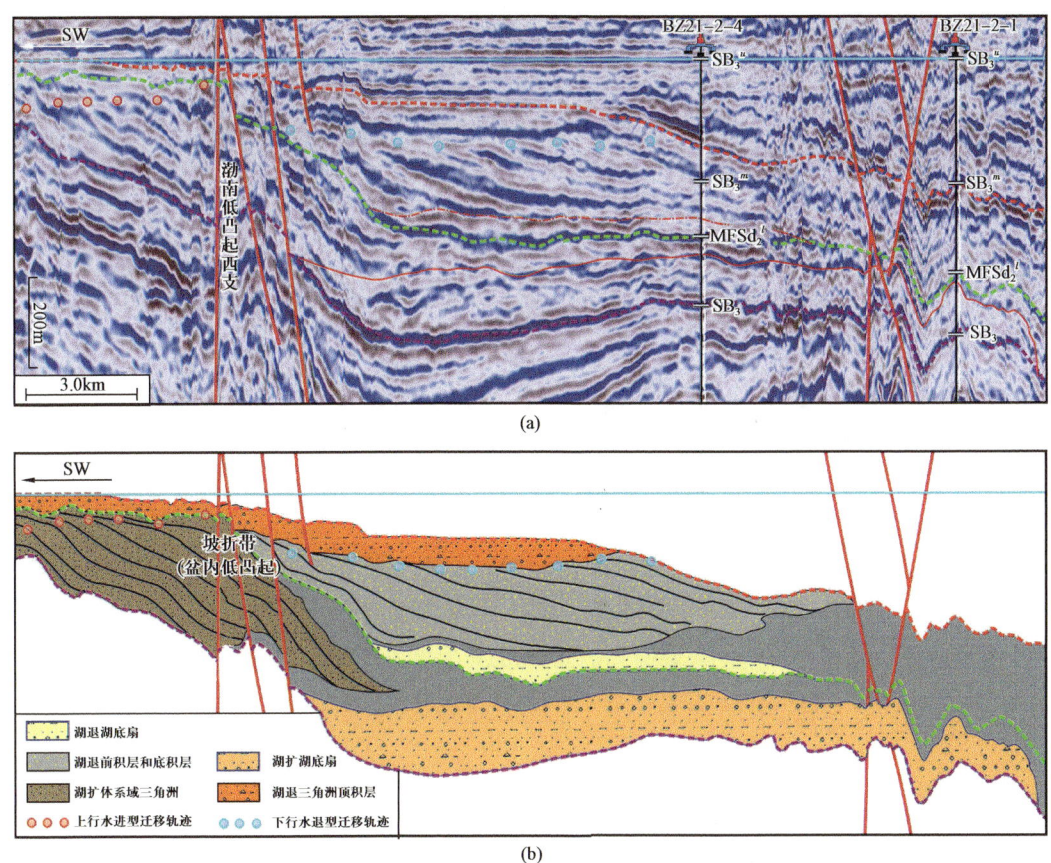

图 2.2.8 基于二分层序模式的渤中凹陷渐新统东营组东二下亚段高精度层序划分对比与沉积充填解释

最后,成因层序模式强调海底扇可以形成于一个层序的任何时期、突出了事件沉积(沉积物重力流)的重要性,认为海底扇是沉积物供给、盆地水动力条件、海底地貌和基准面的综合响应。因而,更加吻合真实地质情况(Galloway,1989)。

3)高分辨层序模式

高分辨层序模式概念是由美国科罗拉多矿业学院 Timothy A. Cross 教授于 20 世纪 80 年代正式提出的(邓宏文,1995)。高分辨层序将基准面"升—降"旋回期间形成的地层单元作为一套层序,将基准面变化的转换点(一般选择由"上升"变为"下降"的转换点)作为层序边界。高分辨层序地层学摆脱了海平面变化是层序形成的主控因素这一思想的束缚,已成为较为完善的陆相地层划分层序地层单元和建立等时地层格架的方法手段。地层基准面原理、体积划分原理、相分异原理和旋回等时对比法则是高分辨层序的"四项基本原则"。

地层基准面原理认为,A/S 比值决定了可容空间内沉积物堆积速率、保存程度和叠置样式:当 $A/S<1$ 时,发生进积作用;当 $A/S>1$ 时,发生退积作用;当 $A/S=1$ 时,发生加积作用(邓宏文,1995)。

体积划分原理指出,沉积物的体积变化反映了 A/S 比值在时间域和空间域的变化:当

A/S 增大时，向陆方向可容空间增大，堆积的沉积物数量增多；当 *A/S* 减小时，向陆方向可容空间减小，堆积的沉积物数量变少、发生沉积过路甚至剥蚀作用（邓宏文，1995）。

相分异原理指出：由于可容空间及其所影响的沉积物体积的变化，在同一地理位置的沉积环境或相类型、相组合或相序发生规律性变化。

旋回等时对比法则认为：基准面下降半旋回代表逐渐变浅的相序，呈进积叠加样式；基准面上升半旋回代表逐渐变深的相序，呈退积叠加样式。基准面由下降到上升（对应层序界面）或由上升到下降（对应洪泛面）的转变位置，可作为等时地层对比的界面。

2.3 从层序地层学走向源汇沉积学

2.3.1 源汇系统概念的萌芽与建立

层序控砂方法原理应用于有利砂体预测时，有时会碰到"低位不一定有扇、坡折不一定控砂"的窘境。为了应对这一挑战，地质学家尝试将源汇系统的方法原理运用到有利砂体预测研究中来，并逐步从层序地层迈向源汇系统。

2.3.1.1 源汇系统概念的萌芽

源汇系统（source-to-sink system）这一概念萌芽于地质学家对剥蚀区所剥蚀沉积物以及河流输送搬运沉积物的定量计算（Gilbert，1917；Brown et al.，1971）。20 世纪 20 年代，地质学家 Gilbert 对美国内华达州 Sacramento 河流域剥蚀地貌所生产的沉积物总量及在不同的沉积地貌单元沉积物分散、堆积量进行了计算（Gilbert，1917）。20 世纪 70 年代，地质学家 William M. Brown Ⅲ 和 John R. Ritter 在美国地调局的支持下定量测量计算了美国加州境内 Eel River 水系 1955 年至 1967 年期间在 22 个观测点搬运输送沉积物的体积（Brown et al.，1971）。

20 世纪 80 年代，美国科罗拉多州立大学 Stanley A. Schumm 教授在 *The Fluvial System* 一书中，首次将"河流中沉积颗粒产生—搬运—堆积的生命历程（沉积颗粒宿命）"划分为：剥蚀区碎屑颗粒的产生、转换区碎屑颗粒的搬运和沉积区碎屑颗粒的堆积（图 1.2.3）。这一概念的提出正式标志着"源汇系统"这一概念的初步建立。

2.3.1.2 源汇系统概念的建立

在定量计算剥蚀搬运沉积通量和沉积颗粒宿命研究的基础上（Gilbert，1917；Brown et al.，1971；Schumm，1977），进入 21 世纪后，地质学家开始尝试将物源区的定量数据（如沉积物供给量等）和沉积区的地下数据（如地震和钻测井数据等）纳入到一个由"源"到"汇"的系统中，并综合分析沉积物的剥蚀、搬运至堆积这一系统历程的响应关系与控制机制（图 2.3.1）。在此基础上，正式提出了源汇系统的概念，将其定义为从剥蚀区形成的沉积颗粒进入由源到汇的系统中，并最终沉积下来的过程。源汇系统研究的核心是将沉积物在母岩区的剥蚀、流域盆地的搬运与汇水盆地的堆积纳入到一个由"源"到"汇"的系统中，来研究地球表层动力学过程对这一"剥蚀—搬运—堆积源汇历程"的过程响应与控制作用（图1.2.3）（林畅松等，2015；Romans et al.，2016；Walsh et al.，2016）。

在国际上，许多重大的国际地球科学计划设立了有关源汇系统的长期性研究课题（图2.3.1）。例如，美国国家自然科学基金会和联合海洋学协会组织的"大陆边缘科学计划（MARGINS Program Science Plans 2004）"将从造山带的物源区、到冲积平原、浅海陆架，最终到深海盆地的源汇系统研究列为四大重要研究领域之一。此外，大陆边缘地层形成机制（STRATAFORM：Strata Formation on Margins）、南海深海过程演变（South China Sea Deep）和台湾高屏峡谷的沉积物宿命研究（FATES）等均以源汇系统为重要科学目标。与此相对应，国际地球科学界在源汇系统研究方面取得了丰硕的研究成果，先后于2000年9月在美国塔霍湖、2011年1月在美国加利福利尼亚州奥克斯纳德、2013年秋在美国旧金山等地举办了多次专题研讨会；源汇系统研究成果先后在 Marine Geology 第270期（Carter et al.，2010）、Global and Planetary Change 第103期（Matenco et al.，2013）以及 Earth-Science Reviews 第153期（Walsh et al.，2016）以专辑的形式系统报道。

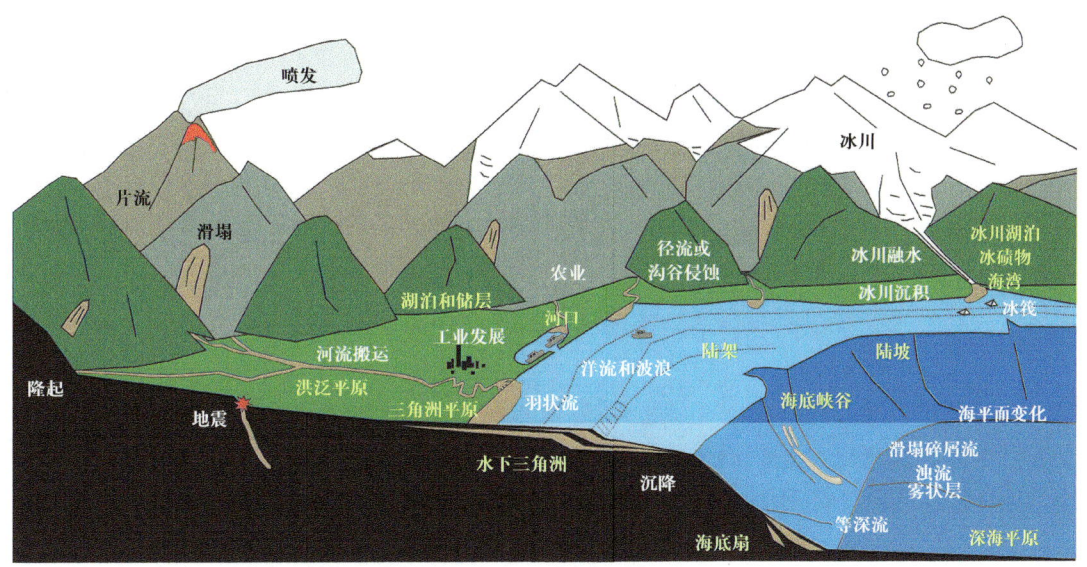

图2.3.1 源汇系统及其构成要素概念模式图（据 Walsh et al.，2016，有修改）

在国内，源汇系统研究也颇受关注，先后两次组织召开了"亚洲大陆边缘源汇过程与陆海相互作用"研讨会；在源汇系统研究方面也取得了丰硕的研究成果（林畅松等，2015；徐长贵等，2017；邵龙义等，2019）。2016年中国科学院和国家自然科学基金委联合发表的《中国沉积学发展战略研究》（A Roadmap of Sedimentology in China until 2030）中指出，"源汇系统：从造山带到边缘海盆地"是中国沉积学未来十年四大战略发展方向之一。

针对源汇系统近 20 年的科研攻关及其所取得的研究成果标志着源汇系统作为一个新的学科方向已正式确立。作为一种地学理论，源汇系统得到了地质学家的广泛认可；作为一种盆地分析技术，源汇系统分析能够用于定量预测汇水区沉积体系的尺寸规模和时空展布等，对沉积矿产（尤其是石油与天然气资源）预测的指导意义已经显现（徐长贵等，2017，2020；林畅松等，2015；Romans et al.，2016；Walsh et al.，2016）。

2.3.2 从层序地层学走向源汇沉积学

2.3.2.1 用于有利砂体预测的源汇系统研究

源汇系统不仅仅是一种地学理论，同时也是一种盆地分析技术。地质学家（尤其是中国的地质学家）尝试将源汇系统的方法原理运用到海盆和湖盆有利砂体的分布预测研究中来，对沉积矿产（尤其是石油与天然气资源）预测的指导意义已经显现（徐长贵，2013；徐长贵等，2017，2020；Sømme et al.，2009；Snedden et al.，2018）。

在海盆中，人们将源汇系统的方法原理运用到海盆寻找有利油气储集体的勘探实践中来：储层沉积学者基于沉积物分散路径再造构造古地理（Galloway et al.，2011；邵龙义等，2019）；通过源汇地貌比例关系预测扇体规模（Sømme et al.，2009；Snedden et al.，2018）和利洲扇源汇耦合预测扇体富砂性（Dixon et al.，2012；Gong et al.，2016）。值得一提的是，Sømme 等（2009）建立了现代由陆到洋源汇系统中"汇"的大小（如海底扇的宽度、长度和面积）与剥蚀区的面积及源汇系统中各区域地貌单元的形态参数（如河道长度、汇水区面积、高差、陆坡长度）之间的定量—半定量关系，该预测模型被成功运用到海底扇形态大小的预测中来。此外，中海石油（中国）有限公司深圳分公司在源汇系统思想的指导下，开展珠江三级"源—渠—汇"耦合研究，识别了珠江深水扇沉积体系，并带来了我国南海珠江口盆地深水油气勘探的重大突破（彭大钧等，2004；庞雄等，2005，2007）。

在湖盆中，随着国外陆—洋源汇系统研究的兴起，地质学家（尤其是中国的地质学家）开始在陆相断陷盆地的油气勘探中引入源汇系统的方法概念，建立陆相源汇控砂方法理论，这对湖盆砂体预测和断陷盆地油气勘探起到了巨大的推动作用（徐长贵，2013；刘强虎等，2016；徐长贵等，2017）。21 世纪初，我国学者早在东营凹陷的油气勘探中就注意到了源—沟—扇的成因关联；并将其运用到砂岩油气藏的预测中，有效地指导了陡坡扇砂砾岩体的油气勘探。徐长贵等（2017，2020）结合渤海的勘探实践，形成了陆相断陷盆地源汇时空耦合控砂，并获得了显著的工业化应用成效。在"源汇时空耦合控砂"的指导下，渤海海域古近系的储层预测成功率从 40% 提高到了 80%，为推动渤海海域古近系油气勘探做出了重要贡献（徐长贵等，2017）。

2.3.2.2 层序地层与源汇系统的区别与联系

层序地层和源汇系统二者是相辅相成的，它们既相互关联，又有一定的区别

（图 1.2.1）（Martinsen et al.，2017；朱红涛等，2022）。

层序地层和源汇系统共同的学科目标均是预测沉积盆地的沉积充填与成藏要素（尤其是有利砂体），且层序划分往往是源汇研究的基础，为源汇分析提供区域可对比的等时格架（图 1.2.1）（林畅松，2019；龚承林等，2022；Martinsen et al.，2017；Catuneanu，2022）。为了应对"预测有利成藏要素（储层和盖层等）"的勘探挑战，埃克森美孚公司地质学家创立发展了层序地层方法理论；形成了第一代具有沉积充填与成藏要素预测功能的"预测地层学（predictive stratigraphy）"（Posamentier et al.，1988；Van Wagoner, et al.，1988；Hunt et al.，1992；Martinsen et al.，2017）。为了解决"层序不一定控砂、低位不一定有扇"的勘探难题，地质学家将源汇系统方法理论运用到有利砂体预测研究中来，形成了源汇控砂方法原理（第二代预测地层学）（徐长贵等，2017，2020；Sømme et al.，2009；Snedden et al.，2018）。层序地层和源汇系统是沉积地质资源，特别是油气资源的预测和勘探的有效工具，取得了巨大的经济效益（林畅松，2019；王成善等，2021；龚承林等，2022；Martinsen et al.，2017；Catuneanu，2022）。

"层序地层"和"源汇系统"在研究范围和方法手段方面具有明显的区别。

在研究范围上，层序地层重点分析沉积区的沉积充填，而源汇系统将剥蚀区、过渡区和沉积区纳入到一个由源到汇的动态系统中；源汇系统的研究范围更广。层序地层侧重对沉积区沉积充填与成藏要素的分析；但是很少考虑甚至不考虑物源区沉积物剥蚀量的大小，对搬运区的研究更多的是表征刻画搬运通道、较少考虑搬运区如何承上启下地衔接物源区和沉积区（朱红涛等，2022；Catuneanu，2022）。与此不同的是，源汇系统将沉积物剥蚀—搬运—堆积的整个生命历程纳入到一个由源到汇的系统中进行定量研究，强调物源区、搬运区和沉积区是一个有机关联且动态响应的动力学系统（Romans et al.，2016；Walsh et al.，2016）。

在方法手段上，层序地层重点分析沉积区的界面性与旋回性，而源汇系统强调定量计算物源区的沉积物剥蚀量、利用碎屑锆石 U-Pb 测年等手段恢复沉积物分散路径等；源汇系统研究的方法手段更丰富。层序地层学的研究资料主要来自沉积盆地；物源区常因地质过程太过复杂，呈动态剥蚀状态且常常缺少资料而难以开展物源区的演化恢复和定量分析。层序地层学强调汇水盆地的沉积充填是由一系列不同级别和不同规模的地质界面（界面性）所分割的沉积旋回（旋回性）堆砌叠置而成。层序地层学的核心内涵是：基于不同的地质（录井和岩心资料等）与地球物理资料（测井和地震资料等）识别不同级别的不整合面与整合面、划分不同类型的沉积旋回（进积式、加积式和退积式），进而建立区域可对比的等时高精度层序地层格架（林畅松，2019；龚承林等，2022；Catuneanu，2022）。除了使用层序地层研究的方法手段之外，源汇系统重视对物源区沉积物供给参数的定量表征、量化沉积物供给量；强调通过碎屑锆石 U-Pb 测年等手段重构沉积物分散路径和物源区的构造演化。进而在等时的层序地层格架内，研究物源区构造演化及其与古水系演变和充填演化之间的源汇关系与耦合机制（Romans et al.，2016；徐杰等，2019）。

参 考 文 献

邓宏文, 1995. 美国层序地层研究中的新学派: 高分辨率层序地层学 [J]. 石油与天然气地质, 16 (2): 89-97.

龚承林, Ronald J. Steel, 王英民, 等, 2022. 深海碎屑岩层序地层学50年 (1970—2020) 重要进展 [J]. 沉积学报, 40 (2): 292-318.

姜在兴, 2010. 沉积学 [M]. 2版. 北京: 石油工业出版社.

李宝庆, 2015. 现行层序模型及其标准化 [J]. 石油实验地质, 37 (2): 134-140.

林畅松, 2019. 盆地沉积动力学: 研究现状与未来发展趋势 [J]. 石油与天然气地质, 40 (4): 667-700.

林畅松, 夏庆龙, 施和生, 等, 2015. 地貌演化、源—汇过程与盆地分析 [J]. 地学前缘, 22 (1): 9-20.

刘强虎, 朱筱敏, 李顺利, 等, 2016. 沙垒田凸起前古近系基岩分布及源—汇过程 [J]. 地球科学, 41 (11): 1935-1949.

Posamentier H W, Kolla V, 刘化清, 2019. 深水浊流沉积综述 [J]. 沉积学报, 37 (5): 879-903.

庞雄, 陈长民, 施和生, 等, 2005. 相对海平面变化与南海珠江深水扇系统的响应 [J]. 地学前缘, 12 (3): 167-177.

庞雄, 彭大钧, 陈长民, 等, 2007. 三级"源—渠—汇"耦合研究珠江深水扇系统 [J]. 地质学报, 81 (6): 857-864.

彭大钧, 陈长民, 庞雄, 等, 2004. 南海珠江口盆地深水扇系统的发现 [J]. 石油学报, 25 (5): 17-23.

邵龙义, 王学天, 李雅楠, 等, 2019. 深时源—汇系统古地理重建方法评述 [J]. 古地理学报, 21 (1): 67-81.

王成善, 林畅松, 2021. 中国沉积学近十年来的发展现状与趋势 [J]. 矿物岩石地球化学通报, 40 (6): 1217-1229.

吴胜和, 岳大力, 冯文杰, 等, 2021. 碎屑岩沉积构型研究若干进展 [J]. 古地理学报, 23 (2): 245-262.

徐长贵, 2013. 陆相断陷盆地源—汇时空耦合控砂原理: 基本思想、概念体系及控砂模式 [J]. 中国海上油气, 25 (4): 1-21.

徐长贵, 杜晓峰, 2017. 陆相断陷盆地源—汇理论工业化应用初探: 以渤海海域为例 [J]. 中国海上油气, 29 (4): 9-18.

徐长贵, 杜晓峰, 徐伟, 等, 2017. 沉积盆地"源—汇"系统研究新进展 [J]. 石油与天然气地质, 38 (1): 1-11.

徐长贵, 杜晓峰, 朱红涛, 2020. 陆相断陷盆地源汇系统控砂原理与应用 [M]. 北京: 科学出版社.

徐杰, 姜在兴, 2019. 碎屑岩物源研究进展与展望 [J]. 古地理学报, 21 (3): 378-396.

于兴河, 2008. 碎屑岩系油气储层沉积学 [M]. 2版. 北京: 石油工业出版社.

于兴河, 李顺利, 孙洪伟, 2022. 碎屑岩沉积从源到汇的"物—坡"耦合效应 [J]. 古地理学报, 24 (6): 1037-1057.

朱红涛, 朱筱敏, 刘强虎, 等, 2022. 层序地层学与源—汇系统理论内在关联性与差异性 [J]. 石油与天然气地质, 43 (4): 763-776.

朱筱敏, 2008. 沉积岩石学 [M]. 4版. 北京: 石油工业出版社.

Barrell J, 1912. Criteria for the recognition of ancient delta deposits [J]. GSA Bulletin, 23 (1): 377-446.

Brown III W M, Ritter J R, 1971. Sediment transport and turbidity in the Eel River basin, California [M]. U S Geological Survey Water-Supply Paper.

Bull S, Cartwright J, Huuse M, 2009. A review of kinematic indicators from masstransport complexes using

3D seismic data [J]. Marine and Petrleum Geology, 26（7）: 1132-1151.

Carter L, Orpin A R, Kuehl S A, 2010. From mountain source to ocean sink-the passage of sediment across an active margin, Waipaoa Sedimentary System, New Zealand [J]. Marine Geology, 270: 1-10.

Catuneanu O, 2022. Principles of Sequence Stratigraphy [M]. 2nd ed. Amsterdam: Elsevier Press.

Catuneanu O, Abreu V, Bhattacharya J P, et al., 2009. Towards the standardization of sequence stratigraphy [J]. Earth-Science Reviews, 92（1-2）: 1-33.

Catuneanu, 2006. Principles of Sequence Stratigraphy [M]. Amsterdam: Elsevier Press.

Catuneanu, 2020, Sequence stratigraphy of deep-water systems [J]. Marine and Petroleum Geology, 114: 104238.

Cross T A, 1988. Controls on coal distribution in transgressive-regressive cycles, Upper Cretaceous, Western Interior, U.S.A [J]. The Society of Economic Paleontologists and Mineralogists（SEPM）Special Publication, 42: 371-380.

Dixon J F, Steel R J, Olariu C, 2012. Shelf-edge delta regime as a predictor of the deepwater deposition [J]. Journal of Sedimentary Research, 82（9）: 681-687.

Doughty-Jones G, Mayall M, Lonergan L, 2017. Stratigraphy, facies, and evolution of deep-water lobe complexes within a salt-controlled intraslope minibasin [J]. AAPG Bulletin, 101（11）: 1879-1904.

Du X, Xu C, Pang X, et al., 2017. Quantitative reconstruction of source-to-sink systems of the first and second members of the Shahejie Formation of the Eastern Shijiutuo uplift, Bohai Bay Basin, China [J]. Interpration, 5（4）: ST85-ST102.

Embry A F, Johannessen E P, 1992. T-R sequence stratigraphy, facies analysis and reservoir distribution in the uppermost Triassic-Lower Jurassic succession, Western Sverdrup Basin, Arctic Canada[C]//Vorren T O, Bergsager E, Dahl-Stamnes O A, et al., Arctic Geology and Petroleum Potential. Special Publication, Vol. 2. Oslo: Norwegian Petroleum Society: 121-146.

Embry A F, Podruski J A, 1988. Third-order depositional sequences of the Mesozoic succession of Sverdrup Basin [M]//James D P, Leckie D A. Sequences, stratigraphy, sedimentology: surface and subsurface. Calgary: CSPG Special Publications: 73-84.

Galloway W E, 1989. Genetic stratigraphic sequences in basin analysis I: architecture and genesis of flooding-surface bounded depositional units [J]. AAPG Bulletin, 73（2）: 125-142.

Galloway W E, Hobday D K, 1996. Terrigenous clastic depositional systems: applications to fossil fuel and groundwater resources [M]. Berlin: Springer.

Galloway W E, Whiteaker T L, Ganey-Curry P E, 2011, History of Cenozoic North American drainage basin evolution, sediment yield, and accumulation in the Gulf of Mexico basin [J]. Geosphere, 7（4）: 938-973.

Gilbert G K, 1917. Hydraulic-mining debris in the Sierra Nevada [M]. Washington D.C.: U S Government Printing Office.

Gong C, Steel, R J, Wang Y, et al., 2016a. Shelf-margin architecture variability and its role in source-to-sink sediment budget partitioning into deep-water areas [J]. Earth Science Reviews, 154: 72-101.

Gong C, Steel R J, Wang Y, et al., 2016b. Grain size and transport regime at shelf edge as fundamental controls on delivery of shelf-edge sands to deepwater [J]. Earth-Science Reviews, 154: 32-60.

Gong C, Wang Y, Hodgson D M, et al., 2014. Origin and anatomy of two different types of mass-transport complexes: A 3D seismic case study from the northern South China Sea margin [J]. Marine and Petroleum

Geology, 54: 198-215.

Haq B U, Hardenbol J, Vail P R, 1987. Chronology of fluctuating sea levels since the Triassic (250million years ago to present) [J]. Science, 253 (4793): 1156-1166.

Helland-Hansen W, Gjelberg J G, 1994. Conceptual basis and variability in sequence stratigraphy: a different perspective [J]. Sedimentary Geology, 92 (1-2): 31-52.

Howlett D M, Gawthorpe R L, Ge Z, et al., 2020. Turbidites, topography and tectonics: Evolution of submarine channel-lobe systems in the salt-influenced Kwanza Basin, offshore Angola [J]. Basin Research, 33 (2): 1076-1110.

Hunt D, Tucker M E, 1992. Stranded parasequences and the forced regressive wedge systems tract: deposition during base-level fall [J]. Sedimentary Geology, 81 (1-2): 1-9.

Janocko M, Nemec W, Henriksen S, et al., 2013. The diversity of deep-water sinuous channel belts and slope valley-fill complexes [J]. Marine and Petroleum Geology, 41: 7-34.

Jervey M T, 1988. Quantitative geological modeling of siliciclastic rock sequences and their seismic expression [J].

Martinsen O J, Søme T O, Audun G, 2017. Development of predictive stratigraphy—sequences, source-to-sink, and back to seismic [M] //Hart B, Rosen N C, West D, et al., Sequence stratigraphy: the future defined. Tulsa: SEPM Society for Sedimentary Geology, 2017: 7-8.

Matenco L, Andriessen P, the SourceSink Network, 2013. Quantifying the mass transfer from mountain ranges to deposition in sedimentary basins: Source to sink studies in the Danube Basin-Black Sea system [J]. Global and Planetary Change, 103: 1-18.

Mitchum R M, Vail P R, Thompson III S, 1977. Seismic stratigraphy and global changes of sea-level, part 2: the depositional sequence as a basic unit for stratigraphic analysis [C] //Payton C E, Seismic Stratigraphy-applications to Hydrocarbon Exploration. Memoir, Vol. 26. Tulsa: American Association of Petroleum Geologists, 53-62.

Moscardelli L, Wood L, 2008. New classification system for mass-transport complexes in offshore Trinidad [J]. Basin Research, 20 (1): 73-98.

Nemec W, Steel R J, 1988. What is a fan delta and how do we recognize it? [J]. Fan Deltas: Sedimentology and Tectonic Settings. 3: 231-248.

Nichols G, 2009. Sedimentology and Stratigraphy [M]. 2nd ed. Oxford: Weley-Blackwell.

Pan S, Liu H, Zavala C, et al., 2017. Sub-lacustrine hyperpycnal channel-fan system in a large depression basin: a case study of Nen 1 Member, Cretaceous Nenjiang Formation in the Songliao Basin, NE China [J]. Petroleum Exploration and Development, 44 (6): 911-922.

Porębski S J, Steel R J, 2003. Shelf-margin deltas: their stratigraphic significance and relation to deepwater sands [J]. Earth Science Review, 62 (3-4): 283-326.

Porębski S J, Steel R J, 2006. Deltas and sea-level change [J]. Journal of Sedimentary Research, 76 (3): 390-403.

Posamentier H W, Allen G P, 1999. Siliciclastic sequence stratigraphy: concepts and applications [M]. Tulsa: Society of Economic Paleontologists and Mineralogists (SEPM).

Posamentier H W, Jervey M T, Vail P R, 1988. Eustatic controls on clastic deposition I—conceptual framework [M] //Wilgus C K, Hastings B S, Kendall C G St C, et al., Sea-level changes: an integrated approach. Tulsa: SEPM Society for Sedimentary Geology: 110-124.Posamentier H W, Kolla

V, 2003. Seismic geomorphology and stratigraphy of depositional elements in deep-water settings [J]. Journal of Sedimentary Research, 73 (3): 367-388.

Posamentier H W, Paumard V, Lang S C, 2022. Principles of seismic stratigraphy and seismic geomorphology I: Extracting geologic insights from seismic data [J]. Earth-Science Reviews, 228: 103963.

Prélat A, Hodgson D M, Flint S S, 2009. Evolution, architecture and hierarchy of distributary deep-water deposits: a high-resolution outcrop investigation from the Permian Karoo Basin, South Africa [J]. Sedimentology, 56 (7): 2132-2154.

Raef A E, Meek T N, Totten M W, 2016. Applications of 3D seismic attribute analysis in hydrocarbon prospect identification and evaluation: verification and validation based on fluvial palaeochannel cross-sectional geometry and sinuosity, Ness County, Kansas, USA [J]. Marine and Petroleum Geology, 73: 21-35.

Reading H G, Levell B K, 1996. Controls on the sedimentary rock record [M] //Reading H G, Sedimentary environments: processes, facies and stratigraphy. 3rd ed. Oxford: Blackwell.

Romans B W, Castelltort S, Covault J A, et al., 2016, Environmental signal propagation in sedimentary systems across timescales [J]. Earth-Science Reviews, 153: 7-29.

Rust B R, 1978. A classification of alluvial channel systems [M] //Miall, A D. Fluvial Sedimentology. Calgary: Canadian Society of Petroleum Geologists, Memoir 5: 187-198.

Schumm S A, 1977. The fluvial system [M]. New York: John Wiley & Sons: 338.

Shanmugam G, 2020. Gravity flows: Types, definitions, origins, identification markers, and problems [J]. Journal Indian Association of Sedimentology, 37 (2): 61-90.

Sloss L L, 1963. Sequences in the cratonic interior of North America [J]. Geological Society of America Bulletin, 74 (2): 93-114.

Snedden J W, Galloway W E, Milliken K T, et al., 2018. Validation of empirical source-to-sink scaling relationships in a continental-scale system: The Gulf of Mexico basin Cenozoic record [J]. Geosphere, 14 (2): 768-784.

Sømme T O, Helland-Hansen W, Martinsen O J, et al., 2009. Relationships between morphological and sedimentological parameters in source-to-sink systems: a basis for predicting semi-quantitative characteristics in subsurface systems [J]. Basin Research, 21 (4): 361-387.

Vail P R, Mitchum Jr R M, Thompson Ⅲ S, 1977. Seismic stratigraphy and global changes of sea level, part 3: relative changes of sea level from coastal onlap [M] //Payton C E, Seismic stratigraphy: applications to Hydrocarbon Exploration. Memoir, Vol. 26. Tulsa: American Association of Petroleum Geologists: 63-81.

Van Wagoner J C, Posamentier H W, Mitchum R M, et al., 1988. An overview of sequence stratigraphy and key definitions [M] //Wilgus C K, Hastings B S, Kendall C G St C, et al., Sea-level changes: an integrated approach. Tulsa: SEPM Society for Sedimentary Geology, 39-45.

Walsh J P, Wiberg P L, Aalto R, et al., 2016. Source-to-sink research: economy of the Earth's surface and its strata [J]. Earth-Science Reviews, 153: 1-6.

Weimer P, Slatt R M, 2007. Deepwater-reservoir elements: channels and their sedimentary fill [J]. AAPG Studies in Geology, 57: 171-276.

Wheeler H E, 1964. Baselevel, lithosphere surface, and timestratigraphy [J]. Geological Society of America Bulletin, 75 (7): 599-610.

Wynn R B, Cronin B T, Peakall J, 2007. Sinuous deep-water channels: genesis, geometry and architecture[J]. Marine and Petroleum Geology, 24（6-9）: 341-387.

Yilmaz A V, Üner S, 2021. Sedimentary architecture of the undeformed Lower Miocene Gorendagi Submarine Fan deposits from Neo-Tethys Ocean (Eastern Anatolia-Turkey): tectonic control on preservation of fan morphology [J]. Journal of African Earth Sciences, 173: 104028.

第 3 章　沉积盆地源汇系统分析基本原理

3.1　源汇分析基本思想与源汇系统基本类型

3.1.1　源汇分析基本思想

物质守恒和信号传输是沉积盆地源汇系统分析的两大基本思想。

3.1.1.1　物质守恒定律

源汇系统分析的核心是将沉积物在物源区的剥蚀、过渡区的搬运与沉积区的堆积纳入到一个由源到汇的系统中，研究这一"剥蚀—搬运—堆积"的过程响应（图 3.1.1）（林畅松等，2015；Romans et al.，2016；Straub et al.，2020；Tofelde et al.，2021）。在整个剥蚀—搬运—堆积的源汇系统中，沉积物总质量保持不变（不会凭空消失），只是从一种形态（物源区的剥蚀）转换成另一种形态（过渡区的搬运或沉积区的堆积）了。由此可见，物质守恒是源汇系统分析最基本的思想（徐长贵，2013；Romans et al.，2016；Straub et al.，2020）。在物源区，以基岩形式存在的碎屑物质遭受风化剥蚀后，会形成碎屑颗粒或溶解物并进入源汇系统，而后主要被河流等方式搬运分散；最终以一种特定的过程和特定的方式堆积在源汇系统的沉积区（图 3.1.1）（Romans et al.，2016；Straub et al.，2020；Tofelde et al.，2021）。

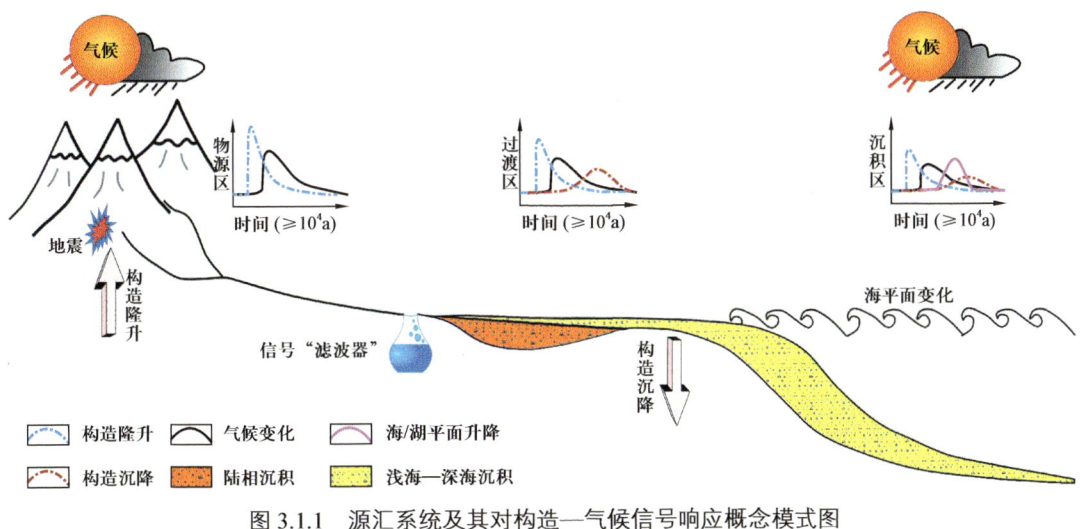

图 3.1.1　源汇系统及其对构造—气候信号响应概念模式图

物质守恒定律告诉我们：在物源区风化剥蚀所产生沉积物总量与汇水盆地的不同部位所分散堆积的沉积物总量是相等的（图3.1.2）。因此，如果想要在沉积盆地中寻找到一个"砂岩发育区"，就必须找到一个"完整且能够产生粗碎屑颗粒的沉积物剥蚀—搬运—堆积的时空耦合系统"（图3.1.1，图3.1.2）。这一朴素的物质守恒定律就是源汇时空耦合控砂的理论依据（徐长贵，2013；Romans et al.，2016）。

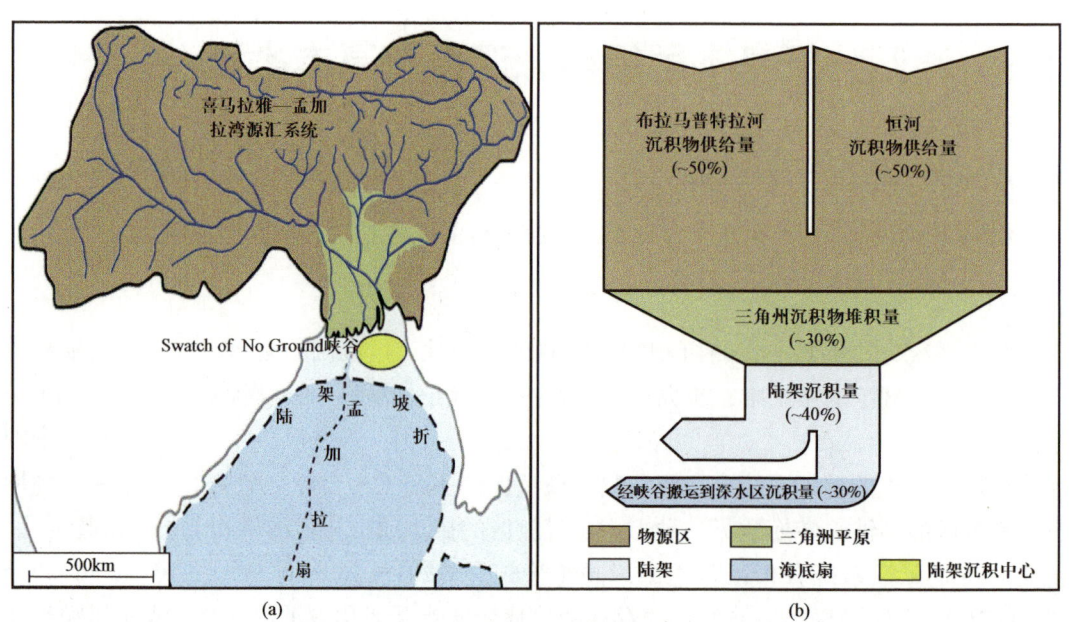

图3.1.2 （a）喜马拉雅—孟加拉湾源汇系统构成要素平面展布图；（b）在物源区产生的沉积物总量及其在沉积区不同单元（三角洲、陆架和海底扇）分配量分布图

源汇系统的物质守恒定律这一基本思路被图3.1.2所示的喜马拉雅—孟加拉湾源汇系统所证实。源自世界上最高山脉（海拔超过5000m的喜马拉雅造山带）的喜马拉雅—孟加拉湾源汇系统的流域面积达$2\times10^6 km^2$，物源区剥蚀速率达365mm/ka、沉积物供给量达1000Mt/a；每年向孟加拉湾流域盆地供给超过$10^6 t$沉积物，它们被布拉马普特拉河和恒河搬运分散到孟加拉湾流域盆地。其中，布拉马普特拉河（流经中国境内部分称为雅鲁藏布江）搬运贡献了约50%的沉积物，而恒河搬运贡献了另外50%的沉积物。喜马拉雅—孟加拉湾源汇系统每年所产生的$10^6 t$沉积物总量中，约30%（$0.3\times10^6 t$）被卸载在布拉马普特拉河—恒河三角洲平原上，约40%（$0.4\times10^6 t$）被分散到孟加拉湾陆架区；剩余的约30%（$0.3\times10^6 t$）经由Swatch of No Ground峡谷输送堆积到孟加拉扇上（Romans et al.，2016）。

3.1.1.2 信号传输原理

在源汇系统分析中，人们常常将地表动力学过程变化所诱导的地质作用波动称为"环境信号（environmental signal）"（Romans et al.，2016）。不同的环境信号往往具有不同的时间尺度（T_p），依据T_p可将自然界的环境信号划分为四种：边界地质条件长期变化引起的百万年跨度的构造尺度（$T_p=10^{6\sim9}$a）的环境信号，如冰室气候或温室气候等；太阳辐射变化驱动的十万年跨度的轨道尺度（$T_p=10^{4\sim5}$a）的环境信号，如冰川融水等；几百到上万年的亚轨道尺度（$T_p=10^{3\sim4}$a）的环境信号，如季风等；年代际以及更短时间跨度的人类尺度（$T_p\leq10^3$a）的环境信号，如厄尔尼诺和潮汐等［图3.1.3，图3.1.4（a）］。不同尺度的环境信号往往被不同类型的沉积档案所记载：构造尺度和轨道尺度环境信号往往被滨海或深海沉积所记载，能够被锆石U/Pb测年、热年代学或地震资料等手段所分辨；亚轨道尺度环境信号常常被湖泊沉积所记载，可以被岩心、测井或^{14}C测年等数据所辨识；人类尺度环境信号往往被珊瑚、冰芯、树轮等载体所记录，能够被CT扫描、^{14}C测年或现场观察学手段所分辨［图3.1.3（a），图3.1.3（c）］。

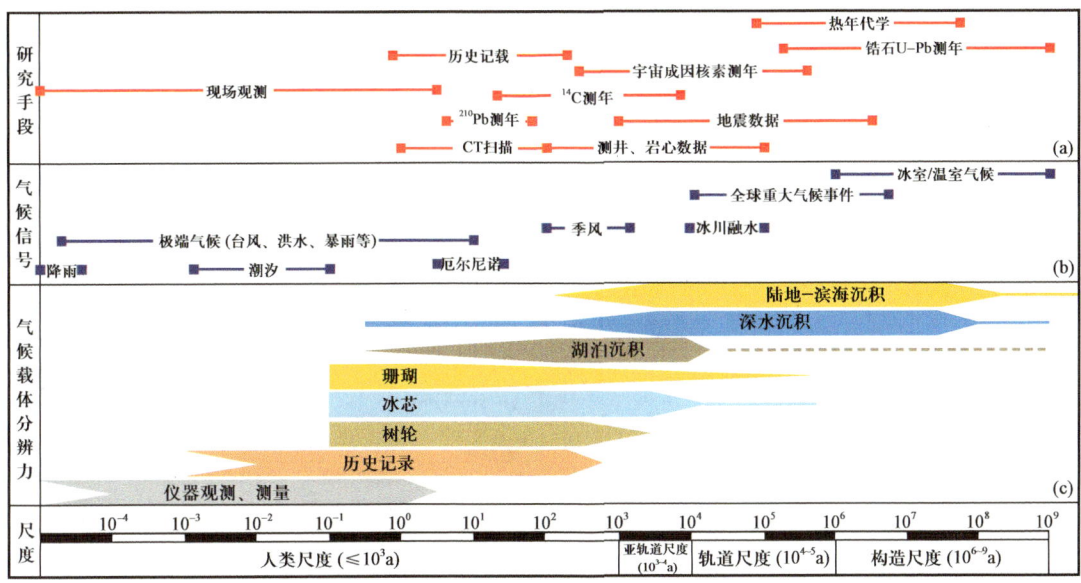

图3.1.3 （a）不同研究手段的适用范围；（b）不同类型气候信号的响应尺度；（c）不同记录载体的时间尺度和分辨力（据Ruddiman，2001，有修改）

源汇系统一般由物源区、过渡区和沉积区构成（图3.1.1），过渡区对环境信号具有非线性的过滤作用，换言之"并非所有的气候信号，如'今日刮风、明日下雨的高频低幅'天气变化都能够被源汇系统响应"（图3.1.1）（Romans et al.，2016；Straub et al.，2020；Tofelde et al.，2021）。基于此，将过渡区对环境信号的过滤，使其破坏甚至消失，从而不被深水源汇系统所响应的效应称为源汇系统的滤波效应（图3.1.1）。过渡区对气候信号的滤波效应取决于环境信号的时间尺度（T_p）与系统响应时间（T_{eq}）之间的大小关系。所谓系统响应时间是指沉积物分散系统达到新的平衡状态所需要的时间。

当$T_p\geq T_{eq}$时，环境信号能够对沉积物搬运—分散—堆积的源汇过程起调制作用，被源汇系统所响应；而当$T_p\leq T_{eq}$时，环境信号则在沉积物搬运—分散—堆积的源汇过程被淹没，也就不能被源汇系统所应答（Romans et al.，2016；Straub et al.，2020；龚承林等，2021）。据此，将不能响应亚轨道尺度—人类尺度气候信号（$T_{eq}\geq10^4$a）的深水源汇系统称为迟滞响应深水源汇系统，而将能够响应亚轨道尺度—人类尺度气候信号（$T_{eq} \leq 10^4 a$）的深水源汇系统称为瞬态响应深水源汇系统（图3.1.1）。

在现今的喜马拉雅—孟加拉湾源汇系统，Swatch of No Ground 峡谷切割了内陆架，这一源汇系统的响应尺度较小（$T_{ep} \leq 10^4 a$），为瞬态响应深水源汇系统；能够对人类尺度的环境信号做出应答（龚承林等，2021）。因此，Swatch of No Ground 峡谷中的96KL重力活塞样沉积物的粒度大时对应孟加拉湾风暴事件强度也较大；沉积物粒度忠实地记录或响应了孟加拉湾自1970年至今的风暴事件［图3.1.4（b）］（Michels et al.，2003）。

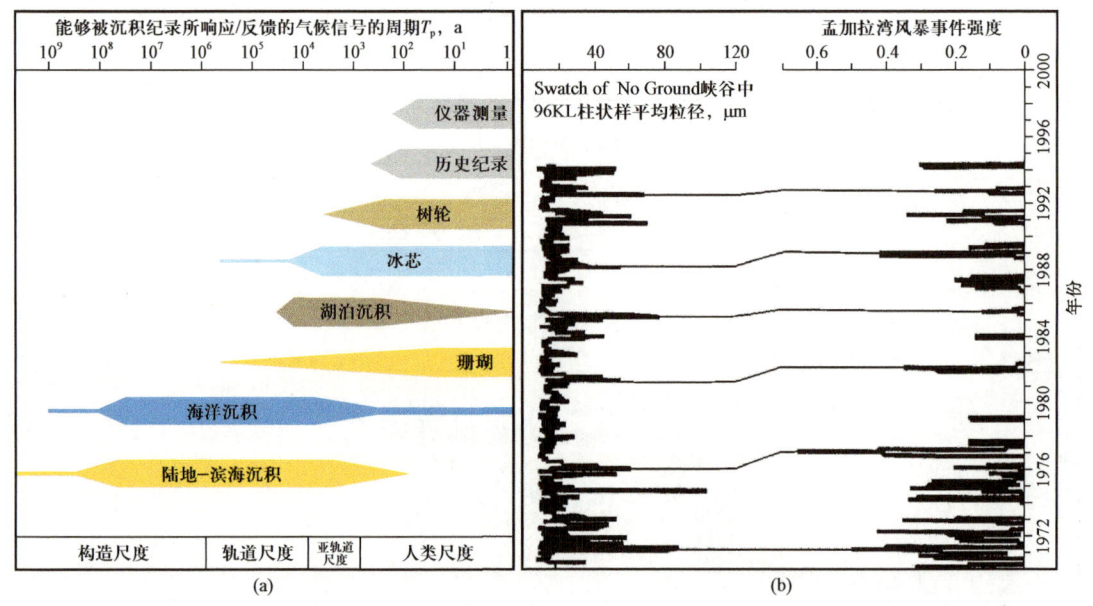

图3.1.4 （a）不同类型的纪录载体的信号分辨率（据 Ruddiman，2001，有修改）；（b）孟加拉扇 Swatch of No Ground 峡谷中重力活塞样96KL的评价粒径和同期风暴时间风暴事件对比关系图（据 Michels et al.，2003，有修改）

此外，气候变化时间能否在沉积纪录中有所体现还取决于信号的幅度（F_p），高幅的气候脉动相较于低幅的气候信号往往更容易在沉积纪录中有所体现（Romans et al.，2016；杨江海等，2017）。在某些滞后响应沉积物分散系统中，仅当气候变化幅度足够大时，低频高幅的气候脉动才能够在沉积纪录中有所响应，这种现象被称为沉积物分散系统清理事件（system—clearing events）（Jerolmack，Paola，2010）。譬如，Foreman等（2012）研究揭示古新世—始新世之交的极热事件是一次典型的沉积物分散系统清理事件，这种短暂的超级温室气候所产生的低频高幅的气候信号对全球陆地表层系统产生了深远影响并被科罗拉多南部河流沉积所反馈/响应。

3.1.2 源汇系统基本类型

源汇系统可以根据"时间尺度与空间尺度"以及"响应尺度与地貌组成"划分为不同的基本类型。

3.1.2.1 按时间尺度与空间尺度划分

按照"时间尺度与空间尺度"可以将源汇系统划分为六种不同类型（图3.1.5，图3.1.6）。

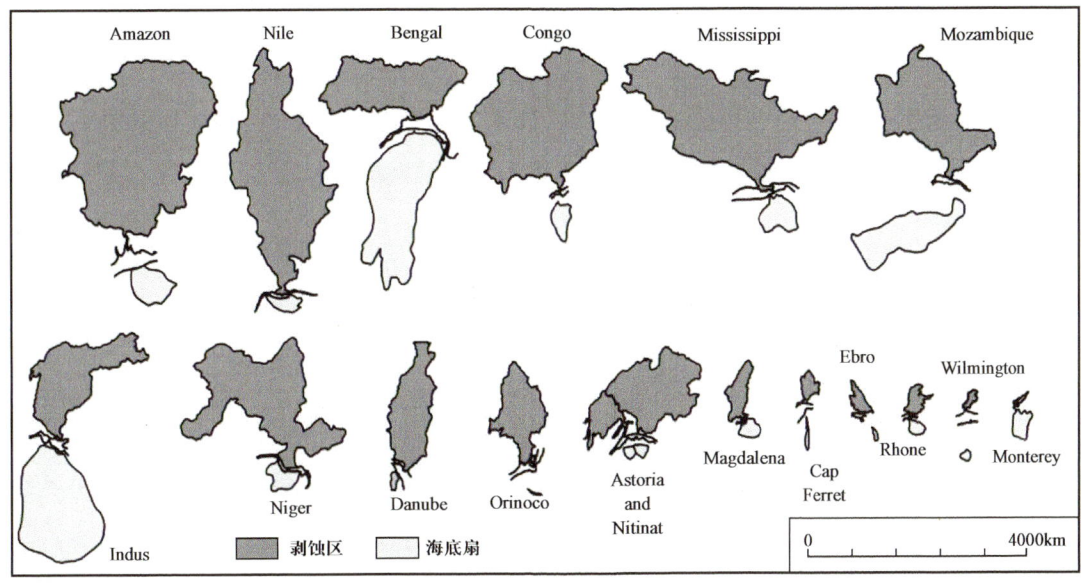

图 3.1.5　现今源汇系统剥蚀区与海底扇面积比例关系一览（据 Helland-Hansen et al.，2016）

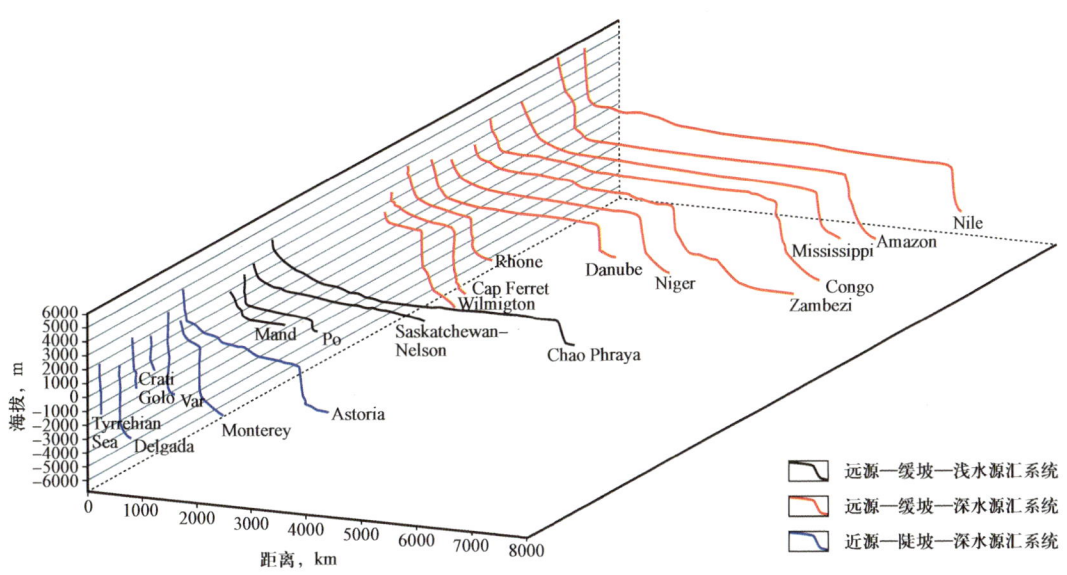

图 3.1.6　现今源汇系统的空间尺度类型（据 Helland-Hansen et al.，2016）

1）源汇系统的时间尺度类型

按照时间尺度可以将源汇系统划分为现代源汇系统、第四纪源汇系统与深时源汇系统（Helland-Hansen et al.，2016）。

现代源汇系统是指：地质年代为 $10^0 \sim 10^3$ a、由现今地表的物源区、过渡区和沉积区组成的源汇系统（图3.1.5）（Helland-Hansen et al.，2016）。现代源汇系统中，基岩性质以及流域面积等地貌参数保存相对稳定，源汇过程主要受气候条件、温度变化和人类活动等因素的影响（Syvitski et al.，2007）。现今源汇系统不同构成要素的地貌等多种源汇参数可以直接被测量，可用于建立多种地貌学比例参数（图3.1.5）（Sømme et al.，2009；Nyberg et al.，2018）。譬如，Sømme 等（2009）通过统计分析了如图3.1.5所示的现今源汇系统地貌参数，发现流域面积（y）与海底扇面积（x）呈现幂函数拟合关系（$y=176.3x^{1.80}$，$R=0.80$）。这一源汇地貌比例关系可用于预测深时源汇系统中海底扇的规模尺寸（Sømme et al.，2009；Nyberg et al.，2018）。

第四纪源汇系统是指：地质年代为 $10^3 \sim 2.5 \times 10^6$ a、由第四纪物源区、过渡区和沉积区组成的源汇系统（Helland-Hansen et al.，2016）。第四纪源汇系统的沉积记录得以保存，仅有少量源汇要素因风化剥蚀而缺失。第四纪源汇系统中，基岩性质以及流域面积等地貌参数可以认为与现今源汇参数相同，源汇过程主要受冰期—间冰期旋回以及高频高幅海平面变化等地质因素的调控（Romans et al.，2016）。

深时源汇系统是指：地质年代为 $2.5 \times 10^6 \sim 10^8$ a、前第四纪物源区、过渡区和沉积区组成的源汇系统（Helland-Hansen et al.，2016）。深时源汇系统的沉积记录大多遭受风化剥蚀，流域面积、供给通量等源汇参数常难以准确界定；源汇过程主要受构造作用和气候波动的控制（Romans et al.，2016）。因此，深时源汇系统的源汇要素往往需要进行估算和重建，进行深时源汇系统古地理重建有助于定量预测汇水盆地沉积单元的岩石类型、物性特征、时空展布和规模尺寸，在能源矿产勘探预测中具有广阔的应用前景（Bhattacharya et al.，2016；邵龙义等，2019）。

2）源汇系统的空间尺度类型

按照空间尺度可以将源汇系统划分为近源—陡坡—深水源汇系统、远源—缓坡—浅水源汇系统和远源—缓坡—深水源汇系统（图3.1.6）（Helland-Hansen et al.，2016；操应长等，2018）。

近源—陡坡—深水源汇系统是指：具有近源供给、地势陡峭、平均水系长度短（<100km），沉积区水深大（>500m）特征的源汇系统。图3.1.6中的 Tyrrehian Sea、Delgada、Golo、Grati、Var、Monterey 和 Astoria 形成了典型的近源—陡坡—深水源汇系统。这类源汇系统多发育在活动板块边界，强烈构造变形下物源供给充沛，大量沉积物多沿陡窄陆缘快速搬运至末端深水区堆积卸载（Helland-Hansen et al.，2016；操应长等，2018）。

远源—缓坡—浅水源汇系统是指：具有远源供给、地势平缓、水系长度中等（100~1000km），沉积区水深浅（10s~100sm）特征的源汇系统。图3.1.6中的 Mand、Po、Saskatchewan-Nelson 和 Chao Phraya 代表了典型的远源—缓坡—浅水源汇系统。这类源汇系统多发育在前陆盆地或内克拉通盆地（Helland-Hansen et al.，2016；操应长等，2018）。

远源—缓坡—深水源汇系统是指：具有远源供给、地势平缓、水系长度大（1000～7000km），沉积区水深大（>1000m）特征的源汇系统。图 3.1.6 中的 Wilmgton、Cap Ferret、Rhone、Danube、Niger、Zambezi、Congo、Mississippi、Amazon 和 Nile 形成了典型的远源—缓坡—深水源汇系统。这类源汇系统多发育在构造稳定的被动陆缘或拉张盆地内，具有大陆级别水系（如 Mississippi 河和 Congo 河等）供源（Helland-Hansen et al.，2016；操应长等，2018）。

3.1.2.2 按响应尺度与地貌组成划分

按照响应尺度与地貌组成可以将源汇系统划分为四种不同类型（图 3.1.7，图 3.1.8）。

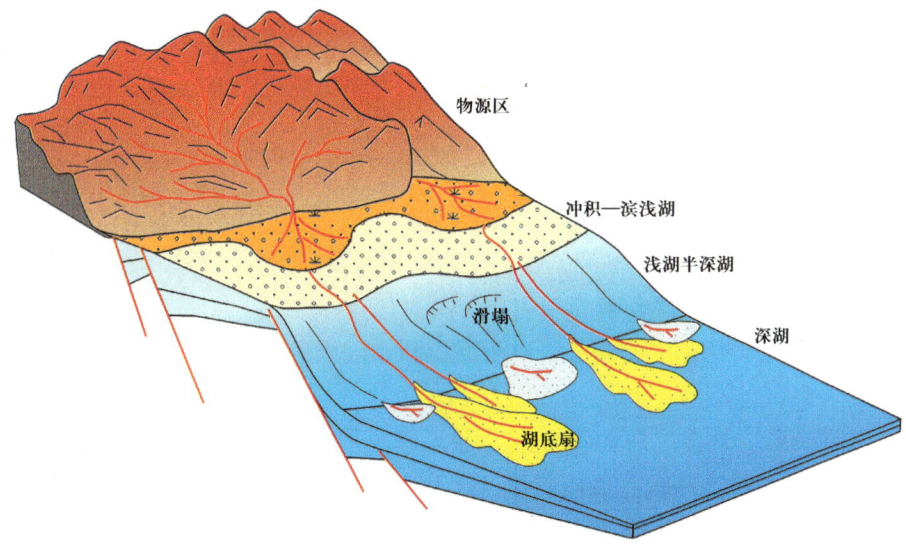

图 3.1.7　陆—湖源汇系统的地貌单元组成及其分布（据林畅松等，2015，有修改）

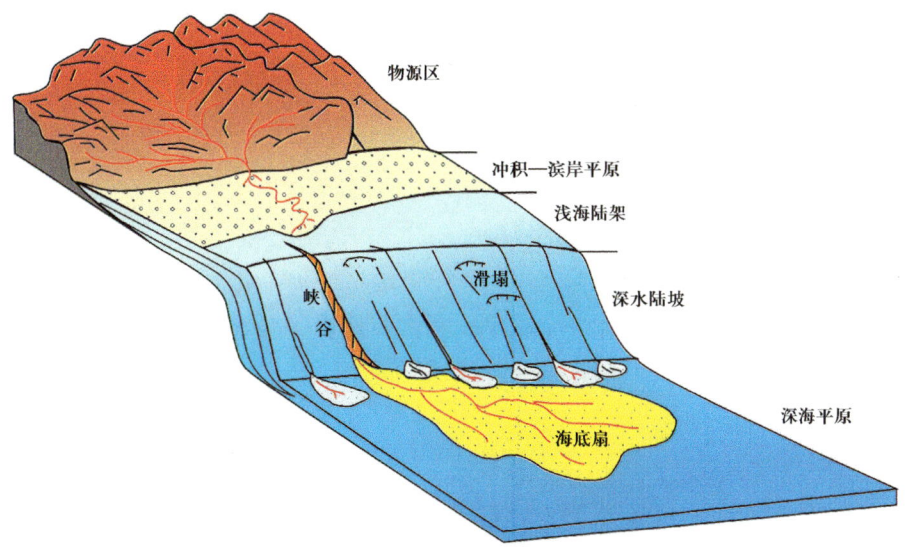

图 3.1.8　陆—洋源汇系统的地貌单元组成及其分布（据林畅松等，2015，有修改）

1）源汇系统的响应尺度类型

按照响应尺度可以将源汇系统划分为迟滞响应源汇系统（buffered source-to-sink systems）和瞬态响应源汇系统（reactive source-to-sink systems）（龚承林等，2021）。

迟滞响应源汇系统是指不能响应亚轨道尺度—人类尺度气候信号（$T_{eq} \geq 10^4 a$）的源汇系统（龚承林等，2021）。瞬态响应源汇系统是指能够响应亚轨道尺度—人类尺度气候信号（$T_{eq} \leq 10^4 a$）的源汇系统（龚承林等，2021）。

2）源汇系统的地貌组成类型

按照地貌组成可以将源汇系统划分为陆—湖源汇系统（图3.1.7）和陆—洋源汇系统（图3.1.8）（林畅松等，2015）。

陆—湖源汇系统是指：沉积物分散路径入湖所形成的源汇系统（图3.1.7）（林畅松等，2015）。现代或古代的许多大型的内陆湖泊，周边为造山带或长期隆起区所围限，也形成发育一个从物源区、过渡区和沉积区组成的源汇系统（图3.1.7）。陆—湖源汇系统主要由物源区、冲积—滨浅湖、浅海半深湖和深湖等地貌单元组成；相较于陆—洋源汇系统地貌单元较为简单（图3.1.7）。在物源区，主要发育沟—岭和山间河流等剥蚀地貌；在过渡区，兼具剥蚀地貌（如沟谷等）和沉积地貌（如冲积—滨浅湖等）；在沉积区，以沉积地貌（如小型三角洲或湖底扇等）为主（图3.1.7）（林畅松等，2015）。陆—湖源汇系统可进一步按照盆地构造性质被划分为断陷型和坳陷型两个亚类，两种在地貌组成上无明显差别。

陆—洋源汇系统是指：沉积物分散路径入海所形成的源汇系统（图3.1.8）（林畅松等，2015）。陆—洋源汇系统主要由物源区、冲积—滨岸平原、浅海陆架、深水陆坡和深海平原等地貌单元组成；相较于陆—湖源汇系统地貌单元更为复杂（图3.1.8）。在物源区，主要发育沟—岭和山间河流等剥蚀地貌；在过渡区，兼具剥蚀地貌（如河流）和沉积地貌（如冲积—滨岸平原）；在沉积区，以大型峡谷水道—海底扇沉积体系等沉积地貌为主（图3.1.8）（林畅松等，2015）。

3.2 物源体系与搬运体系

3.2.1 物源体系

源汇系统的物源区主要发育由流域单元和沟岭地貌等要素组成的物源体系，物源体系分析是源汇研究的关键（图3.2.1，图3.2.2和表3.2.1）。

3.2.1.1 流域单元

流域单元是指：以自然分水岭为界、共用一个出水口的地表河流集水区；并由分水线（分水岭最高点的连线）确定。分水线（图3.2.3中的点划线）往往具有不同的级别，常常将流域盆地的分水线区分为一级分水线、二级分水线和三级分水线。一级分水线是指一个物源区的中央分水岭［图 3.2.3（a）中的双点画线］；二级分水线是指在一级分水线的基础上，分割区域性水流流域的分水岭，这一流域内往往由多条水系构成，这些水系最终汇成一个具有相同水流方向的河流［图 3.2.3（a）中的点画线］；三级分水线是指单个河流之间的分水岭［图 3.2.3（b）中的点画线］（徐长贵等，2020）。

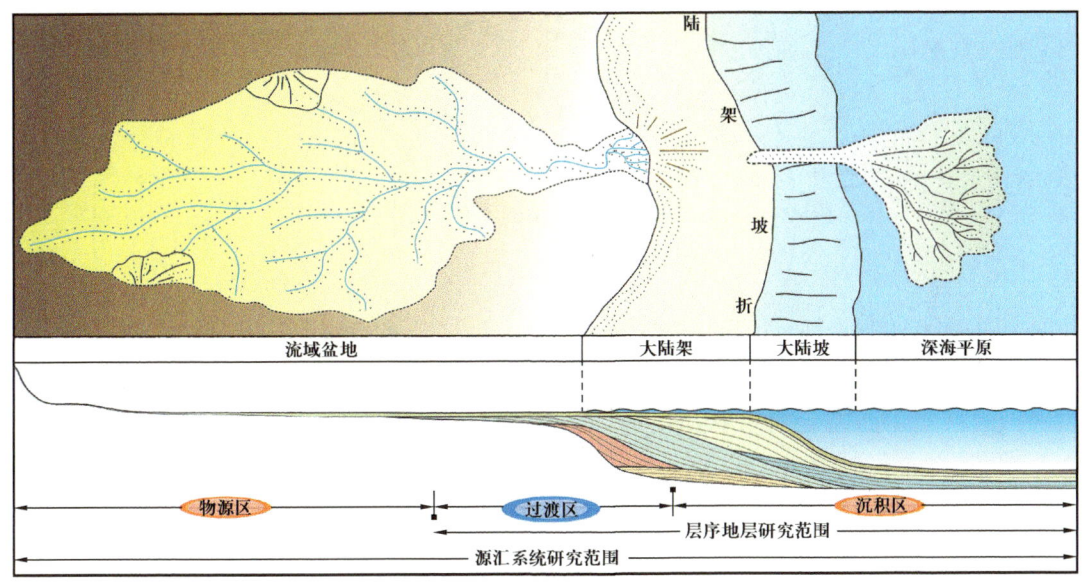

图 3.2.1　源汇系统主要构成要素示意图（据 Helland-Hansen et al., 2016）

一级分水线、二级分水线和三级分水线所界定的地表河流集水区分别是一级流域单元、二级流域单元和三级流域单元。例如，以图 3.2.3（a）中双点画线所示的一级分水线为界可将"沙垒田凸起西部始新统沙河街组三段源汇系统物源区"划分为南北两个一级流域单元；这两个一级流域单元又可被以图 3.2.3（a）中点划线所示的二级分水线划分为 6 个二级流域单元。其中，二级流域单元 b 又可被以图 3.2.3（b）中点划线所示的三级分水线进一步划分为 4 个三级流域单元（流域单元 b_1、b_2、b_3 和 b_4）（刘强虎等，2017）。

在确定多级（一级、二级和三级）分水线划分物源体系流域单元的基础上，人们常常从汇水面积、垂向高差和水系长度三个方面来刻画流域单元（图 3.2.3）（刘强虎等，2017）。以沙垒田凸起西部始新统沙河街组三段源汇系统物源区为例，三级流域单元 b_1、b_2、b_3 和 b_4 的平均汇水面积、平均垂向高差和平均水系长度分别为 54km²、1.183km 和 11.98km（具体物源参数详见表 3.2.1）（刘强虎等，2017）。

3.2.1.2　基岩特征

物源区基岩特征是源汇系统的物质基础，直接决定沉积区内物质组成；不同类型基岩抗风化和剥蚀能力存在差异，使得汇水区沉积砂体发育的质量和规模亦存在差异（刘强虎等，2017；徐长贵等，2017，2020）。

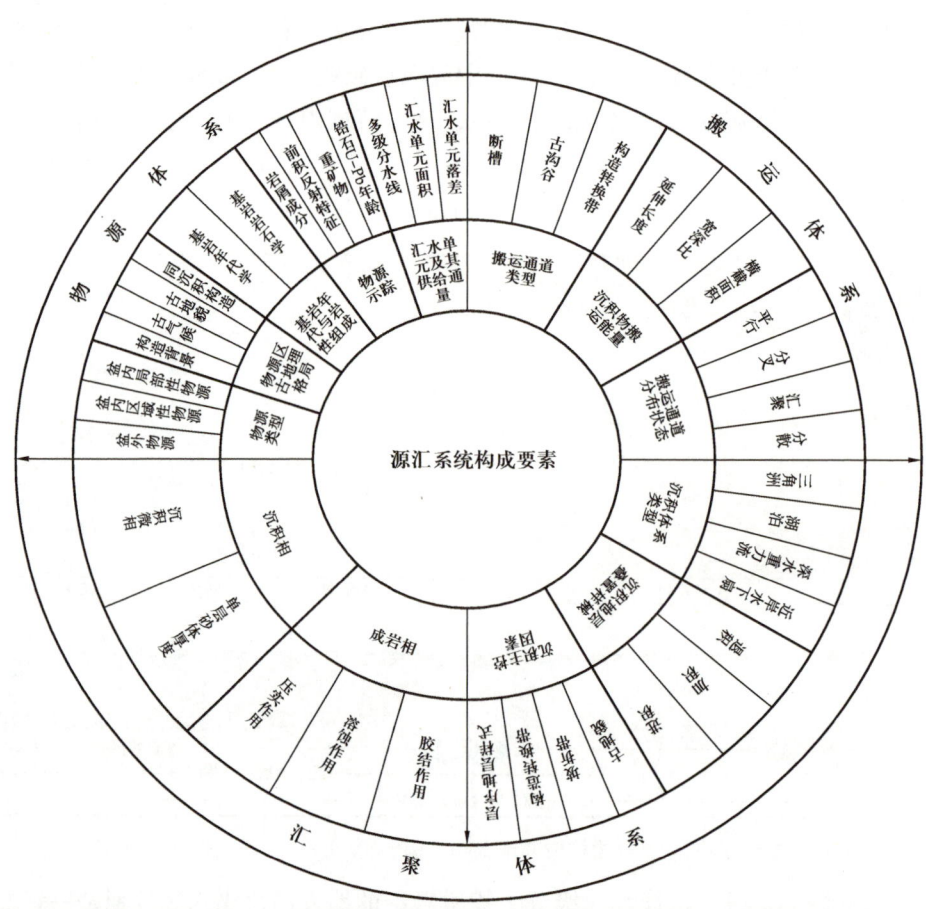

图 3.2.2 源汇系统各个子系统（物源体系、搬运体系和汇聚体系）构成要素一览

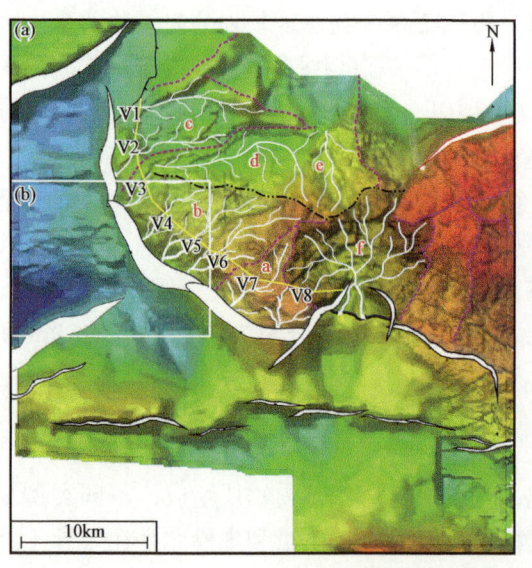
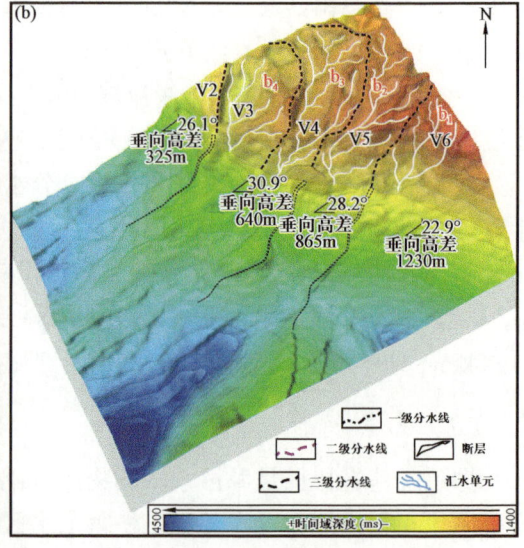

图 3.2.3 沙垒田凸起西部始新统沙河街组三段源汇系统物源区的分水线与流域单元划分
（据刘强虎等，2017）

表 3.2.1 "沙垒田凸起西部始新统沙河街组三段源汇系统"构成要素及其特征一览(据刘强虎等,2017)

构成要素		基岩组成	混合花岗岩或花岗岩				碳酸盐岩
物源区		流域单元	b_1	b_2	b_3	b_4	c
		汇水面积,km^2	56	47	28	36	104
		垂向高差,km	1.726	1.470	1.150	0.850	0.720
		水系长度,km	14.7	13.6	10.4	8.7	12.5
搬运区		通道类型	古沟谷			断槽	
		通道编号	V6	V5	V4	V3	V2
		宽深比	23.81	25.96	19.72	22.96	21.80
		截面积,km^2	0.009	0.041	0.044	0.108	0.052
沉积区		沉积单元	A	B	C		D
		断裂倾角,(°)	22.9	28.2	30.9		26.1
		平均沉降速率,m/Ma	485	300	220	220	260
		最大扇体面积,km^2	30.5	17.8	10.1	11.0	16.0
		平均厚度,km	0.65	0.40	0.30	0.30	0.35
		最大扇体体积,km^3	24.40	7.12	3.03	3.30	5.60

物源区基岩特征主要包括地质年代、岩性组成和基岩分布等方面(图3.2.2)。基岩的地质年代常用U-Pb同位素测年确定;基岩的岩性组成(如花岗岩、变质岩和碳酸盐岩等)主要依据钻井岩心或岩屑观察与镜下鉴定;基岩的平面分布主要在利用已钻遇基岩的钻井进行井震标定的基础上,依据地震反射特征类比来厘定不同类型基岩的平面分布(图3.2.2)(刘强虎等,2017;徐长贵等,2017,2020)。以沙垒田凸起西部始新统沙河街组三段源汇系统物源区为例,三级流域单元b_1、b_2和b_3物源区基岩以混合花岗岩或花岗岩为主;而三级流域单元b_4母岩区的基岩组成以碳酸盐岩为主(表3.2.1)。

3.2.2 搬运体系

源汇系统的过渡区主要发育由古沟谷和断槽等构成的搬运体系,搬运体系分析是源汇研究的重点(图3.2.1,图3.2.2和表3.2.1)。

3.2.2.1 搬运通道

搬运通道是连接源汇系统物源区与沉积区之间的纽带;一般从类型识别、形态表征和分布特征三个方面进行刻画（图3.2.2，图3.2.4 和表3.2.1）。

在类型识别上，陆—湖源汇系统和陆—洋源汇系统多发育断槽、沟谷和构造转换带三类主要的搬运通道（图3.2.2，图3.2.4）。断槽可依据断层组合进一步被区分为单断槽、同向双断槽和反向双断槽三种主要类型；沟谷可根据剖面形态进一步被区分为U形、V形和W形三种主要类型；构造转换带可依据断层组合进一步被区分为同向倾斜型、相向倾斜型和背向倾斜型三种主要类型。以沙垒田凸起西部始新统沙河街组三段源汇系统为例，其主要发育古沟谷和断槽两种类型的搬运通道（图3.2.2，图3.2.4 和表3.2.1）（刘强虎等，2017）。古沟谷在地震剖面上表现为U形或V形的负地貌；而断槽往往与断层相伴生，出现在断层下降盘（图3.2.4）。

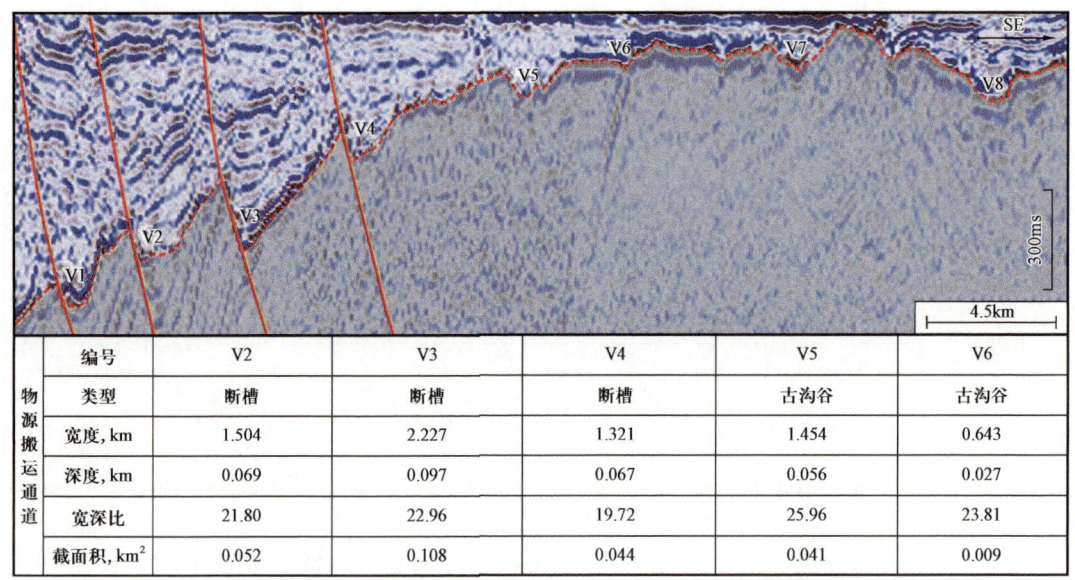

图3.2.4　沙垒田凸起西部始新统沙河街组三段源汇系统过渡区的搬运通道识别与刻画

在形态表征上，主要从延伸长度、宽度、下切深度、宽深比和横截面积5个方面刻画表征搬运通道（图3.2.2，图3.2.4）。断槽的宽深比要小于古沟谷、但截面积要大于古沟谷，可见断槽在搬运沉积物通量上要优于古沟谷（图3.2.4，表3.2.1）。

在分布特征上，主要依据搬运通道在平面上的展布形态，对其分布特征进行刻画。常见的搬运通道的分布特征主要有平行状、分叉状、分散状或汇聚状。

3.2.2.2　路径恢复

在搬运通道识别刻画的基础上，通过碎屑岩碎屑成分分析等传统物源研究方法以及碎屑锆石U-Pb测年等物源研究新手段，来恢复重建连接源汇系统物源区和沉积区之间的沉积物分散路径（图3.2.2）（Romans et al., 2016；徐杰等，2019）。

可以根据砂岩矿物的Dickinson图解划分基岩类型及构造背景，基于碎屑岩岩屑成分来进行物源示踪；可以通过沉积岩中的重矿物化学组分和重矿物组合（如ZTR指数，其中 Z、T、R 分别指锆石，电气石和金红石），基于重矿物分析来指示源区的岩石类型和物源方向；可以通过比对物源区与沉积区的锆石 U-Pb 年龄谱特征，基于碎屑锆石 U-Pb 测年建立物源体系与沉积体系的时空配置关系（图 3.2.2）（徐杰等，2019）。此外，也可以依据三维地震资料中的前积反射的前积方向或下超地震反射终止关系的终止方向，基于地震前积反射特征来推断古物源方向（图 3.2.2）。

3.3 坡折体系与汇聚体系

3.3.1 坡折体系

在陆—洋源汇系统和陆—湖源汇系统均发育存在多种类型的坡折体系，这些坡折增大了地势差，坡折前方往往发育大型可容空间。

3.3.1.1 海盆坡折体系

在陆洋源汇系统中，陆架坡折是指：波浪等牵引流作用主导的浅水陆架区（顶积层）和重力流作用主导的深水陆坡区（前积层）之间的分割点（图 3.3.1）（Steel et al., 2002; Helland-Hansenn et al., 2009; Gong et al., 2015; Laugier, et al., 2016; Paumard et al., 2018）。Steel 和 Olsen（2002）最早提出了陆架坡折迁移轨迹（shelf-edge trajectory）的概念，陆架坡折迁移轨迹是指：位于浅水陆架与深水陆坡分界处的陆架坡折随时间沿物源方向连续变化而形成的迁移路径。在顺物源的区域地震剖面上，由平坦浅水陆架转折为陡倾深水陆坡的转折点即为"陆架坡折"；而起始陆架坡折点与终止陆架坡折点之间的连线即为"陆架坡折迁移轨迹"（图 3.3.1）。

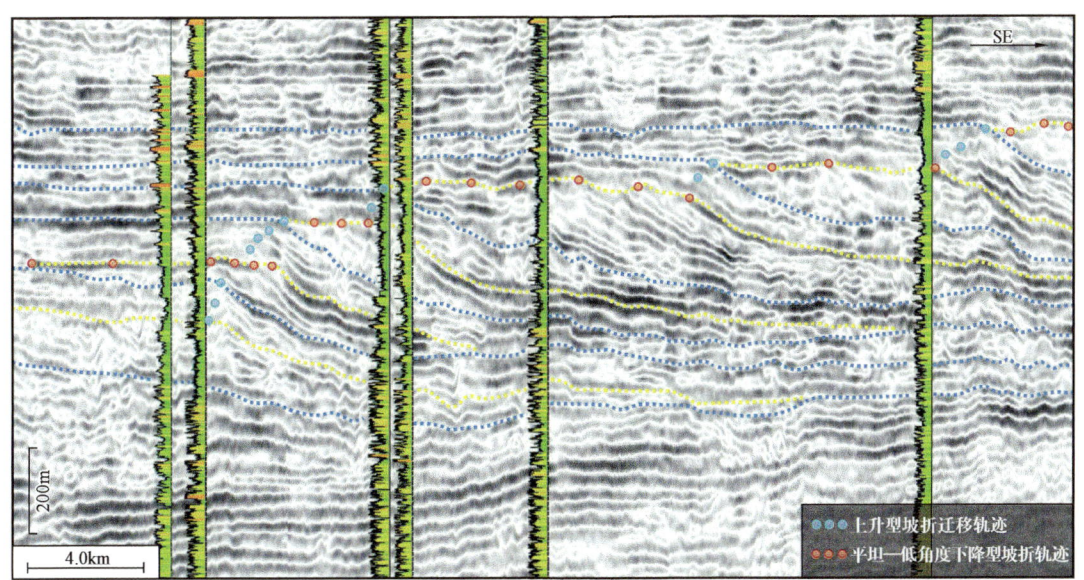

图 3.3.1 晚中新世匈牙利 Pannon 湖盆形成发育的坡折迁移及其所对应的斜坡进积体的地震剖面

通过追踪滨线或陆架坡折迁移轨迹以及分析斜坡进积体堆砌样式可以更加客观地在一个连续的水进或水退过程中分析沉积体系随时间的迁移变化，而非基于各种"看不见也摸不着"的层序假设（如可容空间变化、沉积基准面和相对海平面变化等）（图 3.3.1，图 3.3.2）（Helland-Hansen et al.，2009；Gong et al.，2015；Pellegrini et al.，2020）。

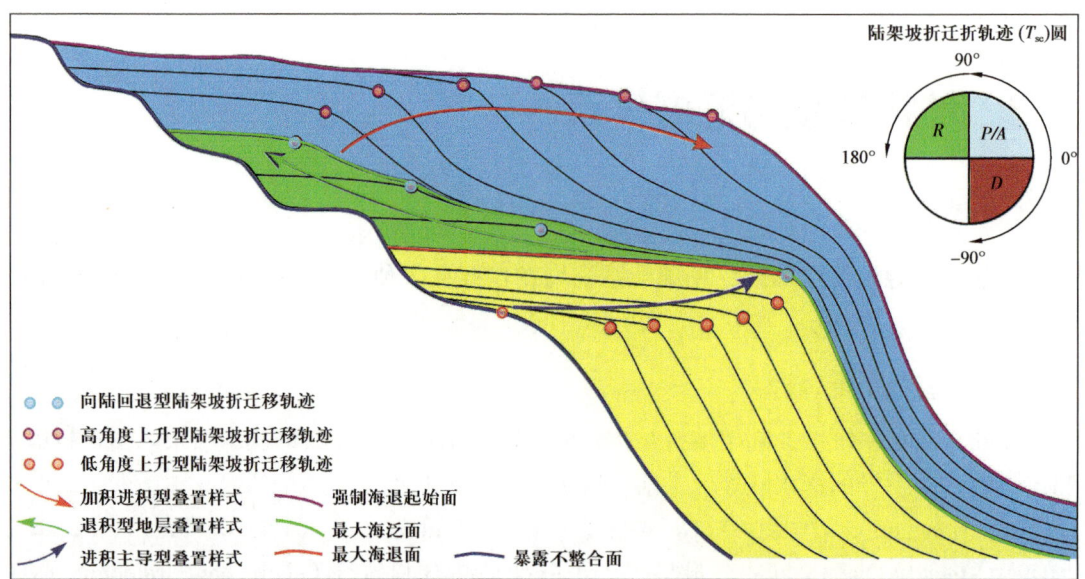

图 3.3.2　晚中新世匈牙利 Pannon 湖盆形成发育的坡折迁移及其所对应的斜坡进积体的地震解释剖面

在三分层序模式下，陆架坡折迁移轨迹与不同的地层叠置样式和体系域单元之间的对应关系是（图 3.3.2）（Neal et al.，2009；Neal et al.，2016；Paumard et al.，2019）：

（1）低角度上升型陆架坡折迁移轨迹 =PA 叠置样式 =LST；

（2）向陆回退型陆架坡折迁移轨迹 =R 叠置样式 =TST；

（3）高角度上升型陆架坡折迁移轨迹 =APD 叠置样式 =HST。

在四分层序模式下，不同的 APD 层序组与 Exxon 沉积层序地层学模式以及陆架坡折迁移轨迹的对应关系是（Neal et al.，2009；Neal et al.，2016；Paumard et al.，2019）：

（1）低角度上升型陆架坡折迁移轨迹 =PA 叠置样式 =LST；

（2）向陆回退型陆架坡折迁移轨迹 =R 叠置样式 =TST；

（3）高角度上升型陆架坡折迁移轨迹 =AP 叠置样式 =HST；

（4）低角度下降型陆架坡折迁移轨迹 =PD 叠置样式 =FST。

式中，LST 为低位体系域；TST 为海侵体系域；HST 为高位体系域；FST 为下降体系域；PA 叠置样式为进积主导型叠置样式；R 叠置样式为退积型地层叠置样式；APD 叠置样式为加积进积型叠置样式；PD 叠置样式为强制进积型叠置样式（图 3.3.2）。

3.3.1.2　湖盆坡折体系

从 2000 年至今，我国学者结合陆相断陷盆地开展了大量层序地层研究，并提出了富有中国盆地特色的层序地层新概念和新方法（李思田等，2002；Lin et al.，2001；林畅松等，2000；王成善等，2021）。这其中，以构造坡折（带）最具代表性，为我国陆相含油气盆地有利砂体和隐蔽油气藏预测提供了重要的理论基础，产生了巨大的经济效益（林畅松等，2000；林畅松，2019）。在陆相层序地层学分析中，构造坡折（带）是指：盆地中长期活动的同沉积构造，特别是同沉积断裂形成的古地貌突变带或斜坡带（图 3.3.3）（林畅松等，2000；林畅松，2019）。

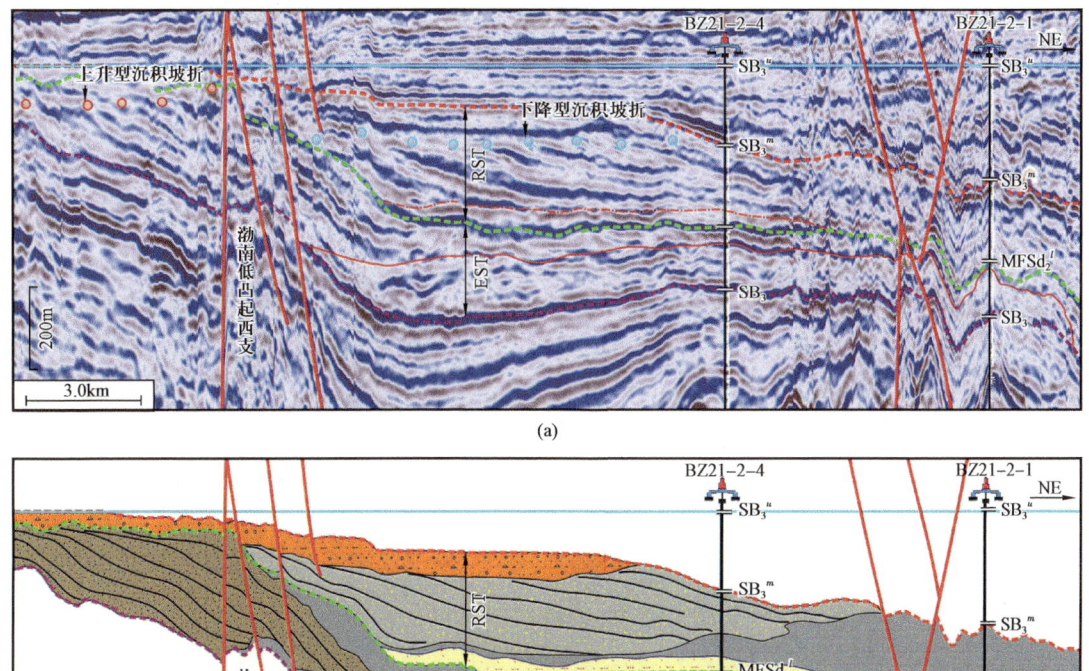

图 3.3.3　渤海湾盆地渤中凹陷渐新统东营组东二下亚段典型层序沉积解释剖面（剖面位置见图 3.3.4）示例了构造坡折和沉积坡折的特征及其对沉积的控制（EST 为湖扩体系域；RST 为湖退体系域）

如同海盆中的滨线坡折或陆架坡折一样，在层序地层中，坡折（带）构成古构造、古地貌、古沉积环境和古水文条件的分界（图 3.3.1，图 3.3.3）。在源汇系统中，坡折（带）是搬运体系与汇聚体系直接的分界，控制着可容空间与大型沉积单元（如湖底扇）的发育展布（图 3.3.3）（林畅松等，2000；林畅松，2019；徐长贵，2013；徐长贵等，2017，2020）。在陆—湖源汇系统中，各类湖盆坡折增大了携沙水流的高度差，为规模水道型湖底扇等大型沉积单元的发育奠定了良好的地势基础。当携沙水流流经地貌坡折时（譬如，图 3.3.3 所示的渤南低凸起西支）会因坡度陡增而被加速演变为重力流（超临界),而当地形变化时这些超临界重力流会减速形成低能(临界或亚临界)浊流并发生沉积物的卸载堆积,从而使得在湖扩体系域,地形坡折前方的缓坡环境中发育规模水道型湖底扇。

坡折带从成因上可以划分为构造坡折带和沉积坡折带,它们是重力流沉积和岩性油气藏发育的有利地带(冯有良等,2018;林畅松,2019)。坡折(带)增大了携沙水流的高度差,当携沙水流流经坡折时会因坡度陡增而被加速演变为重力流(超临界),而当越过坡折地形再次变缓后这些超临界重力流会减速形成低能(临界或亚临界)浊流并伴随着粗粒沉积物的卸载堆积。同沉积断裂和盆内低凸起往往是湖盆中最重要的两类坡折(带),它们为湖底扇的形成发育奠定了良好的地势基础;它们前方往往发育出现大型富砂湖底扇。如图 3.3.4 所示的渤南低凸起西支前方发育出现一规模富砂湖底扇;其靠近生烃洼陷带且受构造坡折(带)控制,四周被深湖—半深湖泥岩所包围,岩性圈闭的有效性较好;是渤中凹陷中—深层最有利的大型岩性勘探目标。

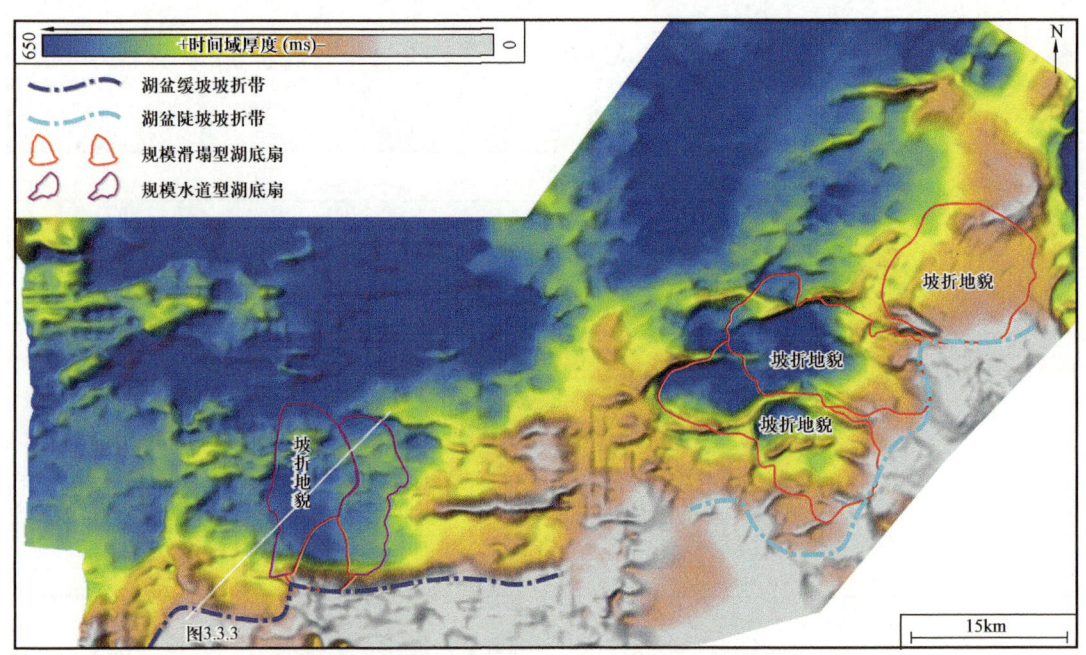

图 3.3.4 渤中凹陷渤南低凸起北部东营组东二下亚段基于地层厚度图恢复的古地貌图

3.3.2 汇聚体系

汇聚体系是剥蚀区沉积颗粒经过搬运通道输送分散并最终沉积下来的产物,是源—渠—汇系统研究的核心(图 3.2.2,表 3.2.1)。

3.3.2.1 古地貌

古地貌是指:地质历史时期的地表地貌形态,是构造变形、沉积充填、差异压实、风化剥蚀等多种因素综合作用的结果;按照活动时期和研究尺度可以被划分为不同类型

（林畅松等，2015；叶蕾等，2023）。古地貌研究兴起于20世纪70年代，地质学家（尤其是中国的地质学家）在古地貌恢复（形态恢复和单元划分等）的基础上，研究古地貌如何影响层序地层和沉积体系的发育展布，进而基于古地貌恢复开展有利储层和有利油气富集区的预测（徐长贵等，2004；林畅松等，2015；江东辉等，2022；叶蕾等，2023）。

按照活动时期，古地貌可以被划分为剥蚀古地貌、构造古地貌和沉积古地貌。剥蚀古地貌是指剥蚀区遭受剥蚀后残存的地貌；构造古地貌是指构造活动末期的地貌残局；而沉积古地貌是指沉积区某一地层沉积前的地貌特征（叶蕾等，2023）。按照研究尺度，古地貌可以划分为宏观古地貌和微观古地貌（简称为"微古地貌"）。宏观古地貌是指控制着盆地的隆坳格局、决定了物源体系的分布格局的地貌形态，如盆内局部凸起或高地等。微观古地貌是指影响盆地内水系的流向和沉积物分散过程，控制局部地区沉积物的卸载的地貌形态，如古沟谷和坡折等（林畅松等，2015；江东辉等，2022；叶蕾等，2023）。

恢复研究地质历史时期的古地貌可以更加准确地定量刻画物源区的汇水面积和地形高差，过渡区搬运通道的类型和形态以及沉积区的沉积单元的规模和展布等。由此可见，在源汇系统研究中开展古地貌恢复有助于揭示源汇要素的配置关系，也是分析盆地沉积充填、搜索有利储集体和预测隐蔽油气藏的关键所在（林畅松等，2015；江东辉等，2022；叶蕾等，2023）。例如，龚承林等（2023）在渤中凹陷渤南低凸起北部东营组东二下亚段陡坡和缓坡背景下识别了构造坡折带；这些构造坡折带的前方发育局部地形低位区，形成坡折地貌（图3.3.4）。当携沙水流流经这些构造坡折带会因坡度陡增而被加速演变为重力流（超临界），而当地形变化时这些超临界重力流会减速形成低能（临界或亚临界）浊流并发生沉积物的卸载堆积，形成规模水道型和规模滑塌型湖底扇。

3.3.2.2 沉积体系

沉积体系是构造源汇系统汇聚体系的核心要素，主要从地层叠置样式、沉积体系类型和沉积主控因素三个角度进行刻画。

在地层叠置样式上，沉积地层一般主要发育以正旋回为主要特征的退积式地层叠置样式，以正旋回为主要特征的进积式地层叠置样式以及加积式地层叠置样式（图3.2.2）。

在沉积体系类型上，陆—湖源汇系统或陆—洋源汇系统主要发育河流—三角洲沉积体系、湖盆沉积体系和峡谷水道—海底扇沉积体系等多种类型。这些沉积体系往往从扇体面积、扇体厚度和扇体体积进行地貌参数的定量刻画（表3.2.1）。以沙垒田凸起西部始新统沙河街组三段源汇系统为例，在断槽搬运通道V2、V3和V4以及古沟谷搬运通道V5和V6前方边界断层下降盘主要发育以"小规模朵状或扇状、强均方根（RMS）振幅属性"特征的扇三角洲，在靠近湖盆一侧歧南断裂下降盘发育"朵状或不规则状、强均方根振幅属性"特征的湖底扇（图3.3.5和表3.2.1）（刘强虎等，2017）。

在沉积主控因素上，一般从构造古地貌、坡折带、构造转换带和层序地层样式等方面分析这些地质因素对不同类型沉积体系的控制作用，构建不同主控因素控制下以及不同层序格架内的沉积模式（图3.2.2）。

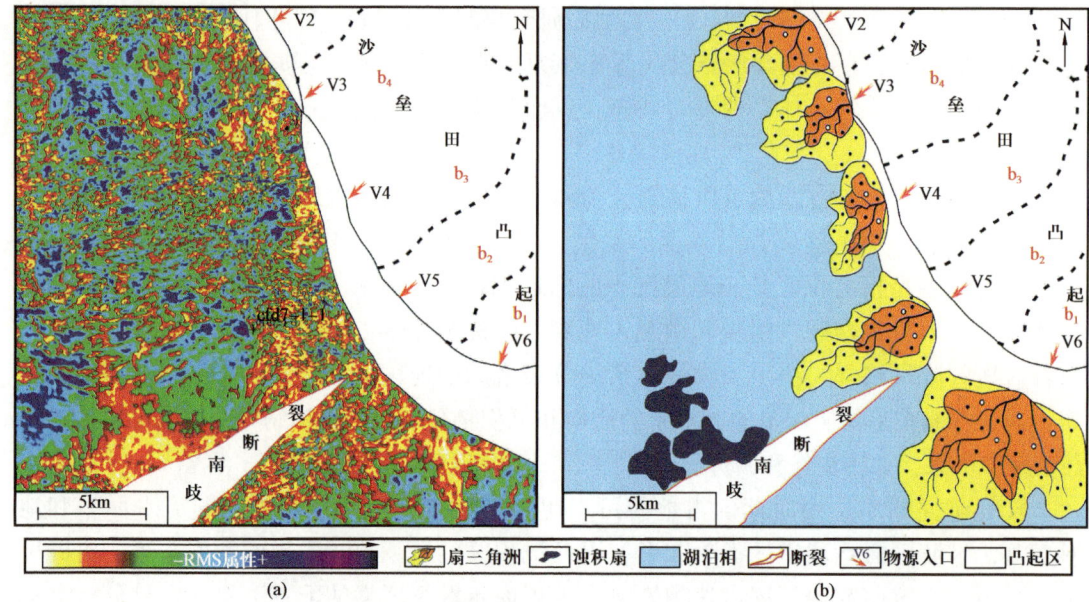

图 3.3.5 "沙垒田凸起西部始新统沙河街组三段源汇系统过渡区"沉积体系识别与刻画

参 考 文 献

操应长,徐琦松,王健,2018. 沉积盆地"源—汇"系统研究进展[J]. 地学前缘,25(4):116-131.

冯有良,胡素云,李建忠,等,2018. 准噶尔盆地西北缘同沉积构造坡折对层序建造和岩性油气藏富集带的控制[J]. 岩性油气藏,30(4):14-25.

龚承林,齐昆,徐杰,等,2021. 深水源—汇系统对多尺度气候变化的过程响应与反馈机制[J]. 沉积学报,39(1):231-252.

龚承林,徐长贵,官大勇,等,2023. 渤中凹陷断拗转换期湖扩—湖退型层序及其对规模湖底扇发育展布的控制[J]. 古地理学报,25(5):992-1010.

江东辉,杜学斌,李昆,等,2022. 东海西湖凹陷保俶斜坡带平湖组"古地貌—古水系—古坡折"特征及其对沉积体系的控制[J]. 石油实验地质,44(5):771-779+789.

李思田,潘元林,陆永潮,等,2002. 断陷湖盆隐蔽油气藏预测及勘探的关键技术:高精度地震探测基础上的层序地层学研究[J]. 地球科学,27(5):593-598.

林畅松,2019. 盆地沉积动力学:研究现状与未来发展趋势[J]. 石油与天然气地质,40(4):667-700.

林畅松,潘元林,肖建新,等,2000. "构造坡折带":断陷盆地层序分析和油气预测的重要概念[J]. 地球科学:中国地质大学学报,25(3):260-266.

林畅松,夏庆龙,施和生,等,2015. 地貌演化、源汇过程与盆地分析[J]. 地学前缘,22(1):9-20.

刘强虎,朱筱敏,李顺利,等,2017. 沙垒田凸起西部断裂陡坡型源—汇系统[J]. 地球科学,42(11):1883-1896.

邵龙义,王学天,李雅楠,等,2019. 深时源汇系统古地理重建方法评述[J]. 古地理学报,21(1):67-81.

王成善,林畅松,2021. 中国沉积学近十年来的发展现状与趋势[J]. 矿物岩石地球化学通报,40(6):1217-1229.

徐长贵,2013. 陆相断陷盆地源汇时空耦合控砂原理:基本思想、概念体系及控砂模式[J]. 中国海上油气，25（4）：1–21.

徐长贵，杜晓峰，徐伟，等，2017. 沉积盆地"源—汇"系统研究新进展［J］. 石油与天然气地质，38（1）：1–11.

徐长贵，杜晓峰，朱红涛，2020. 陆相断陷盆地源汇系统控砂原理与应用［M］. 北京：科学出版社.

徐长贵，赖维成，薛永安，等，2004. 古地貌分析在渤海古近系储集层预测中的应用［J］. 石油勘探与开发，31（5）：53–56.

徐杰，姜在兴，2019. 碎屑岩物源研究进展与展望［J］. 古地理学报，21（3）：378–396.

杨江海，马严，2017. 源汇沉积过程的古气候意义［J］. 地球科学，42（11）：1910–1921.

叶蕾，朱筱敏，谢爽慧，等，2023. 沉积古地貌基本恢复方法及实例研究：以饶阳凹陷沙一段为例［J］. 古地理学报，25（5）：1139–1155.

Bhattacharya J P, Copeland P, Lawton T F, et al., 2016. Estimation of source area, river paleo-discharge, paleoslope, and sediment budgets of linked deep-time depositional systems and implications for hydrocarbon potential［J］. Earth Science Review, 153: 77–110.

Foreman B Z, Heller P L, Clementz M T, 2012. Fluvial response to abrupt global warming at the Palaeocene/Eocene boundary［J］. Nature, 491: 92–95.

Gong C, Wang Y, Pyles D, et al., 2015. Shelf-edge trajectories and stratal stacking patterns: their sequence-stratigraphic significance and relation to styles of deep-water sedimentation and amount of deep-water sandstone［J］. AAPG Bulletin, 99: 1211–1243.

Gong C, Wang Y, Steel R, et al., 2015. Growth styles of shelf-margin clinoforms: prediction of sand-and sediment-budget partitioning into and across the shelf［J］. Journal of Sedimentary Research, 85（3）: 209–229.

Helland-Hansen W, Hampson G J, 2009. Trajectory analysis: concepts and applications［J］. Basin Research, 21（5）: 454–483.

Helland-Hansen W, Sømme T O, Martinsen O J, et al., 2016. Deciphering earth's natural hourglasses: Perspectives on Source-to-sink analysis［J］. Journal of Sedimentary Research, 86（9）: 1008–1033.

Jerolmack D J, Paola C, 2010. Shredding of environmental signals by sediment transport［J］. Geophysical Research Letters, 19: L19401.

Laugier F J, Plink-Björklund P, 2016. Defining the shelf edge and the three-dimensional shelf edge to slope facies variability in shelf-edge deltas［J］. Sedimentology, 63（5）: 1280–1320.

Lin C, Erikoson K, Li S, et al., 2001. Sequence architecture, depositional systems and controls on development of lacustrine basin fills in part of the Erlian basin, northeast China［J］. AAPG Bulletin, 85（11）: 2017–2043.

Michels K H, Suckow A, Breitzke M, et al., 2003. Sediment transport in the shelf canyon "Swatch of No Ground" (Bay of Bengal)［J］. Deep Sea Research Part Ⅱ: Topical Studies in Oceanography, 50（5）: 1003–1022.

Neal J E, Abreu V, Bohacs K M, et al., 2016. Accommodation succession（δA/δS）sequence stratigraphy: observational method, utility and insights into sequence boundary formation［J］. Journal of the Geological Society, 173（5）: 911–922.

Neal J, Abreu V, 2009. Sequence stratigraphy hierarchy and the accommodation succession method［J］. Geology, 37（9）: 779–782.

Nyberg B, Helland-Hansen W, Gawthorpe R L, et al., 2018. Revisiting morphological relationships of modern source-to-sink segments as a first-order approach to scale ancient sedimentary systems [J]. Sedimentary Geology, 373: 111-133.

Paumard V, Bourget J, Payenberg T, et al., 2018. Controls on shelf-margin architecture and sediment partitioning during a syn-rift to post-rift transition: Insights from the Barrow Group (Northern Carnarvon Basin, North West Shelf, Australia) [J]. Earth-Science Reviews, 177: 643-677.

Paumard V, Bourget J, Payenberg T, et al., 2019. From quantitative 3D seismic stratigraphy to sequence stratigraphy: Insights into the vertical and lateral variability of shelf-margin depositional systems at different stratigraphic orders [J]. Marine and Petroleum Geology, 110: 797-831.

Pellegrini C, Patruno S, Helland-Hansen W, et al., 2020. Clinoforms and clinothems: Fundamental elements of basin infill [J]. Basin Research, 32: 187-205.

Romans B W, Castelltort S, Covault J A, et al., 2016. Environmental signal propagation in sedimentary systems across timescales [J]. Earth-Science Reviews, 153: 7-29.

Ruddiman W F, 2001. Earth's climate: Past and future [M]. New York: W. H. Freeman & Sons.

Sømme T O, Helland-Hansen W, Martinsen O J, et al., 2009. Relationships between morphological and sedimentological parameters in source-to-sink systems: a basis for predicting semi-quantitative characteristics in subsurface systems [J]. Basin Research, 21 (4): 361-387.

Steel R J, Olsen T, 2002. Clinforms, clinoform trajectories and deepwater sands [C] //Armentrout J M, Rosen N C, Sequence-stratigraphic models for exploration and production: evolving methodology, emerging models and application histories. Proceedings of the Gulf Coast Section Society for Sedimentary Geology (GCSSEPM) 22nd Research Conference, 367-381 (CD-ROM).

Straub K M, Duller R A, Foreman B Z, et al., 2020. Buffered, incomplete, and shredded: The challenges of reading an imperfect stratigraphic record [J]. Journal of Geophysical Research: Earth Surface, 125 (3): e2019JF005079.

Syvitski J P M, Milliman J D, 2007. Geology, geography, and humans battle for dominance over the delivery of fluvial sediment to the Coastal Ocean [J]. Journal of Geology, 115 (1): 1-19.

Tofelde S, Bernhardt A, Guerit L, et al., 2021. Times associated with Source-to-Sink propagation of environmental signals during landscape transience [J]. Frontiers in Earth Science, 9: 628315.

第 4 章　源汇系统构成要素表征

4.1　物源子系统表征

4.1.1　物源区物源类型与基岩特征

不同类型的物源与沉积物分散路径配置形成差异的源汇沉积体系，物源类型识别与物源基岩特征是沉积盆地源汇系统分析的关键所在。

4.1.1.1　物源类型识别

物源类型识别是源汇沉积学研究的基础，按照不同的标准可以将物源划分为不同的类型。按照物源所处的盆地位置不同，可以将物源分为盆外物源和盆内物源；按照识别的风化剥蚀时间长短，可以将物源分为显性物源和隐性物源（徐长贵等，2020；Szymanskia et al.，2022）。

盆外物源是指由盆地外围的造山带、隆起带或者褶皱带提供剥蚀颗粒的物源。盆内物源是指由盆地内部分割不同凹陷或者洼陷的凸起区、低凸起区或者是局部高地提供剥蚀颗粒的物源。盆内物源按照其规模大小又可进一步区分为区域物源和局部物源。区域物源是指以盆内大型凸起区为剥蚀区，物源规模较大、剥蚀时间较长的物源；局部物源是指以盆内小型低凸起为剥蚀区，物源规模较小、遭受剥蚀较短的物源。一般而言，局部物源因剥蚀时间较短，实际工作中往往难以识别，具有较强的隐蔽性。局部物源多处于生烃凹陷附近甚至被生烃凹陷包围，故其供源形成的砂体往往具有良好的成藏条件，在油气勘探中应加以足够的重视（徐长贵等，2020）。

显性物源是指长期暴露存在、遭受风化剥蚀的盆外大型物源体系，该类物源区供源稳定、容易识别（徐长贵等，2017）。例如，渤海海域盆地外围的大型显性物源主要有西侧的燕山褶皱带、东侧的胶辽隆起带以及南侧的鲁西隆起带，渤海海域渐新世时期主要接受盆外区域物源区供源，发育大型三角洲、辫状河、曲流河沉积（徐长贵等，2017，2020）。隐性物源是指提供物源的剥蚀区的大小随基准面的变化而变化的盆内小型物源体系（徐长贵等，2017）。层序地层学和古地貌学研究表明，物源的供给与分配是个动态过程，层序发育过程中，提供物源的剥蚀区的大小随基准面的变化而变化（随基准面的上升而减小、随基准面的下降而增大），粗碎屑物质供应能力也随之动态变化。

陆相盆地早期是断陷盆地的活跃期，盆地裂陷活动最为强烈，但活动强度不均，盆地内形成被许多低凸起分割的断陷湖盆沉积，在这样的盆地背景中隐性物源的供给及其所伴随的沉积物分配就是一个动态的过程。隐性物源体系又可进一步被划分为"时间隐性物源"（图 4.1.1）、"空间隐性物源"和"物质隐性物源"（徐长贵等，2020）。

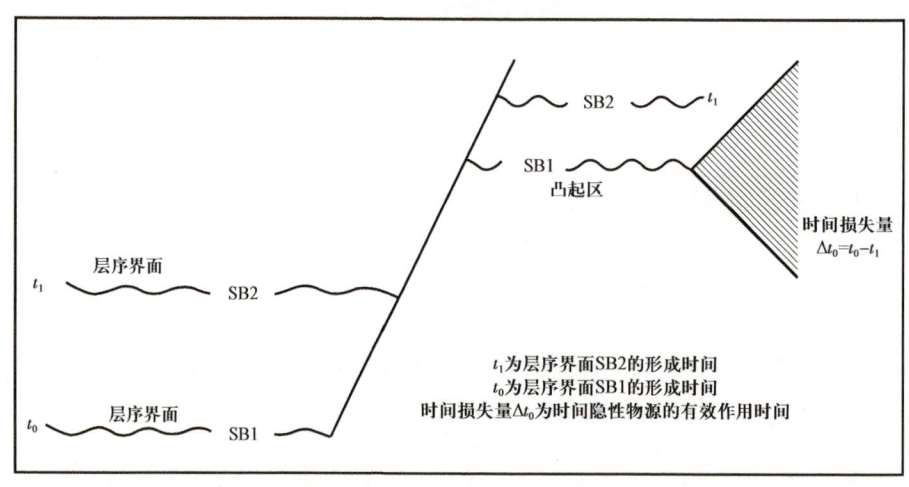

图 4.1.1　时间隐性物源形成原理与有效作用时间示意图

时间隐性物源是指同一个三级层序中，早期剥蚀，成为物源区，晚期接受沉积，不能提供物源，而这一早期的剥蚀时间不易识别，从而使得该时期的物源具有一定的隐蔽性（徐长贵等，2020）。如图 4.1.1 所示，传统上认为，凸起区层序界面 SB1 到层序界面 SB2 之间覆盖沉积物，那么在凹陷区 SB1 到 SB2 层序界面之间因凸起区没有充足的物质供给将以泥质为主；但实际上，凸起区的 SB1 和凹陷区的 SB1 是不等时的，凸起上 SB1 界面经历的时间等于湖盆区 t_0 剥蚀界面的时间和一个时间损失量 Δt_0。凸起区层序界面的时间损失量 Δt_0 就是下降盘或者凸起低部位的早期岩石沉积的时间，传统的物源分析忽略了层序界面的时间损失量 Δt_0。因此，在 $t_0 \sim t_1$ 沉积时期，凸起区是存在风化剥蚀期的。这个风化剥蚀时期就是层序界面的时间损失量，这个时候的盆地凸起区可以作为有效的盆内物源，将这一盆内物源称为"时间隐性物源"（徐长贵等，2020）。时间隐蔽性物源的分析关键在于提高层序地层的分析精度，只有在高分辨率层序地层分析的基础上进行古地貌恢复，才能在传统手段分析无法寻找到物源区的地方找到有效的"时间隐性物源"。从而在静态分析认为不可能有砂的地方找到砂体，突破"找砂禁区"。在渤海海域，长期以来地质学家都认为辽西低凸起北段围区因缺少有效物源而是找砂禁区，从而导致该区勘探长期以来停滞不前。在辽西低凸起及其周缘高精度层序格架内进行古地貌恢复的基础上，地质学家提出了在沙二段沉积区存在时间隐性物源；在这一认识的指导下，在该区沙二段找到了优质储层，使得辽西低凸起北段围区获得了多个大中型油田的发现（徐长贵，2013）。

空间隐性物源是指在走滑平移等构造运动作用下，沉积体或物源位置随时间发生变化，造成沉积体与物源并不直接对应的现今面貌，而形成空间形式上隐伏的物源体系（徐长贵等，2020）。一般来说，走滑断裂对物源体系具有明显的改造作用，使得沉积体与物源难以形成常规的对应关系,造成两种空间上隐伏物源发育模式,一种是早期沉积后期走滑错动,造成物源与沉积体不对应,形成沉积体的"断头效应";另一种是受同沉积走滑错动影响,碎屑物质进入凹陷的位置产生相对横向迁移,进而使沉积体系沿走滑断裂产生横向迁移,使得沉积体越来越新,形成一种"鱼跃式"的沉积效应。

物质隐性物源是指先期沉积地层在后期遭受抬升后作为有效物源或碳酸盐岩母岩的物源体系。另一种物质构成来源于碳酸盐岩母岩的贡献(徐长贵等,2020)。一般认为,碳酸盐矿物抗风化能力相对较弱,经剥蚀风化作用后,碳酸盐岩粒度较细,不易形成物性较好的碎屑岩储层;较高的碳酸盐含量亦会造成较强的胶结作用,进一步降低储层渗透性。研究发现碳酸盐岩母岩在一定条件下也能形成富砂优质储层,例如近源沉积的砂砾岩、含砾砂岩优质储层中,来自寒武系、奥陶系的碳酸盐岩砾石或岩屑占据主导地位(徐长贵等,2020)。

4.1.1.2 物源基岩特征

在源汇沉积学研究中,在识别物源类型的基础上,需要进一步对物源基岩特征(包括基岩岩石学特征、年代学特征和分布特征)进行分析(图4.1.2)。源区基岩年代学特征、岩石学特征及分布特征是源汇系统的重要部分,它可指导预测不同区带储层物性特征(图4.1.2)(徐长贵等,2020;Szymanskia et al.,2022)。

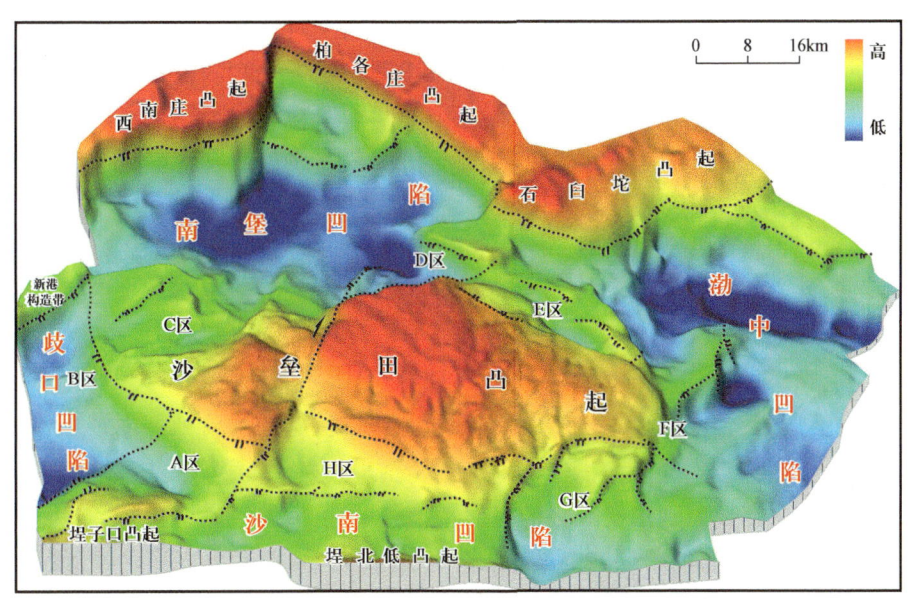

图4.1.2 渤海海域沙垒田凸起及围区沙河街组古地理格局图

基岩岩石学特征的确定主要依据钻井岩心、岩屑的观察与镜下鉴定,常见的物源基岩类型主要有火成岩、花岗岩和碳酸盐岩等(图4.1.2)(徐长贵等,2020;Szymanskia et al.,2022)。源区基岩组成直接决定沉积区内物质组成,因不同基岩类型抗风化、剥蚀能力存在差异,使得汇水区内沉积砂体发育的质量和规模也存在差异(徐长贵等,2020;

Szymanskia et al.，2022）。

基岩年代学通常用锆石 U/Pb 同位素测年来确定（Szymanskia et al.，2022）；而基岩分布特征主要依据地震反射特征结合钻井标定进行。对于被地震反射资料所揭示的物源区（如盆地物源区），在单井上可以利用过井地震标定不同母岩的地震相特征，进而可以通过井震结合的地震相分析识别不同类型母岩分布边界，对源区残余母岩的平面分布进行刻画（石文龙等，2022）。对于未被地震资料所覆盖的物源区（如盆外物源区），可以对沉积区钻井资料进行岩石学分析，统计沉积区钻井岩屑组分，绘制岩屑组分特征分布图。

4.1.2 物源区古地理与古水系恢复

在物源识别和特征研究的基础上，需要对物源区的古地理格局与古水系进行重构与恢复。

4.1.2.1 物源区古地理格局

物源区古地理是指物源区在某一地史时期的自然地理状况（如母源区基岩性质及其边界等）。古地理格局是受研究区构造变形、沉积充填、差异压实、风化剥蚀等综合作用、综合影响的结果，古地理格局的确定与划分（物源区古地理恢复）是源汇研究的一个重要环节（Szymanskia et al.，2022）（图 4.1.2）。

古地理格局的厘定往往是在源区古地貌恢复的基础上，结合断裂与斜坡体系类型、展布及地层叠置特征而综合确定的。在源汇沉积学研究中，物源区古地理恢复是"划分构造沉积单元，分析各三级（或四级）层序中不同构造—沉积单元内地层展布特征、厚度变化及沉积中心演化、迁移规律"的基础。物源区古地理恢复主要图件包括古地理格局图、三级层序地层古厚度图、断裂体系平面分布及生长指数统计图等。

物源区古地理恢复的具体步骤包括：（1）建立研究区构造层序地层格架；（2）应用沉降回剥分析技术恢复不同层序发育时期的古地貌；（3）恢复研究区各目的层的层序发育时期古地理格局；（4）综合断裂与斜坡体系类型、展布及地层叠置特征划分构造沉积单元。

图 4.1.2 是基于高分辨率三维地震数据体依据上述"物源区古地理恢复步骤"完成的渤海海域沙垒田凸起及围区沙河街组古地理格局图。通过对如图 4.1.2 所示的古地理格局图分析，可以很清楚地识别出研究区的正向古地貌单元（古隆起、古凸起）、负向古地貌单元（沟谷、河道）和沉积区；这些古隆起等正向古地貌单元可以作为物源区，而负向古地貌单元是沉积物运输的通道，是连接物源区与沉积区的纽带。

4.1.2.2 物源区古水系恢复

物源区古水系是指源汇系统物源区由河流及其支流所构成的沉积物输运系统。在源汇沉积学研究中，源汇系统的古水系时空发育特征（分布、规模和样式等）通常与物源区的供给强度、沉积区的主要沉积体堆积特征等直接相关（石文龙等，2022；Szymanskia et al.，2022；朱红涛等，2023）。与现今汇水盆地水系的发育和刻画不同，古源汇系统的水系的重建需要依赖于对物源区剥蚀地貌重建之后的流域特征进行的差异化分析，明确主要水系发育规模和频次（Szymanskia et al.，2022）。

物源区古水系恢复的主要难点在于：（1）现今观察的水系通常是后期构造作用变形改造之后的残余水系，与沉积时期水系的规模相比存在较大误差；（2）水系的分布范围以及输砂能力往往难以定量化表征（石文龙等，2022；朱红涛等，2023；陈星渝等，2024）。数字高程模型（Digital Elevation Model，DEM），是通过有限的地形高程数据实现对地面地形的数字化模拟（即地形表面形态的数字化表达）。基于DEM发展起来的物源区古水系重建方法近年来被应用于渤海湾盆地和东海陆架盆地之中，被认为是古源汇系统物源区水系重建的有效定量化手段（朱红涛等，2023）。基于DEM的古水系重建方法以物源区流域范围为基础，通过对不同流域内水系方向进行矢量化判别，同时对主物源方向进行定量化分析，在此基础上对水系的规模和级次进行划分，明确各个区带内不同级次水系发育的频次和主物源方向，是定量化重建物源区水系的有效方法（图4.1.2）（朱红涛等，2023）。

4.2 搬运子系统表征

4.2.1 搬运通道类型识别

沟谷和转换带是两大类最重要的搬运通道，在搬运子系统表征时应重点识别这两类搬运通道。

4.2.1.1 沟谷体系识别

古沟谷是指地表遭受侵蚀所形成的剖面上呈侵蚀下切状、平面上狭长且弯曲度不一（从顺直到蛇曲不等）的向盆地一侧延伸发育的深切沟谷（图4.2.1和图4.2.2）。不论是在陆洋源汇系统还是陆湖源汇系统中，古沟谷均可作为陆源粗碎屑向深水中搬运分散形成海底扇或湖底扇的通道；在陆洋源汇系统中古沟谷往往又被称为深水峡谷或深水水道（图4.2.1）（Wynn et al.，2007；Weimer et al.，2007；Janocko et al.，2013；Szymanskia et al.，2022）。

在剖面上，古沟谷主要表现为底界面明显下凹，呈"顶平底凸的下凹状"或"顶凸底凸的透镜状"；内部发育典型的双向充填反射，局部可以杂乱空白、充填反射等（徐长贵等，2017，2020）。在平面上，古构造主要表现为宽窄不一、弯曲度不等（从低弯度到蛇曲），向盆地方向延伸的负地形（图4.2.1和图4.2.2）。在源汇沉积学研究中，古沟谷不仅可以作为沉积物搬运输送的有效通道，同时其本身也作为一个典型的负向地貌沉积单元，其内部往往沉积了水系搬运过程中的一些滞留沉积碎屑物质，如河道底部充填的砂砾岩等可作为有利的油气储集体（朱红涛等，2013；Szymanskia et al.，2022）。

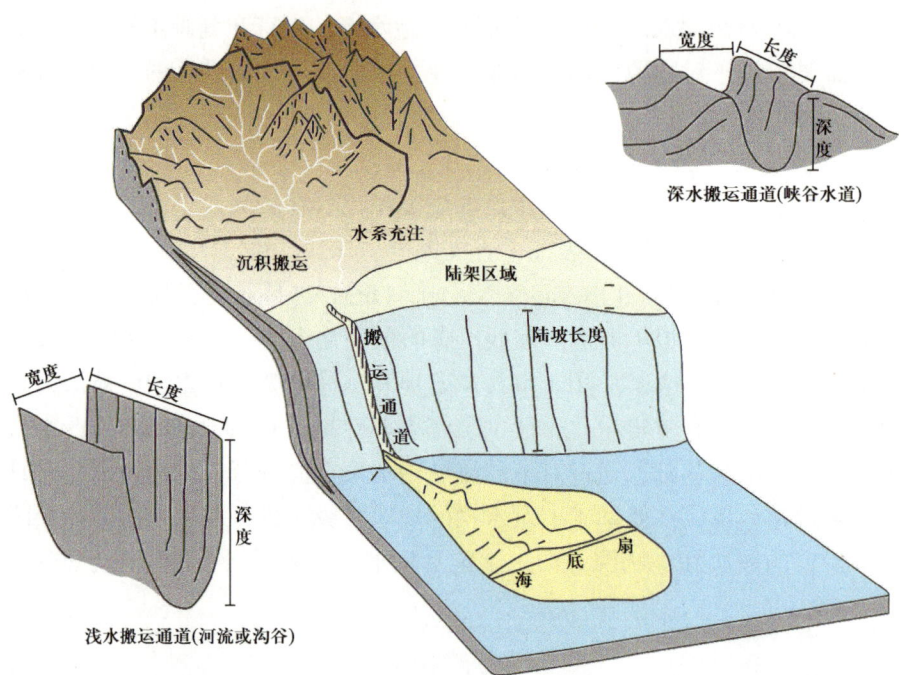

图 4.2.1　陆洋源汇系统各地貌单元形态参数一览（据 Sømme et al., 2009，有修改）

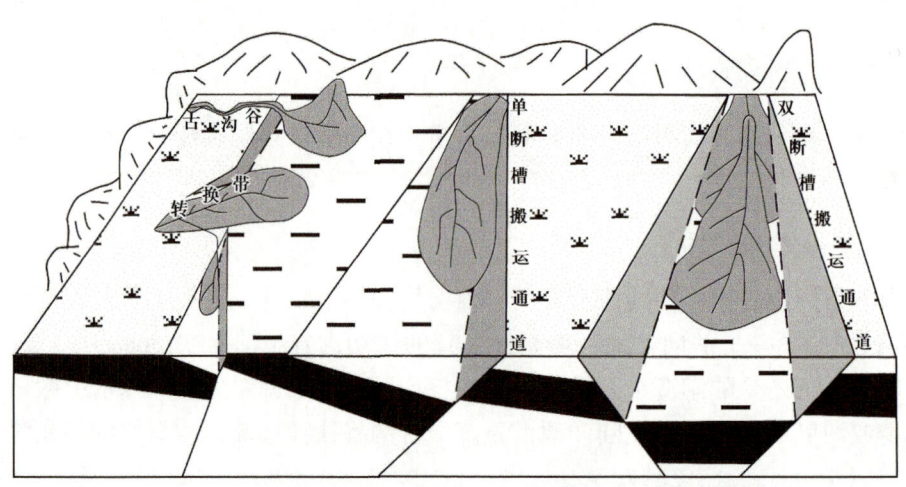

图 4.2.2　陆湖源汇系统各类搬运通道（沟谷、断槽和转换带）发育特征一览

受盆地基岩的类型、物质组成、地形地貌、风化剥蚀程度及水流强度等差异的影响，不同的凸起、斜坡区及其不同的部位往往发育不同类型的古沟谷，其各自的搬运能力及对应的储集物性特征一般也有着较大的差异。由于古沟谷的剖面特征及下切深宽比例不同，主要发育 5 种类型的沟谷体系，即 U 形沟谷、V 形沟谷、W 形沟谷，以及与断裂作用相关的单断槽、双断槽（图 4.2.2），不同类型的沟谷体系具有不同的输砂能力（Sømme et al., 2009）（图 4.2.1）。

V 形沟谷内部水系水动力较强，在水流的强力冲击作用下，水道形成深度较大的下蚀，水流所携带的沉积物颗粒大小不一，磨圆度极差，分选性差，发育的坡折带坡度偏陡，在沟谷末端远离中心的位置发育面积、体积较大的扇三角洲。

U形沟谷是物源通道发育的壮年期，其内部沉积充填分为侧向加积和垂向加积两种类型。侧向加积反映古沟谷不断发生侧向迁移，垂向加积指示相对稳定的河道沉积物充填，这一阶段物源输送能力强、输送距离远且稳定，沉积物颗粒大小相对均一，磨圆度和分选性较好，在盆缘形成的扇三角洲面积和体积较大，是油气储存的有利场所。

W形沟谷是物源通道发育的晚年期，其发育时内部水系能量相对弱，地势相对平坦，水流携带的沉积物颗粒小，以泥沙为主，但延伸距离很远，多形成厚度小、体积小的辫状河三角洲。

4.2.1.2 转换带识别

"构造转换带"的概念源于芝加哥大学Amy Dahlstrom教授对逆冲推覆构造的研究，后被逐渐扩展至伸展盆地、走滑盆地构造体系（图4.2.2、图4.2.3和图4.2.4）（Dahlstrom，1970；Fossen et al.，2016；Yu et al.，2023）。

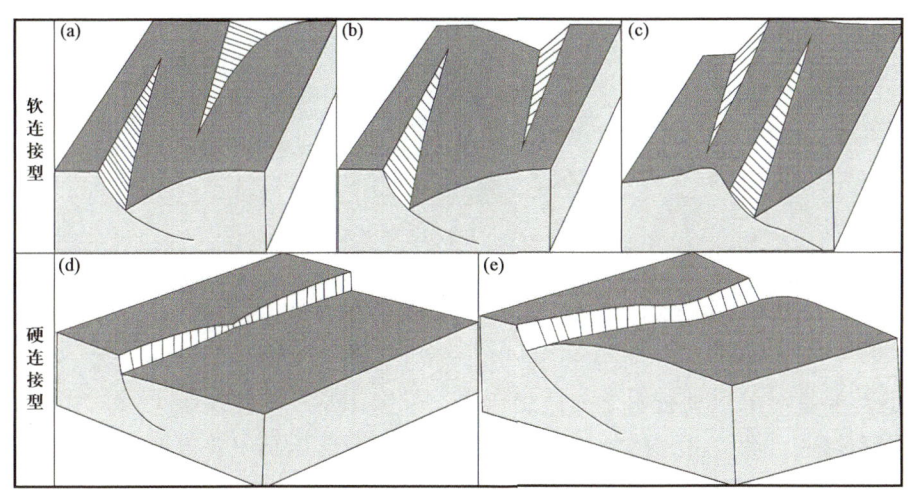

图4.2.3 各种类型转换带和调节带形态特征一览
（a）走向斜坡型；（b）斜向背斜型；（c）背向地垒型；（d）走向分段硬连接型；（e）横向调节型

"构造转换带（transfer zone）"是指存在于两条侧列断层之间以实现位移量、缩短量和变形量守恒，并起到调节作用的一类复杂的构造及构造组合［图4.2.3（a）、图4.2.3（b）和图4.2.3（c）］；而一条断层位移明显减小、活动性减弱的区域又被称为"调节带"［图4.2.3（d）和图4.2.3（e）］（Fossen et al.，2016；吴智平等，2022；Yu et al.，2023）。两条侧列断层之间的构造转换带被称为"软连接构造转换带"，一条断层位移明显减小、活动性减弱的调节带又被称为"硬连接构造转换带"（图4.2.3）。

随着研究的深入，地质学家相继提出了一系列"构造转换带"相关概念，如变换斜坡（relay ramp）（Larsen，1988）、调节带（accommodation zone）（Rosendahl，1988）、侧接带（stepover）（Aydin，1982）、硬连接（hard linkage）（Walsh，2003）和软连接（soft linkage）（Walsh，2003）。Yu 等（2023）提出了如图 4.2.4 所示的构造转换带的分类方案，首先根据正断层的相互作用程度将构造转换带划分为软连接型和硬连接型两大类，然后依据正断层的组合特征将软连接型转换带进一步划分为变换斜坡（图 4.2.4 中①）、斜向背斜（图 4.2.4 中②）、地垒（图 4.2.4 中③）和离散变换带（图 4.2.4 中④）4 种类型。其中，变换斜坡、斜向背斜和地垒分别形成于发生相互作用的同向倾斜、相对倾斜、相背倾斜的正断层叠置区；而离散变换带则是将不同的正断层体系连锁在一起（图 4.2.4）（Yu et al.，2023）。硬连接型构造转换带则主要是将不同正断层直接连接起来的各类变换构造，包括横向变换断层（图 4.2.4 中⑤）、横向褶皱（图 4.2.4 中⑥）和硬连接断层（图 4.2.4 中⑦）这 3 种类型（Yu et al.，2023）。

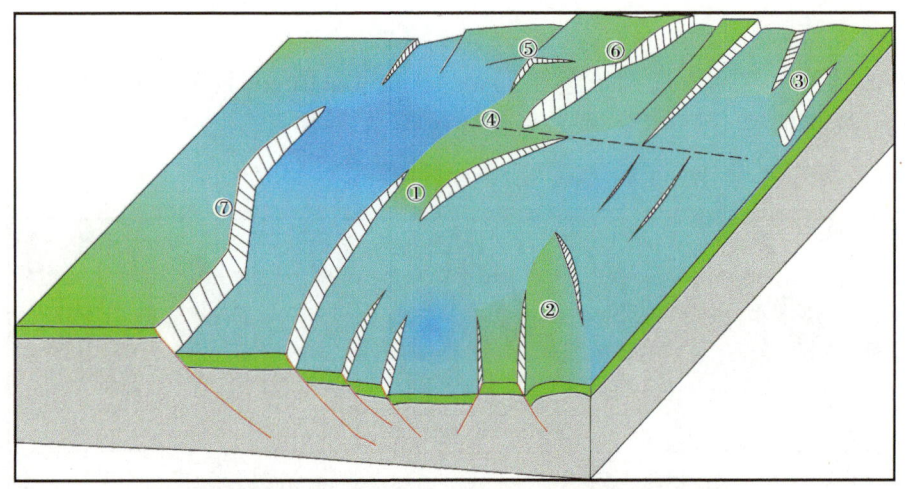

图 4.2.4　裂陷盆地不同类型构造转换带发育示意图
①—变换斜坡；②—斜向背斜；③—地垒；④—离散变换带；⑤—横向变换断层；⑥—横向褶皱；⑦—硬连接断层

　　构造转换带对沉积具有明显的控制作用，准确识别不同转换带类型，有助于精细刻画水系展布样式，厘清沉积体配置关系。构造转换带的识别主要依据底面埋深图、地层等厚图，获取断裂的产状（断层倾向的同向、背向或对向）、组合样式（趋近、叠覆或共线等不同叠覆程度）及活动性信息；依据这些信息识别倾向相同叠覆断层的叠覆段。

　　注入裂陷盆地的水系都会包含有横向（短轴）河流和纵向（长轴）河流。横向（短轴）河流是指从盆地肩部注入盆地的河流；而纵向（长轴）河流是指从盆地两端注入（流出）盆地的河流。这些河流的流向和进入裂陷盆地的入口无疑会受裂陷盆地中的伸展断层系统影响，其中变换带往往是河流进出盆地的位置，对沉积扇、三角洲的发育有明显的控制作用（图 4.2.3）。不同倾向组合的正断层带所形成的物源口类型主要为：（1）陡坡带由变换断层控制的物源口；（2）陡坡带由传递式或缓冲式变换带控制的物源口；（3）陡坡带由消长式变换带控制的物源口；（4）缓坡带由变换断层控制的物源口；（5）缓坡带由传递式或缓冲式变换带控制的物源口；（6）缓坡带由消长式变换带控制的物源口；（7）不受断层控制的物源口；（8）主边界断层消减式变换带控制的物源口；

（9）主边界断层消减式变换断层控制的物源口（漆家福等，2012；Fossen et al.，2016；Yu et al.，2023）。

4.2.2 输砂通道表征

"沟谷体系和构造转换带"两类搬运子系统的位置分布和系统特征决定了沉积体系的发育位置和形态规模，可以分别采用不同的方法进行精细表征。

4.2.2.1 沟谷体系表征

物源区被风化剥蚀后所产生的碎屑物质，经过搬运通道（古沟谷）的运输输导，在与搬运通道对应的坡折处堆积下来（徐长贵，2013）。在沟谷体系的精细刻画中，地质学家往往基于三维地震资料对搬运通道及其搬运路径的形态特征和时空展布等进行精细刻画。搬运通道作为一种典型的负向古地貌单元，是连接源汇系统组成单元的核心桥梁，它们与其他古地貌单元的综合研究能够体现源汇系统的空间耦合关系，并为搬运方向的判别提供依据。

搬运通道的规模大小主要体现在坡度、水道长度、弯曲度、支流长度、河网发育系数等参数的大小和它们之间的相互联系等方面，继而影响整个源汇系统的特征，Syvitski 和 Milliman（2007）、Sømme 等（2009）所指出的定量—半定量分析方法对搬运区内部搬运通道具有一定借鉴意义。

输砂通道表征参数主要包括沟谷长度、宽度、下切深度、宽深比以及通道截面积等参数，沟谷的宽度、下切深度及宽深比影响沉积物进入盆地之前的搬运方式，截面积控制了沉积物输送能力和速率，统计搬运通道的参数对研究沉积物搬运路径以及沉积物搬运通量的计算有很重要的作用。沟谷长度和宽度可以从古地貌图上直接读取，但是下切深度需要从地震剖面上读取统计。通过垂直于沟谷延伸方向的地震剖面的分析，可明确沟谷的延伸距离、坡度、深度、宽度、下切形态、充填样式等，从而恢复沟谷的输砂能力。在物源区产状、基岩等条件相近背景下，物源通道规模（宽/深/长度）越大，其输导、搬运沉积量越大（徐长贵等，2020；Szymanskia et al.，2022）。

4.2.2.2 转换带表征

转换带的表征往往是通过识别两侧断层位移较小的部位来实现的，具体方法一般为基于底面埋深图、地层等厚图，获取断层的产状（断层倾向的同向、背向或对向）、组合样式（趋近、叠覆或共线等不同叠覆程度）以及活动性特征，以此识别表征构造转换带（图 4.2.5）（吴智平等，2022；Yu et al.，2023）。

在断层距离—位移曲线图中，如果断层叠置区内的位移之和与非叠置区的位移基本相同，则表明断层叠置区内的地层通过形成褶皱、掀斜、裂缝和次级断层等方式起到了传递和调节断层位移的作用，从而使区域范围内的应变基本保持守恒（图 4.2.5）。因此，可以使用断层的距离—位移曲线来识别构造变换带，因为单一断层的位移低值部位（说

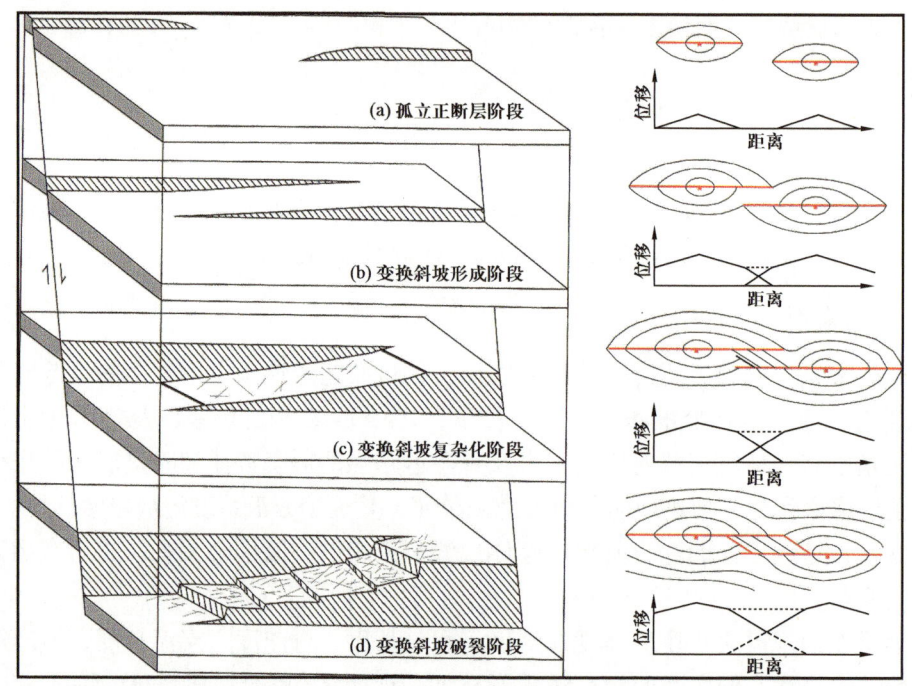

图 4.2.5　变换斜坡不同演化阶段的距离—位移曲线特征（变换斜坡演化阶段修改自 Peacock et al.，1994）

明断层活动较弱）和断层的叠置部位一般就指示构造变换带的发育位置（Peacock et al.，1994）。断层距离—位移曲线是识别构造变换带的重要方法之一，在断层连接和构造变换带的相关研究中得到了广泛应用（Peacock et al.，2000；Soliva and Benedicto，2004；Fossen et al.，2016）：

$$D_I = D_i - D_{Tmax}$$

式中，D_I 为 T 沉积时期断层在 i 沉积地层中的古断距，D_i 为现今断层在 i 沉积地层中的断距；D_{Tmax} 为现今断层在 T 沉积地层中的最大断距。

当断层距离—位移曲线中断距为 0 时，表现为软连接的方式，即为软连接型转换带；当回剥的断距—位移曲线中断距相对两侧明显较低时，表现为硬连接的方式，即硬连接型转换带。

以变换斜坡为例，在其不同演化阶段的位移—距离曲线特征如图 4.2.5 所示。在孤立正断层发育阶段，由于此时正断层还未开始发生相互作用和叠接，位移—距离曲线表现出锥型（C 型）特征 [图 4.2.5（a）]。随着断层作用继续进行，断层末端开始发生相互叠接，但还未直接联接在一起，断层叠接区内开始发育变换斜坡。此时在断层位移最大值和最小值之间可分出两个直线段，靠近相互叠接的断层终止端的直线段具有较陡的位移梯度 [图 4.2.5（b）]。由于断层末端一般都是应力集中部位，断层相互作用的继续进行会导致变换斜坡内开始发育裂缝或次级断层，有的次级断层还会将两条相互作用的断层硬联接起来，变换斜坡从而进入复杂化和破裂阶段。该阶段的位移—距离曲线形态与构造变换带形成阶段比较相似，只是位移量有所增加 [图 4.2.5（c）和图 4.2.5（d）]。

4.3 汇聚子系统表征

4.3.1 坡折体系识别与表征

汇聚子系统是经由陆洋源汇系统或陆湖源汇系统搬运而来的沉积物的最终堆积区，坡折体系的识别表征是汇聚子系统分析的核心内容。

4.3.1.1 坡折体系识别

物源区被风化剥蚀后产生碎屑物质，经过输砂通道进行搬运，多在输砂通道前方的坡折地貌内汇聚，构成完整的源汇沉积体系（Feng et al.，2016；龚承林等，2023）。在陆洋源汇系统和陆湖源汇系统中均发育可见多种类型的坡折体系，不同的坡折体系类型对沉积体的卸载与汇聚具有差异的控制作用（Carvajal et al.，2006；Feng et al.，2016；Gong et al.，2016；Paumard et al.，2018；徐长贵等，2020；龚承林等，2023；杨哲翰等，2023）（图 4.3.1）。坡折体系（譬如，图 4.3.2 所示的渤南低凸起西支）增大了携沙水流的高度差，为牵引流向重力流的转换奠定了良好的地势基础，当携沙水流流经各类坡折时会因坡度陡增而被加速演变为重力流（超临界），而当地形变化时这些超临界重力流会减速形成低能（临界或亚临界）浊流并发生沉积物的卸载堆积（Ge et al.，2017；龚承林等，2023）。

在海盆中，陆架坡折是指位于陆架和陆坡之间地形坡度发生明显转折的过渡地带，是陆架和陆坡两大地貌单元的自然分界（图 4.3.1）（Carvajal et al.，2006；Gong et al.，2016；Paumard et al.，2018）；在湖盆中，坡折带是指从坡折和坡脚及其附近的明显受斜坡控制的侵蚀和沉积作用活跃地带，是滨浅湖与深湖—半深湖之间地形坡度突变的过渡带（图 4.3.2）（徐长贵等，2020；龚承林等，2023；杨哲翰等，2023）。坡折带是三角洲等牵引流沉积与湖底扇等重力流沉积的分界线，按照成因可以区分为构造坡折和沉积坡折两大类（图 4.3.1 和图 4.3.2）。例如，在如图 4.3.2 所示的顺物源方向的地震剖面上，在早期湖扩体系域，渤南低凸起西支形成构造坡折，为渤中凹陷东营组东二下亚段湖扩三角洲和湖底扇之间的沉积相带分界面；在晚期湖退体系域，顶积层—前积层之间的沉积坡折，是三角洲平原和三角洲前缘之间的沉积相带分界面。

根据坡折带的成因、平面组合样式及控相的差异性，可划分为伸展型边界断裂坡折带、走滑型边界断裂坡折带、沉积坡折带和基底先存地形坡折带等 4 种类型，其中以发育伸展型断裂坡折与走滑型断裂坡折为主，而伸展型断裂坡折又可以划分为陡坡型断裂坡折、缓坡型断裂坡折以及传递构造坡折带。根据断裂的平面组合样式，伸展型断裂可以划分为平直型、墙角型、同向消减型、走向斜坡型等几种类型。不同类型的断裂性质及平面组合对沉积体的搬运与汇聚具有差异性的特征（徐长贵等，2017，2020）。

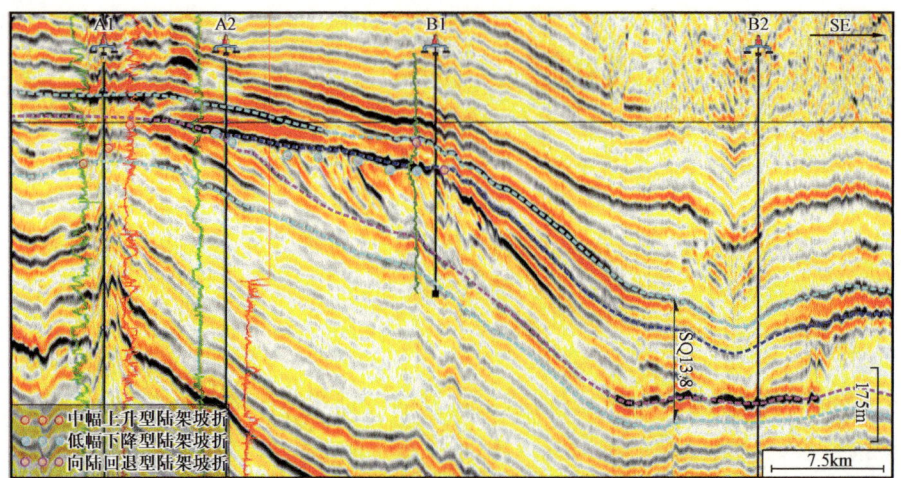

图 4.3.1 顺物源地震剖面刻画了中中新世珠江陆缘（SQ13.8）形成发育的三种类型陆架坡折迁移轨迹的剖面特征

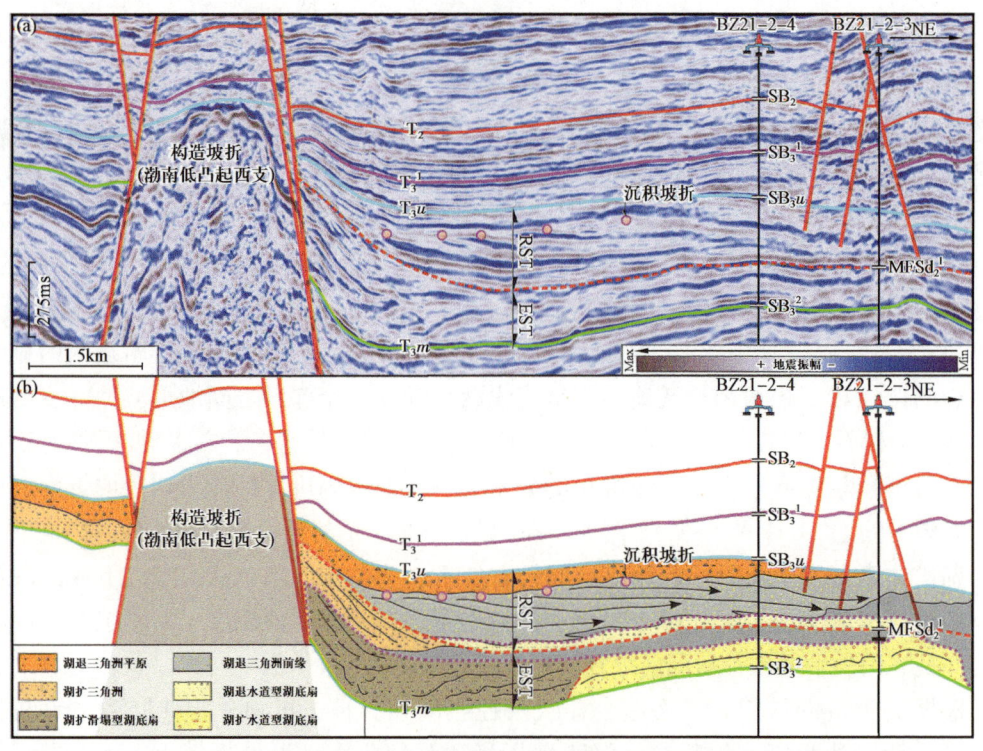

图 4.3.2 顺物源地震剖面刻画的渤中凹陷古近系东营组东二下亚段构造坡折和沉积坡折带
EST—湖扩体系域；RST—湖退体系域

坡折的识别主要是依据地层厚度图和构造图以及地震剖面展开。在地层厚度图和构造图上坡折往往表现为厚度等值线和构造等值线陡然加密的区域。在地震剖面上坡折往往表现为平坦且地层较薄的浅水区与陡倾且地层较厚的深水区之间的分界线（图 4.3.1 和图 4.3.2）。值得注意的是，断裂型坡折带的识别主要根据古构造图进行识别，而不能依据现今地貌进行坡折带识别，特别是断裂坡折，如果断层不控制沉积，那么就不能作为坡折带；沉积坡折带和基底先存地形坡折带要根据地震剖面和古地貌图结合起来判别。

4.3.1.2 坡折体系表征

坡折体系的表征主要是从平面表征和剖面表征两个角度展开（Gong et al., 2016；Paumard et al., 2018；徐长贵等，2020；龚承林等，2023；杨哲翰等，2023）。

在平面上，需要精细刻画落实各种类型坡折带的平面分布，并对坡折带进行分级；进而分析统计各类坡折带的形态参数（如最大宽度、最小宽度和平均宽度等）。

在剖面上，针对沉积坡折一般从坡折的进积距离、加积距离、轨迹角的角度三个方面进行分析；针对构造坡折一般从平均坡降、倾角等方面进行精细表征。

在南海北部中中新世珠江陆缘 SQ13.8 层序内：（1）红色陆架坡折点（陆架边缘 SM1）垂向加积约 80m、进积距离仅 3.30km，计算 T_{se} 为 1.40°，为一中幅上升型陆架坡折迁移轨迹；（2）蓝色陆架坡折点（陆架边缘 SM2）向下底积（degradation）约 111m、进积距离达 20.71km，计算 T_{se} 为 −0.31°，为一低幅下降型陆架坡折迁移轨迹；（3）紫色陆架坡折点（陆架边缘 SM3）向上加积约 67m、向陆回退约 1.91km，计算 T_{se} 为 92.01°，为一向陆回退型陆架坡折迁移轨迹（图 4.3.1）。

4.3.2 古地貌识别与表征

除了识别表征坡折体系之外，在源汇沉积体系的汇聚子系统表征时还应重点识别并刻画各类古地貌单元。

4.3.2.1 古地貌识别

在源汇沉积体系中，汇聚子系统往往发育各种不同类型的古地貌单元，按照地貌的形态可以区分为正向古地貌和负向古地貌两大类（图 4.3.3）（Scheirer et al., 2022）。

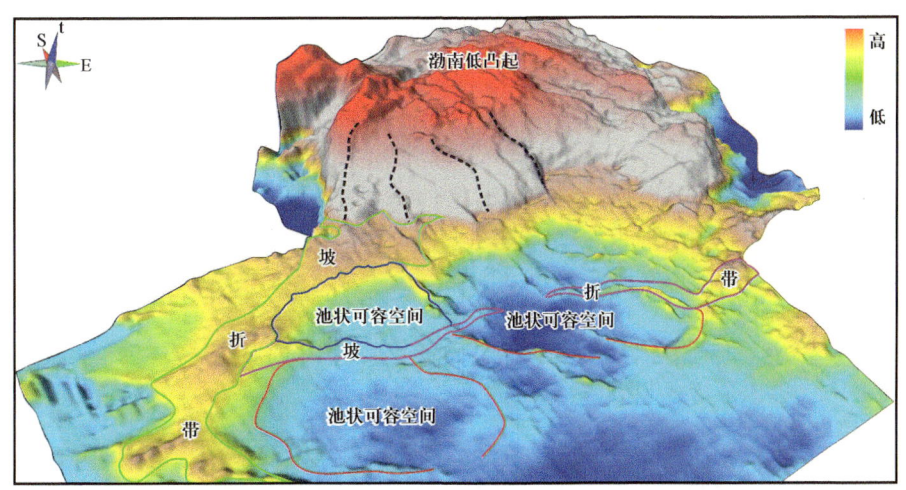

图 4.3.3 渤中凹陷古近系东营组东二下亚段古地貌图

在源汇系统的汇聚子系统中，常见的正向古地貌单元主要包括：

（1）"高地"，即地势较高且地形较为平坦的地貌单元，是海拔最高的一类地貌单元。

（2）"古脊"，即盆底中呈持续延伸的线状隆起，其控制着古水流方向，限制了重力流砂体的横向连通，对砂体的运输方向具有调控作用（杨哲翰等，2023）。

（3）"古隆起或古凸起"，即发育在盆底部位、陡峭且顶面呈穹隆状的正地形，又被称为古凸起。图 4.3.2 所示的渤南低凸起西支为一典型的古凸起。

在源汇系统的汇聚子系统中，常见的负向地貌单元主要包括：

（1）"坡折地貌"，发育在构造坡折或沉积坡折前方的地势低位区，是重力流等粗颗粒沉积物堆积的主要场所，譬如，在渤中凹陷渤南低凸起北部坡折带前方见平面上呈不规则近圆状地势低洼区域（也被称为"池状可容空间"），这些坡折地貌内发育充填了滑塌型湖底扇（龚承林等，2023）。

（2）"盆地深洼（凹）"，发育在盆底深水区、地势相对平缓、起伏不大的地势低洼区（杨哲翰等，2023）。

（3）"缓坡"，在盆底的斜坡区（如陆坡或滨浅湖—半深湖区）依据地形坡度区分的地势相对缓倾的古地貌单元。

（4）"陡坡"，在盆底的斜坡区依据地形坡度区分的地势相对陡峻的古地貌单元。

4.3.2.2 古地貌表征

在古地貌识别的基础上，可以从平面和剖面两个角度对古地貌进行精细刻画和表征。

在平面上，主要是刻画表征各类古地貌单元的平面展布，对于部分古地貌单元需定量刻画其形态参数。具体来说，对于"古沟谷"，应重点刻画其宽度、弯曲度和延伸距离；对于"古隆起"、"坡折地貌"和"盆地深洼（凹）"，应重点分析表征其面积（图 4.3.3）。

在剖面上，应重点刻画古地貌单元的形态参数。例如，对于"陡坡和缓坡"，应重点分析其地形坡度及其相关统计参数（如最小坡度、最大坡度、平均坡度和中值坡度等）（图 4.3.3）。

参 考 文 献

陈星渝，张志杰，万力，等，2024. 深时源—汇系统要素的常用定量分析方法[J]. 地质科技通报，43（1）：1-17.

龚承林，徐长贵，官大勇，等，2023. 渤中凹陷断拗转换期湖扩—湖退型层序及其对规模湖底扇发育展布的控制[J]. 古地理学报，25（5）：992-1010.

漆家福，夏义平，杨桥，2012. 油区构造解析[M]. 北京：石油工业出版社.

石文龙，杨海风，杜晓峰，等，2022. 渤海海域南部古水系恢复及其沉积耦合响应预测[J]. 地球科学，47（11）：4075-4092.

吴智平，张勐，张晓庆，等，2022. 渤海湾盆地"埕北—垦东"构造转换带形成演化及成藏特征[J]. 石油与天然气地质，43（6）：1321-1333+1358.

第 4 章 源汇系统构成要素表征

徐长贵, 2013. 陆相断陷盆地源—汇时空耦合控砂原理：基本思想、概念体系及控砂模式 [J]. 中国海上油气, 25（4）: 1–21.

徐长贵, 杜晓峰, 徐伟, 等, 2017. 沉积盆地"源—汇"系统研究新进展 [J]. 石油与天然气地质, 38（1）: 1–11.

徐长贵, 杜晓峰, 朱洪涛, 2020. 陆相断陷盆地源汇系统控砂原理与应用 [M]. 北京: 科学出版社.

朱红涛, 杨香华, 周心怀, 等, 2013. 基于地震资料的陆相湖盆物源通道特征分析：以渤中凹陷西斜坡东营组为例 [J]. 地球科学, 38（1）: 121–129.

杨哲翰, 刘江艳, 吕奇奇, 等, 2023. 古地貌恢复及其对重力流沉积砂体的控制作用：以鄂尔多斯盆地三叠系延长组长 73 亚段为例 [J]. 地质科技通报, 42（2）: 146–158.

朱红涛, 徐长贵, 杜晓峰, 等, 2023. 陆相盆地古源—汇系统定量重建、级次划分及耦合模式 [J]. 石油与天然气地质, 44（3）: 539–552.

Aydin A, Nur A, 1982. Evolution of pull apart basins and their scale independence [J]. Tectonics, 1: 91–105.

Carvajal C, Steel R, 2006. Thick turbidite successions from supply−dominated shelves during sea−level highstand [J]. Geology, 34: 665–668.

Dahlstrom C D A, 1970. Structural geology in the eastern margin of the Canadian Rocky Mountain [J]. Bulletin of Canadian Petroleum Geology, 18: 332–406.

Feng Y, Jiang S, Hu S, et al., 2016. Sequence stratigraphy and importance of syndepositional structural slope−break for architecture of Paleogene syn−rift lacustrine strata, Bohai Bay Basin, E. China [J]. Marine and Petrology Geology, 69: 183–204.

Fossen H, Rotevatn A, 2016. Fault linkage and relay structures in extensional settings: a review [J]. Earth−Science Reviews, 154: 14–28.

Ge Z, Nemec W, Gawthorpe R L, et al., 2017. Response of unconfined turbidity current to normal−fault topography [J]. Sedimentology, 64: 932–959.

Gong C, Steel R J, Wang Y, et al., 2016. Shelf−margin architecture variability and its role in sediment−budget partitioning into deep−water areas [J]. Earth−Science Reviews, 154: 72–101.

Janocko M, Nemec W, Henriksen S, et al., 2013. The diversity of deep−water sinuous channel belts and slope valley−fill complexes [J]. Marine and Petroleum Geology, 41: 7–34.

Larsen P H, 1988. Relay structures in a Lower Permian basement−involved extensional system, East Greenland [J]. Journal of Structural Geology, 10: 3–8.

Paumard V, Bourget J, Payenberg T, et al., 2018. Controls on shelf−margin architecture and sediment partitioning during a syn−rift to post-rift transition: insights from the Barrow Group (Northern Carnarvon Basin, North West Shelf, Australia) [J]. Earth−Science Reviews, 177: 643–677.

Peacock D C P, Sanderson D J, 1994. Geometry and development of relay ramps in normal fault systems [J]. AAPG Bulletin, 78: 147–165.

Peacock D CP, Price S P, Pickles C S, 2000. The world's biggest relay ramp: hold with hope, NE Greenland [J]. Journal of Structural Geology, 22: 843–850.

Scheirer A H, Liu K, Liu J, et al., 2022. Integrating forward stratigraphic modeling with basin and petroleum systemmodeling [M]//Rotzien J R, Yeilding C A, Sears R A, et al., Deepwater sedimentary systems: science, discovery and applications. New York: Elsevier: 625–672.

Soliva R, Benedicto A, 2004. A linkage criterion for segmented normal faults [J]. Journal of Structural

Geology, 2004, 26: 2251-2267.

Sømme T O, Helland-Hansen W, Martinsen, O J, et al., 2009. Relationships between morphological and sedimentological parameters in source-to-sink systems: a basis for predicting semi-quantitative characteristics in subsurface systems [J]. Basin Research, 21: 361-387.

Syvitski J P M, Milliman J D, 2007. Geology, geography, and humans battle for dominance over the delivery of fluvial sediment to the Coastal Ocean [J]. Journal of Geology, 115: 1-19.

Szymanskia E, Fielding L, Davies L, 2022. Source-to-sink analysis of deepwater systems: principles, applications, and case studies [M] //Rotzien J R, Yeilding C A, Sears R A, et al., Deepwater sedimentary systems: science, discovery, and applications. New York: Elsevier: 407-441.

Rosendahl B R, 1987. Architecture of continental rifts with special reference to East Africa [J]. Annual Review of Earth and Planetary Science, 15: 445-503.

Walsh J J, Bailey W R, Childs C, et al., 2003. Formation of segmented normal faults: a 3-D perspective [J]. Journal of Structural Geology, 25: 1251-1262.

Weimer P, Slatt R M, 2007. Deepwater-reservoir elements: channels and their sedimentary fill [M]. AAPG, Studies in Geology 57, Tulsa: AAPG: 171-276.

Wynn R B, Cronin B T, Peakall J, 2007. Sinuous deep-water channels: genesis, geometry and architecture [J]. Marine and Petroleum Geology, 24: 341-387.

Yu Y, Xu C, Zhang X, et al., 2023. Research advances on transfer zones in rift basins and their influence on hydrocarbon accumulation [J]. Energy Geoscience, 4: 100148.

第 5 章 沉积盆地源汇系统分析基本方法

5.1 碎屑岩物源示踪

5.1.1 传统方法

物源示踪作为沉积盆地分析的重要内容之一，已有几十年的研究历史了。传统的物源示踪方法主要有沉积学方法、碎屑岩碎屑成分分析和重矿物分析（Weltjea and Eynatten，2004；杨仁超等，2013；彭治超等，2017；徐杰，姜在兴，2019）。

5.1.1.1 沉积学与碎屑岩碎屑成分分析

沉积学法物源示踪主要依据沉积学原理对碎屑岩进行物源分析，主要依据古水流测量、砾石含量分布图、砂岩厚度图、粒度分析或地震解释等来恢复沉积盆地的沉积物供给方向（杨仁超等，2013；徐杰，姜在兴，2019）。

基于古水流测量分析物源方向主要是依据"波痕、交错层理、前积纹层、槽模、冲刷痕和砾石的定向排列"等沉积现象来判断沉积物搬运方向（Ghinassi et al.，2015；杜远生，2018）。基于"砾石含量分布图和砂岩厚度图"分析物源方向主要是根据"钻测井或地震资料所获得的砾石含量或砂岩厚度向盆地中心方向降低或减薄的趋势"来恢复、重建物源供给方向（Wandres et al.，2014；杨仁超等，2013）。基于"粒度分析"来判断物源方向主要是依据"碎屑岩粒度向盆地方向逐渐变细"这一趋势来分析沉积物搬运方向。基于"地震解释"来判断物源方向主要是依据"地震剖面上前积体的进积方向或下超地震反射终止关系的终止方向"来分析、恢复沉积物供给方向。

陆源碎屑岩作为物源区基岩剥蚀—搬运—堆积这一源汇过程的最终产物，其岩石的碎屑矿物成分组成（Dickinson 三角图）往往反映了源区的构造性质，因而常用于物源分析。

Dickinson 等（1983）依据大量的砂岩碎屑成分（石英、长石、岩屑、单晶石英、多晶石英、沉积岩屑和火山岩屑等）统计数据，绘制了多个经验判别三角图解（如 Q-F-L，Qm-F-Lt，Qp-Lv-Ls 和 Qm-P-K 等），用以建立砂质碎屑矿物成分与物源区之间的系统关系。可以通过野外露头、钻井岩心取样（并磨制薄片），进行镜下碎屑成分鉴定，进而制作 Dickinson 三角图。该方法简单易行，是物源分析中最常用的手段之一，至今仍然被广泛应用于物源区的构造背景分析（杨仁超等，2013；徐杰和姜在兴，2019）。

5.1.1.2 基于重矿物分析的物源示踪

"重矿物"是指沉积物中密度大于某一阈值（通常是2.89g/cm³或2.90g/cm³）的矿物[图5.1.1（a）和图5.1.1（b）]。它们在碎屑沉积物中通常只占约1%，但其种类丰富，与源岩类型密切；常见的重矿物有锆石、角闪石、辉石、磷灰石、赤铁矿和磁铁矿等（几十种）。基于重矿物的物源分析是指通过沉积岩中的重矿物化学组分和矿物组合来指示源区的岩石类型和物源方向（田豹，2017；许苗苗等，2021）；常见的方法有"直接对比法"（表5.1.1）和"重矿物指标法"（表5.1.2）。

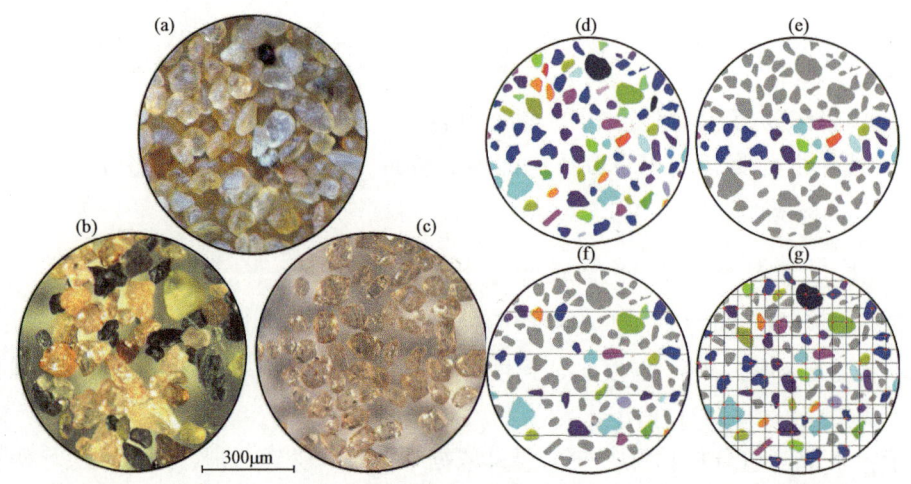

图 5.1.1 碎屑沉积物反射光下的显微照片和重矿物分析颗粒计数方法示意图
（a）主要矿物为石英，含少量长石和极少量重矿物；（b）沉积物中分离出的重矿物，包括透明组分和不透明组分；（c）重矿物中分离出的锆石单矿物；（d）全计法；（e）带计法；（f）线计法；（g）点计法（图中网格交点处的红色点为计数点）

对重矿物的鉴定和定量通常使用计数法（数粒法）在光学显微镜下人工统计各种组分的颗粒或点数，以获得重矿物的组成比例（许苗苗等，2021）。计数法分为全计法 [图5.1.1（d）]、带计法 [图5.1.1（e）]、线计法 [图5.1.1（f）] 和点计法 [图5.1.1（g）]（许苗苗等，2021）。由于重矿物大小不一，全计法、带计法、线计法获得的计数比值并不等于矿物的体积比，故而 Garzanti 和 Andò（2019）主张使用点计法，这样薄片中颗粒与网格交点相交的概率等于其面积比，所以不同颗粒的点数比值等于其面积或体积比 [图5.1.1（g）]。由于人工鉴定容易受主观性的影响，为了获得更客观准确的结果，人们常常借助扫描电镜（SEM）、能谱仪（EDS）、电子探针（EMPA）和拉曼光谱仪（Ramon）等仪器进行重矿物鉴定。

"直接对比法"是利用重矿物进行物源示踪最常用的方法，该方法通过对已经获得的重矿物分析数据可以与已知源岩的沉积物重矿物特征（详见表5.1.1）直接对比进行物源识别（许苗苗等，2021）。值得注意的是有的重矿物数据难以通过直观对比发现差异，可借助统计方法，比如因子分析、聚类分析或主成分分析，找出各个样品之间的共性和差异。

表 5.1.1　不同构造背景源岩的沉积物重矿物组合特征
（据 Garzanti et al., 2007, 2019；许苗苗等, 2021）

源岩构造背景和位置		沉积物重矿物特征
大洋岩石圈	沉积盖层	重矿物含量较少，稳定和超稳定矿物为主（含铬尖晶石）
	上地壳	辉石、阳起角闪石和丰富的绿帘石
	下地壳	单斜辉石为主的矿物组合，包含绿—棕色角闪石或紫苏辉石
	地幔	橄榄石（或蛇纹石）为主，斜方辉石次之，含少量尖晶石
岩浆弧地壳	火山弧	普通辉石、紫苏辉石为主，橄榄石、普通角闪石次之
	弧岩基	普通角闪石为主，锆石少量，含绿帘石、单斜辉石、紫苏辉石、榍石
大陆地壳	上地壳	源岩为浅变质岩：绿帘石为主，超稳定矿物少量。源岩为碎屑岩盖层：锆石、电气石和金红石为主。源岩为碳酸盐岩：不含重矿物。源岩为陆内火山：单斜辉石为主，局部有橄榄石、磷灰石、锆石、易变辉石和尖晶石等
	中地壳	源岩为花岗岩或角闪相变质岩：角闪石为主。源岩为角闪岩相副变质岩：以石榴子石、蓝晶石和十字石组合为特征
	下地壳	以紫苏辉石、角闪石、石榴子石、单斜辉石和夕线石组合为特征
造山带变质推覆体	大洋变质推覆体	洋壳榴辉岩化变质岩，几乎由单斜辉石、石榴子石和金红石构成；榴辉岩退变质后源岩，绿帘石和角闪石为主，含少量辉石和石榴子石
	大陆变质推覆体	榴辉岩相岩石经受退变质后的源岩：与退变质大洋榴辉岩类似，但石榴子石更多，蓝晶石更少。蓝片岩相岩石经受绿片岩相退变质后的源岩：绿帘石为主
造山带		大洋、岛弧和大陆岩石均可卷入造山带，故造山带的沉积物没有特定的重矿物组合

除了"直接对比法"之外，重矿物指标可以更好地展示、挖掘重矿物组成数据中所蕴含的潜在信息，也常用来进行物源示踪分析（表 5.1.2）（许苗苗等, 2021）。在如表 5.1.1 所示的各类重矿物指标中，最常用的属基于重矿物的物源敏感指标，如 ATi、GZi、RuZi、CZi 和 MZi 等（Morton et al., 1994；许苗苗等, 2021）。"基于重矿物对的物源敏感指标"是指水力学性质接近（形状、粒径和密度）、化学性质稳定的重矿物对中一种矿物的相对含量；这些指标对自然过程的影响较不敏感，可更敏感地反映物源的信息（许苗苗等, 2021）。有些指标，如 POS、LgM、HgM 和 ZTR 等，包含了某种岩石类型中最主要的重矿物组合，能较好地反映沉积物中源岩的类型；这其中尤以"锆石—电气石—金红石指数（ZTR 指数）"最为常见（表 5.1.2）。一般而言，砂岩 ZTR 指数越低则说明碎屑岩具有较低的矿物成熟度和较近的搬运距离，而砂岩 ZTR 指数越高则说明碎屑岩具有较高的矿物成熟度和较远的搬运距离。因此，可以基于"ZTR 指数沿物源方向变大"这一变化趋势来重构物源供给方向（田豹, 2017；徐杰，姜在兴, 2019; Jian et al., 2023）。由于物源区母岩性质的差异，来自不同源区的碎屑物质在经受风化、搬运和沉积之后，其重矿物组合往往呈现不同的特征。基于这一原理，孙小霞等（2006）

提出了通过 Q 型和 R 型聚类分析的方法对重矿物进行源区分区，取得了较好的应用效果。

表 5.1.2　常用的重矿物指标（据 Hubert，1962；Morton et al.，1994；Garzanti et al.，2004，2006，2007；Morton et al.，2012；许苗苗等，2021）

指标	涉及的有关组分	指标定义
ATi	磷灰石（Apatite）、电气石（Tourmaline）	100×磷灰石含量/（磷灰石含量+电气石含量）
GZi	石榴子石（Garnet）、锆石（Zircon）	100×石榴子石含量/（石榴子石含量+锆石含量）
RZi	TiO 矿物（TiO group）、锆石（Zircon）	100×TiO 矿物含量/（TiO 矿物含量+锆石含量）
RuZi	金红石（Rutile）、锆石（Zircon）	100×金红石含量/（金红石含量+锆石含量）
CZi	铬尖晶石（Chromespinel）、锆石（Zircon）	100×铬尖晶石含量/（铬尖晶石含量+锆石含量）
MZi	独居石（Monazite）、锆石（Zircon）	100×独居石含量/（独居石含量+锆石含量）
ZTR	锆石（Zircon）、电气石（Tourmaline）、金红石（Rutile）	100×（锆石含量+电气石含量+金红石含量）/透明重矿物含量
POS	辉石（Pyroxene）、橄榄石（Olivine）、尖晶石（Spinel）	100×（辉石含量+橄榄石含量+尖晶石含量）/透明重矿物含量
LgM	绿帘石、葡萄石、绿纤石、纤锰柱石、硬绿泥石	100×（绿帘石含量+葡萄石含量+绿纤石含量+纤锰柱石含量+硬绿泥石含量）/透明重矿物含量
HgM	十字石、红柱石、蓝晶石、夕线石	100×（十字石含量+红柱石含量+蓝晶石含量+夕线石含量）/透明重矿物含量
%Op	所有重矿物	100×不透明重矿物含量/总的重矿物含量
%Ultradense	所有重矿物	100×超重重矿物含量/总的重矿物含量
HMC	所有碎屑	100×总重矿物含量（透明含量+不透明含量+混浊颗粒含量）/总碎屑含量
tHMC	所有碎屑	100×透明重矿物含量/总碎屑含量
Hb	普通角闪石	100×普通角闪石含量/透明重矿物含量
&A	所有透明重矿物	100×（蓝闪石含量+透闪石含量+阳起石含量）/透明重矿物含量
CPX	所有透明重矿物	100×（普通辉石含量+透辉石含量）/透明重矿物含量
OPX	所有透明重矿物	100×（顽辉石含量+紫苏辉石含量）/透明重矿物含量

由于重矿物各自的物理、化学性质不同，在风化剥蚀和分选搬运中会表现出不同程度的分异，从而导致沉积区的重矿物组合不能充分地反映源区母岩性质（徐杰，姜在兴，

2019）。为了解决这一难题，人们提出使用具有相同物理化学属性的特征矿物组合来反映物源信息。譬如，金红石和锆石具有相似的密度、颗粒形态、化学稳定性、硬度和成岩过程；故而"金红石/（金红石+锆石）比值"（简称"RuZi 指数"）不会随着风化和水动力产生分异，可以准确地记录源区的性质（Morton et al.，2005；Eynatten et al.，2012）。

利用"重矿物组合及其特征指数进行物源分析"的典型实例来自珠江口盆地惠州凹陷古近纪文昌组和恩平组的 14 个重矿物样品。14 个重矿物样品均来自 HZ1 井，其中 8 个样品（EP1 至 EP8）来自于恩平组，6 个样品（WC1 至 WC6）来自于文昌组，样品 EP1 至 EP8、WC1 至 WC6 的采样深度依次增加（图 5.1.2 和图 5.1.3）。从重矿物组合特征来看，惠州凹陷惠州 27 转换带的 HZ1 井文昌组至恩平组的 14 个重矿物样品中总体识别了 11 种重矿物。含量大于 10% 的重矿物有锆石、绿帘石、磁铁矿和黄铁矿，含量均不大于 10% 的重矿物有电气石、石榴子石、赤褐铁矿、白钛矿、绿泥石、金红石和重晶石（图 5.1.2）。但是，文昌组和恩平组表现出不同的重矿物组合特征。文昌组以"锆石+石榴子石+绿帘石+磁铁矿+黄铁矿+重晶石"为特征组合；而恩平组以"锆石+白钛矿+黄铁矿"为特征组合。

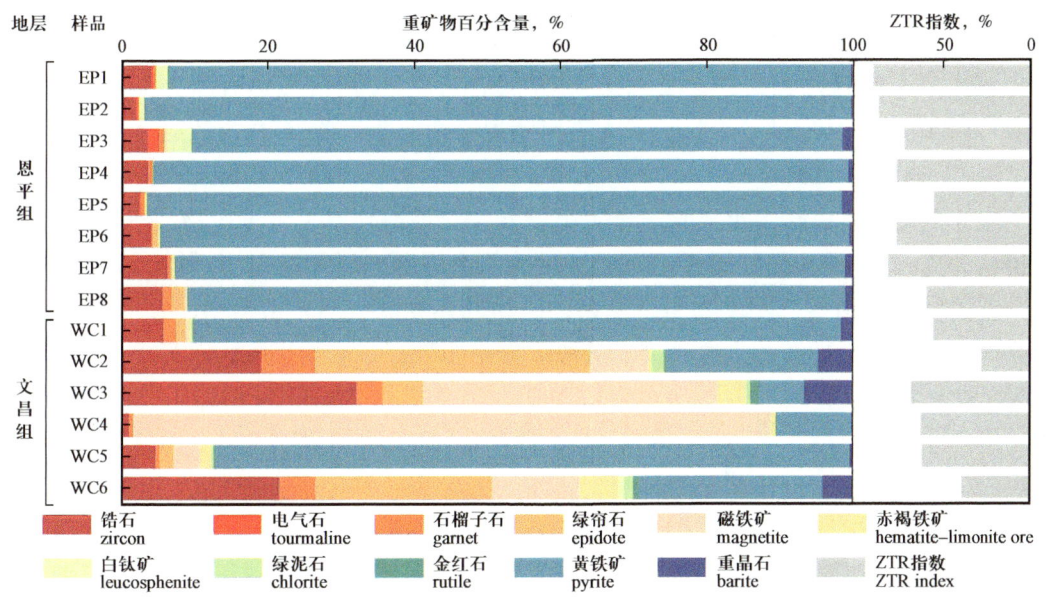

图 5.1.2 珠江口盆地惠州凹陷 HZ1 井文昌组至恩平组重矿物组合特征及 ZTR 指数

对比文昌组与恩平组的重矿物组合特征，发现二者存在如下差异：(1) 文昌组重矿物类型复杂，而恩平组重矿物类型较为简单；(2) 除了样品 WC1 和 WC5 外，文昌组重矿物中黄铁矿含量相对较低，而恩平组重矿物中黄铁矿含量非常高，均大于 89%，最高可达 96%；(3) 文昌组重矿物中几乎不含白钛矿，而恩平组重矿物中可见一定含量的白钛矿；(4) 文昌组重矿物中含有一定比例的重晶石，而恩平组重矿物中重晶石含量非常低。针对惠州 27 转换带 HZ1 井文昌组至恩平组的 14 个重矿物样品，对其 11 种重矿物组合进行 Q 型聚类分析，得到不同样品的组合分布（图 5.1.3）。其中恩平组的 8 个样品

（EP1至EP8）及文昌组的2个样品（WC1和WC5）具有相似的重矿物组合特征，文昌组剩余的4个样品（WC2、WC3、WC4和WC6）具有相似的重矿物组合特征（图5.1.3）。

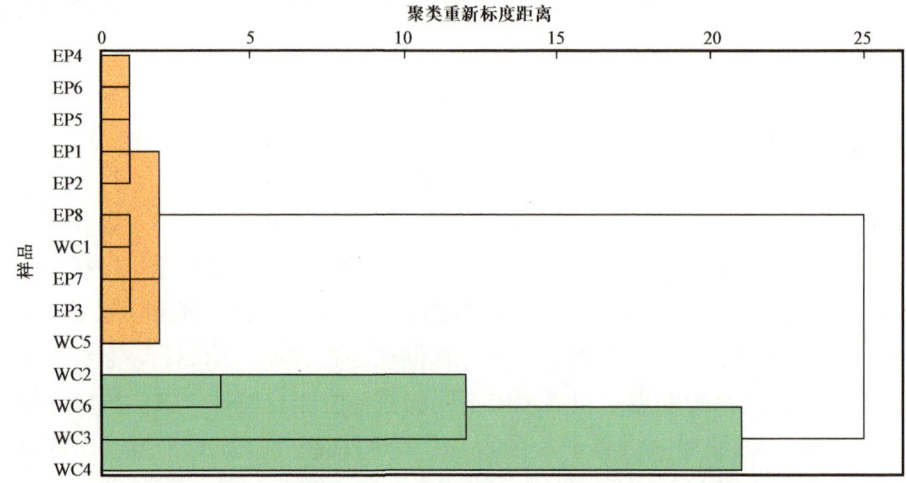

图5.1.3　惠州27转换带HZ1井文昌组至恩平组重矿物组合Q型聚类分析

从重矿物ZTR特征指数来看，恩平组8个样品中，ZTR指数最小值为55%，最大值为89%，平均值为74%；而文昌组6个样品中，ZTR指数最小值为28%，最大值为67%，平均值为52%（图5.1.2）。从文昌组到恩平组，重矿物ZTR指数显著变大，反映了矿物成熟度明显增大。

综合文昌组、恩平组重矿物组合特征差异和文昌组、恩平组重矿物ZTR指数差异，分析认为惠州27转换带在恩平组沉积期发生了由近源向远源的物源转换。文昌组沉积期，近源供给作用下，重矿物类型复杂、矿物成熟度低、ZTR指数小；恩平组沉积期，研究区发生近源—远源的物源转换，远源供给作用下，重矿物类型相对简单、矿物成熟度高、ZTR指数大（图5.1.2）。

5.1.2　地质年代学物源示踪

碎屑锆石U/Pb测年被广泛地应用到物源体系重建中来，而针对其他碎屑矿物（如金红石、独居石和磷灰石等）的同位素测年也同样在物源示踪中发挥着重要作用。

5.1.2.1　碎屑矿物同位素测年

近些年碎屑锆石测年被广泛地应用到沉积盆地物源体系恢复和古水系重建中，而针对碎屑矿物如金红石、独居石和磷灰石等的同位素测年也同样发挥着巨大的作用（徐杰，姜在兴，2019；王平等，2022）。

锆石作为一种抗物理风化和化学风化能力较强的矿物，可以在不同的风化和水动力搬运条件下仍然保持着最初的物源信息；成为物源示踪的理想载体［图5.1.1（c）和图5.1.4（a）］（Gehrels，2014；Lawton，2014）。锆石封闭温度高达900℃以上，因此锆石U/Pb年龄可以很好地记录锆石从岩浆中析出的结晶年龄。近年来随着激光剥蚀等离子质谱仪（LA-ICP-MS）技术方法的进步，锆石原位同位素测试可以在短时间内获得大量的同位素年龄数据。"通过测试碎屑锆石U/Pb封闭温度的年龄"更加广泛地应用于沉积盆地物源分析和古水系重建（Gehrels，2014；徐杰，姜在兴，2019）。从21世纪初至今，以锆石U/Pb年代学［图5.1.4（a）］为代表的单矿物物源示踪技术发展迅速（许苗苗等，2021）。"单矿物法"是指：挑选出单一种类的矿物，分析其地球化学或年代学等特征进行物源分析。

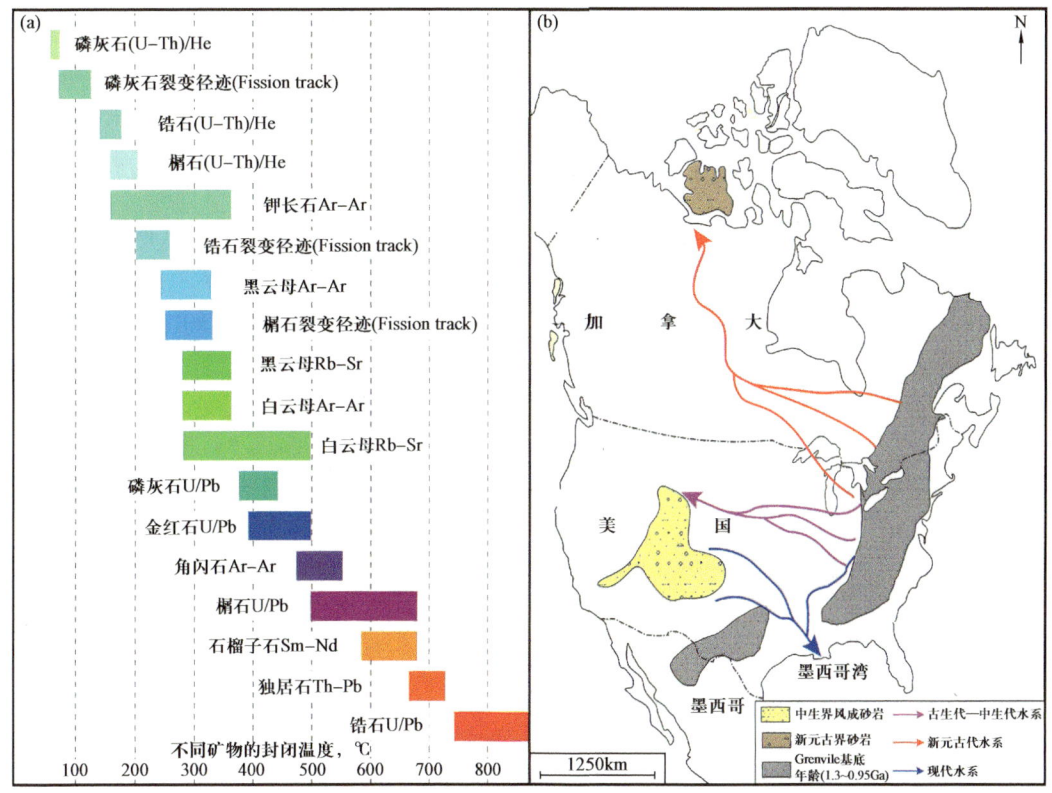

图5.1.4 不同矿物的封闭温度示意图（a）（修改自Carlson，2011；徐杰，姜在兴，2019）和基于锆石U/Pb测年的北美大陆古水系重建实例（b）（据Xu et al.，2017a）

其他矿物（如独居石、金红石和磷灰石）的同位素测年在物源分析中也扮演着越来越重要的角色（Hietpas et al.，2011；Lawton，2014）。

独居石是火成岩和变质岩中常见的一种副矿物，具有比较强的抗物理风化和化学风化能力，往往在河流砂岩中较为富集；是一种重要的指示物源的矿物（Williams et al.，2007；徐杰，姜在兴，2019）。相较于锆石而言，独居石具有更低的封闭温度以及较弱的抗成岩作用能力和硬度［图5.1.4（a）］。因此，独居石记录的更多是直接物源区的碎屑物质来源，相对锆石也更容易记录浅变质构造事件；这是独居石对于碎屑锆石的一个优势（Williams et al.，2007）。

金红石与锆石相似，具备极高的化学稳定性和抗物理风化能力，蕴含着丰富的源区信息；也是一种重要的指示物源的矿物。由于金红石 U/Pb 体系和（U-Th）/He 体系具备相对较低的封闭温度［图 5.1.4（a）］，可以用于恢复变质岩体的冷却史（Eynatten et al., 2012）。可以通过对沉积岩中的碎屑金红石进行 U/Pb 和（U-Th）/He 定年以及 Lu-Hf 同位素分析，获取金红石母岩的热演化史；进而限定最后一次构造事件对沉积物搬运体系的影响（Morton et al., 2009）。

磷灰石是指磷以晶质磷灰石形式存在于火成岩和变质岩中的含磷矿石，其裂变径迹和（U-Th）/He 测年记录了矿物的低温冷却史，是一种解释岩石低温热年代学的有力工具。磷灰石裂变径迹和（U-Th）/He 测年结合，并结合潜在源区的构造演化史，可以用来限定沉积物来源（Eynatten et al., 2012）。

利用矿物同位素测年开展物源分析的典型实例来自美国石炭纪—二叠纪 Appalachian 前陆盆地（Hietpas et al., 2011；徐杰，姜在兴，2019）。通过对美国石炭纪—二叠纪 Appalachian 前陆盆地同一批砂岩样品同时进行碎屑锆石 U/Pb 测年和碎屑独居石 Th-U/Pb 测年发现：碎屑锆石 U/Pb 年龄记录了大量中—新元古代 Greniville 造山带源区对盆地砂体的供给，而同沉积期活跃的 Appalachian 造山带的信号却较少地记录在碎屑锆石 U/Pb 年龄当中（图 5.1.5）。这是因为 Appalachian 造山带发育大量的变质岩，而碎屑锆石对变质作用相对不敏感，因此对这部分的物源供给能力大大低估（Hietpas et al., 2011）。

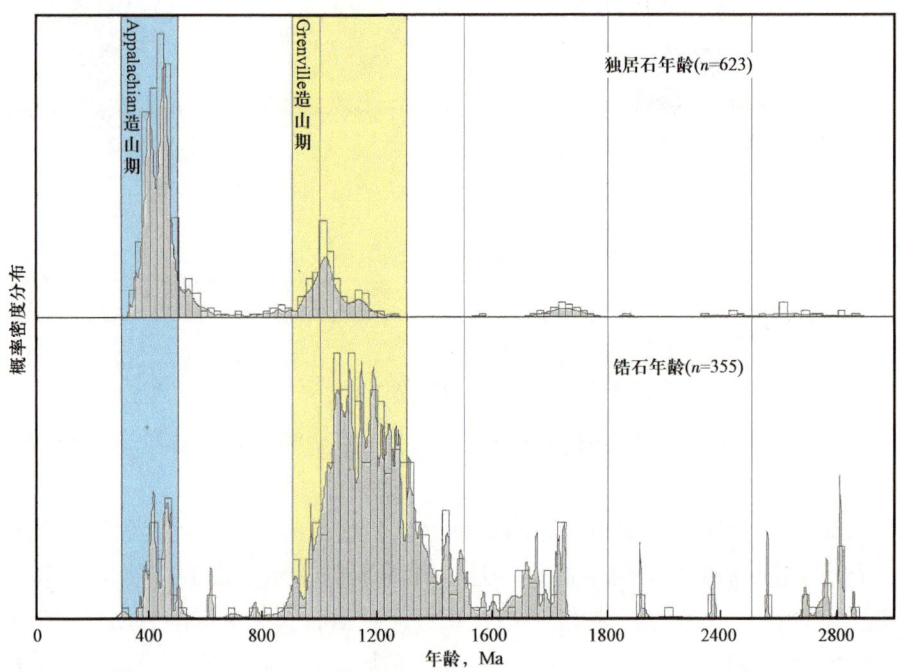

图 5.1.5　美国石炭纪—二叠纪 Appalachian 前陆盆地同一批砂岩样品的碎屑独居石 Th-U/Pb 和碎屑锆石 U/Pb 年龄分布图（据 Hietpas et al., 2011）

与此不同的是：碎屑独居石则记录了大量的 Appalachian 造山带的碎屑物质供给和少量的 Grenville 造山带影响（图 5.1.5）。由此可见，碎屑独居石测年数据充分地反映了后期变质构造作用对沉积区的物源供给的影响（Hietpas et al.，2011）。

5.1.2.2 基于 U/Pb 年代的定量物源分析

相对于传统的碎屑成分、重矿物、元素地球化学等分析，碎屑锆石 U/Pb 年代学的优势在于可以依据单矿物的年龄与源区对比，获得精确的源区信息，并在此基础上开展 U/Pb 年龄谱的统计分析和定量计算（如可以用直方图、饼图、概率密度图、核密度估计图）（徐杰，姜在兴，2019；张凌等，2020；王平等，2022）。基于"所有的碎屑锆石均直接来自造山带物源区"这一假设，地质学家越来越多地开始引用碎屑锆石 U/Pb 测年开展古代与现代源汇系统物源区搜索与古水系重建 [图 5.1.4（b）、图 5.1.7 和图 5.1.8]。譬如，前人通过碎屑锆石 U/Pb 年龄谱研究发现在古生代—中生代，北美大陆可能发育一个自东向西的古水系，该水系将 Grenville 造山带所产生的碎屑颗粒自西向东搬运分散 [图 5.1.4（b）]（Blum et al.，2014；Xu et al.，2017a）。基于碎屑锆石 U/Pb 年龄谱对物源进行的定量物源分析，其常见的方法有：目视判别源区相对贡献量、U/Pb 年龄谱定量比较和混合模型计算相对贡献量。

1）目视判别源区相对贡献量

碎屑锆石 U/Pb 测年数据（年龄谱）用于物源分析时，主要"通过碎屑锆石 U/Pb 年龄谱各个峰值的分布情况与潜在物源区特征年龄谱"进行比对，并结合其他区域地质资料去对比搜索潜在的物源区并恢复沉积物分散路径（图 5.1.6）（古水系）（徐杰，姜在兴，2019；张凌等，2020；王平等，2022）。这一方法被称为"目视判别源区相对贡献量物源

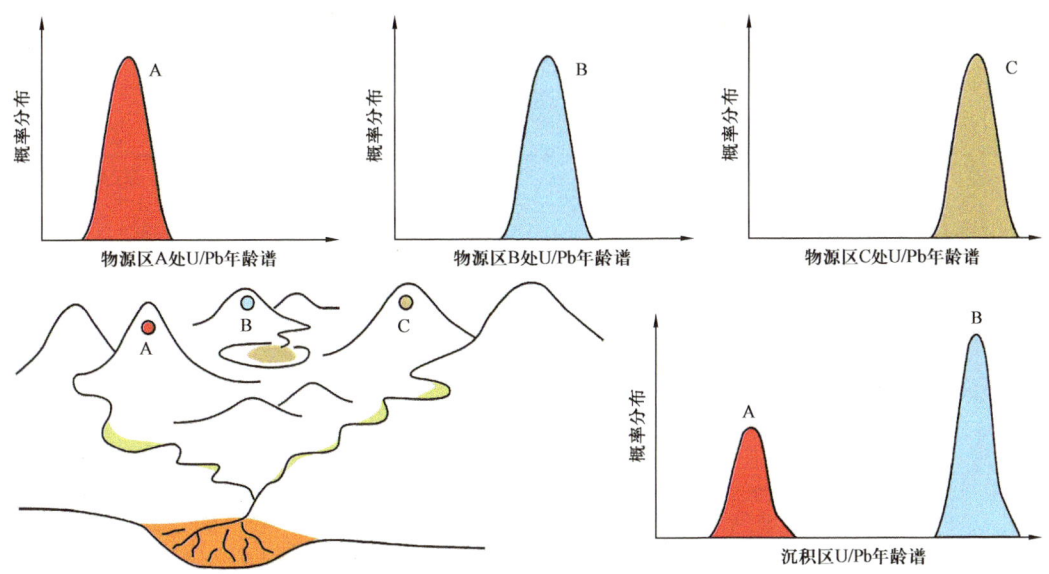

图 5.1.6　基于碎屑锆石 U/Pb 年龄进行物源恢复原理示意图（据 Romans et al.，2016）

分析法"（图 5.1.6），即通过碎屑锆石 U/Pb 年龄谱与源区母岩的 U/Pb 年龄相对比，根据经验判别源区，估算不同源区的相对贡献量。

目视判别源区相对贡献量物源分析法常用的分析手段是 U/Pb 年龄核密度估计（KDE）图（图 5.1.7 和图 5.1.8），这一方法的基本原理如图 5.1.6 所示，通过"三角洲砂体锆石 U/Pb 年龄数据分布特征与潜在物源区 A、B 和 C 特征年龄谱"进行比对发现：三角洲砂体主要来自物源区 A 和 C，且源区 C 的供源势头较源区 A 更为强烈（徐杰，姜在兴，2019；张凌等，2020；王平等，2022）。目视判别源区相对贡献量物源分析法不仅被普遍用于现代河流的物源示踪研究中，同时也被广泛应用于深时源汇系统沉积物分散路

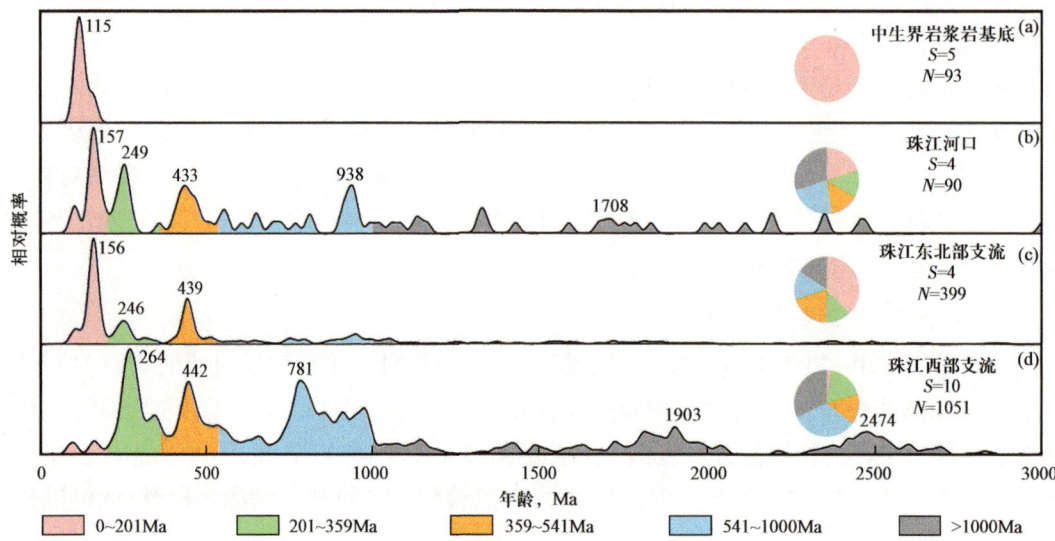

图 5.1.7　珠江口盆地潜在物源区锆石 U/Pb 年龄核密度估计（KDE）图（锆石 U/Pb 年龄数据 Liu et al., 2017; He et al., 2020; Li et al., 2023）

S—样品数；N—锆石颗粒数

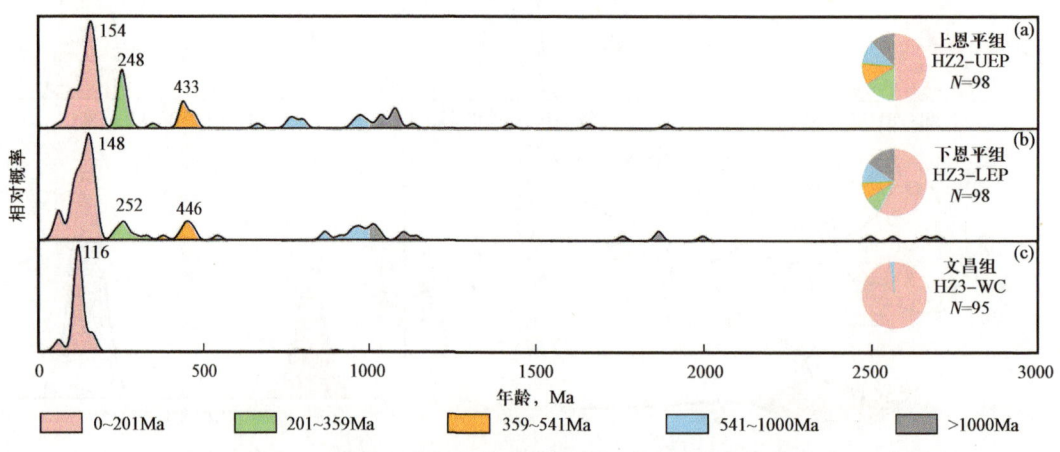

图 5.1.8　惠州 27 转换带文昌组至恩平组锆石 U/Pb 年龄核密度估计（KDE）图

N—锆石颗粒数

径的重建中来；利用这一方法进行源汇配置关系重建的典型实例来自南海珠江口盆地珠一坳陷（惠州凹陷）古近纪文昌组和恩平组（图5.1.7和图5.1.8）。

珠江口盆地北部珠一坳陷古近纪存在多个潜在物源区，根据构造区划位置可以分为盆内物源区和盆外物源区。前人针对珠江口盆地进行物源分析，认为盆内中生界基底与盆外华南板块共同构成了珠一坳陷的潜在物源区（Shao et al., 2016, 2019; Li et al., 2023）。前人针对中生界基底的锆石U/Pb定年指示，研究区惠州凹陷盆地基底及其北部隆起带、南部东沙隆起的中生界岩浆岩表现为"燕山期单峰"特征[图5.1.7（a）]，而陆丰凹陷中生界沉积岩锆石U/Pb年龄谱表现为"燕山期+加里东期的双峰"特征（Li et al., 2023）。

盆外珠江是古近纪以来华南板块向珠江口盆地供源的最重要通道。现代珠江包括东北部支流（北江、东江）和西部支流（西江、红水河、南盘江、北盘江、左江以及右江等）。由于华南板块不同地块间具有差异年龄分布，不同珠江支流的河流沉积物也具有不同的锆石U/Pb年龄特征。珠江河口沉积物则包括了东北部支流和西部支流的所有年龄组分，表现为"燕山期主峰+印支期、加里东期、晋宁期三个次峰"，同时包括中元古代和古元古代年龄组分[图5.1.7（b）]（Zhong et al., 2017）。流经华夏地块的珠江东北部支流沉积物锆石U/Pb年龄谱表现为"燕山期主峰+印支期、加里东期两个次峰"[图5.1.7（c）]（Liu et al., 2017; He et al., 2020）；而流经扬子地块的珠江西部支流沉积物锆石U/Pb年龄谱表现为"印支期主峰+加里东期、晋宁期两个次峰"，与东北部支流显著不同的是，西部支流沉积物中一定组分具有更古老的中元古代和古元古代年龄，且不具有燕山期的年龄组分[图5.1.7（d）]（Liu et al., 2017; He et al., 2020）。

采用目视判别源区相对贡献量物源分析法，直观对比惠州27转换带文昌组至恩平组锆石U/Pb年龄谱（图5.1.8）与潜在物源区锆石U/Pb年龄谱（图5.1.7），可以一定程度上分析不同样品间的差异性与相似性，进而进行物源示踪、建立源汇配置关系。惠州27转换带文昌组至恩平组三个样品的锆石年龄谱均表现出较年轻的燕山期年龄组分比例高而较老的年龄大于1000Ma的年龄组分比例少（图5.1.8）的特征，这与珠江西部支流沉积物较年轻的燕山期年龄组分比例少而较老的年龄大于1000Ma的年龄组分比例高[图5.1.7（d）]的特征差异明显，由此排除了珠江西部支流对惠州27转换带的供源影响。其中，惠州27转换带文昌组锆石年龄谱[图5.1.8（c）]与盆地中生界岩浆岩基底年龄谱[图5.1.7（a）]具有相似的"燕山期单峰"特征，指示了在文昌组沉积期惠州27转换带主要接受盆内中生界岩浆岩基底供源作用。上恩平组、下恩平组锆石年龄谱[图5.1.8（a）和图5.1.8（b）]与珠江东北部支流沉积物锆石年龄谱[图5.1.7（c）]具有相似的"燕山期主峰+印支期、加里东期次峰"特征，指示了珠江东北部支流对惠州27转换带的供源影响。

2）U/Pb年龄谱定量比较

"除了上述直观对比锆石U/Pb年龄KDE图（目视判别源区相对贡献量物源分析法）"

之外，近年来的研究表明，利用统计学方法对不同样品的碎屑锆石 U/Pb 年龄谱进行定量比较，可以大幅提高源区对比的准确度，取得了良好的效果（张凌等，2020；王平等，2022）。这一方法被称为"U/Pb 年龄谱定量统计物源分析法"（图 5.1.6），是指利用统计学方法对不同样品的碎屑锆石 U/Pb 年龄谱进行定量分析，依据定量估算沉积区与潜在物源区锆石 U/Pb 年龄的差异性，进行定量物源分析的方法。

U/Pb 年龄谱定量统计物源分析法常用的统计学方法主要有累计概率密度法（CDF）（Andersen et al., 2018）、Kolmogorov–Smirnov 统计检验（K–S 检验）（Gehrels et al., 2003）、相似度参数法（Satkoski et al., 2013）、多维定标法（MDS）（Vermeesch, 2013）以及 Kuiper 检验。这些统计方法用于 U/Pb 年龄谱定量比较时，相较于目视判别源区相对贡献量物源分析法大幅度提高了源区的准确度。例如，K–S 检验的 D 值，代表了统计上两件样品来源的相似程度（D 值越小越相似）；而 Kuiper 检验的 V_{max} 值可以指示样品间锆石 U/Pb 年龄的差异性，V_{max} 值越大、表示两样品间的差异性越大，而 V_{max} 值越小、则说明两样品间的差异性也越小［图 5.1.9（a）］；MDS 则更为直观地用二维或三维图示距离来表示［图 5.1.9（b）］。U/Pb 年龄谱定量统计物源分析法适用于复杂源区与沉积碎屑的对比，应用于多种沉积环境（如河流、边缘海和风成沉积等）的物源研究之中，取得了良好的效果。利用这一方法进行源汇配置关系重建的典型实例来自南海珠江口盆地珠一坳陷（惠州凹陷）古近纪文昌组和恩平组（图 5.1.9）。

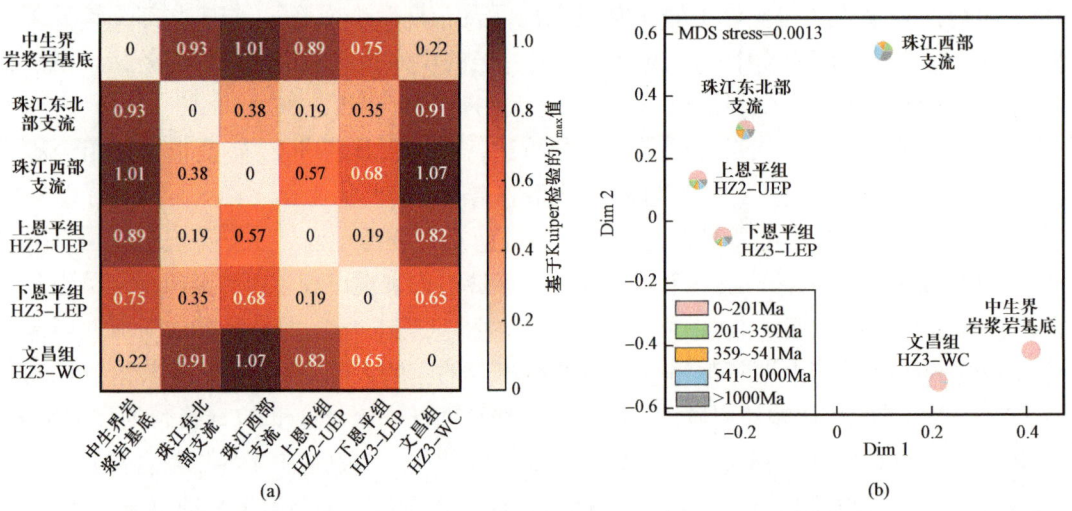

图 5.1.9 惠州 27 转换带及其潜在物源区锆石 U/Pb 年龄基于 Kuiper 检验的差异性定量对比（a）及其多维定标（MDS）分析（b）（锆石 U/Pb 年龄数据同图 5.1.7 和图 5.1.8）

利用"U/Pb 年龄谱定量统计物源分析法"，对如图 5.1.7 所示的物源区年龄谱数据以及图 5.1.8 所示的沉积区锆石年龄谱数据进行定量分析。从 3 个潜在物源区与 3 个沉积区锆石样品间基于 Kuiper 检验的 V_{max} 值矩阵来看［图 5.1.9（a）］，文昌组与潜在物源区中的中生界岩浆岩基底的 V_{max} 值最小，为 0.22，表明了其锆石 U/Pb 年龄分布最为相似，文昌组主要接受盆地中生界基底供源。下恩平组、上恩平组均与潜在物源区中的珠江东北

部支流的 V_{max} 值最小，分别为 0.35 和 0.19，表明了下恩平组、上恩平组与潜在物源区中的珠江东北部支流的锆石 U/Pb 年龄分布最为相似，且上恩平组与珠江东北部支流的相似程度更高。该 V_{max} 值特征指示了下恩平组、上恩平组主要接受珠江东北部支流供源，且在上恩平组沉积期，珠江东北部支流供源作用显著增强。

通过一定的算法将基于 Kuiper 检验的 V_{max} 值结果以点的形式投射在多维空间，即可得到本研究中锆石 U/Pb 年龄的 MDS 图，以指示不同样品间的差异。MDS 图中样品间的距离越小，表明其锆石 U/Pb 年龄分布的差异越小。从 3 个潜在物源区和 3 个沉积区样品的锆石 U/Pb 年龄 MDS 图来看［图 5.1.9（b）］，文昌组与中生界岩浆岩基底距离最近，指示了中生界岩浆岩基底对文昌组的供源作用；下恩平组与潜在物源区中的珠江东北部支流最近，上恩平组同样如此、但是较下恩平组距离珠江东北部支流更近，指示了珠江东北部支流对下恩平组和上恩平组的供源作用，且对上恩平组的供源作用更强。

综合锆石 U/Pb 年龄 KDE 图对比（图 5.1.7 和图 5.1.8）、基于 Kuiper 检验 V_{max} 值矩阵［图 5.1.9（a）］和 MDS 图［图 5.1.9（b）］分析，认为惠州 27 转换带文昌组沉积期主要受到盆内中生界花岗岩基底供源，致使文昌组与潜在物源区中的中生界花岗岩基底在 KDE 图上具有相似的"燕山期单峰"特征，在基于 Kuiper 检验的 V_{max} 值矩阵中 V_{max} 值最小，在 MDS 图中距离最近。惠州 27 转换带下恩平组沉积期主要受到盆外珠江东北部支流供源，导致下恩平组与潜在物源区中的珠江东北部支流在 KDE 图上具有相似的"燕山期主峰 + 印支期、加里东期次峰"特征，在基于 Kuiper 检验的 V_{max} 值矩阵中 V_{max} 值最小、在 MDS 图中距离最近。与下恩平组沉积期类似，惠州 27 转换带在上恩平组沉积期还是主要受盆外珠江东北部支流供源，且供源作用更强，使得上恩平组锆石 U/Pb 年龄谱中印支期、加里东期组分比例显著增加，且较下恩平组在基于 Kuiper 检验的 V_{max} 值矩阵中 V_{max} 值更小、在 MDS 图中距离更近。由此可知，文昌组至恩平组沉积期，惠州 27 转换带的盆内—盆外物源转换过程并非简单的"盆内物源—盆外物源"变化，而是存在一个渐进式的转换过程。

3）混合模型计算相对贡献量

对于大型的源汇系统（如喜马拉雅—孟加拉或密西西比源汇系统），其物源区往往横跨多个地貌单元、造山带以及气候单元，物源区存在着多源多次混合的情况，使用传统的物源分析方法难以判断不同源区对其沉积物供应量的贡献率（Sharman et al., 2017；Xu et al., 2017a；徐杰和姜在兴, 2019）。在这种情况下，如若研究区具备足够数量的碎屑锆石 U/Pb 年龄数据，则可以采用统计学和数学方法进行不同源区对沉积区的沉积物贡献率的分析（图 5.1.10）（Sharman et al., 2017）。这一方法被称为"混合模型计算相对贡献量物源分析法"（图 5.1.6），混合模型计算相对贡献量物源分析法是指采用碎屑锆石 U/Pb 年龄谱混合模型，通过正演（Mixing）或反演（Unmixing）获得不同源区的相对贡献量和剥蚀量（王平等, 2022）。

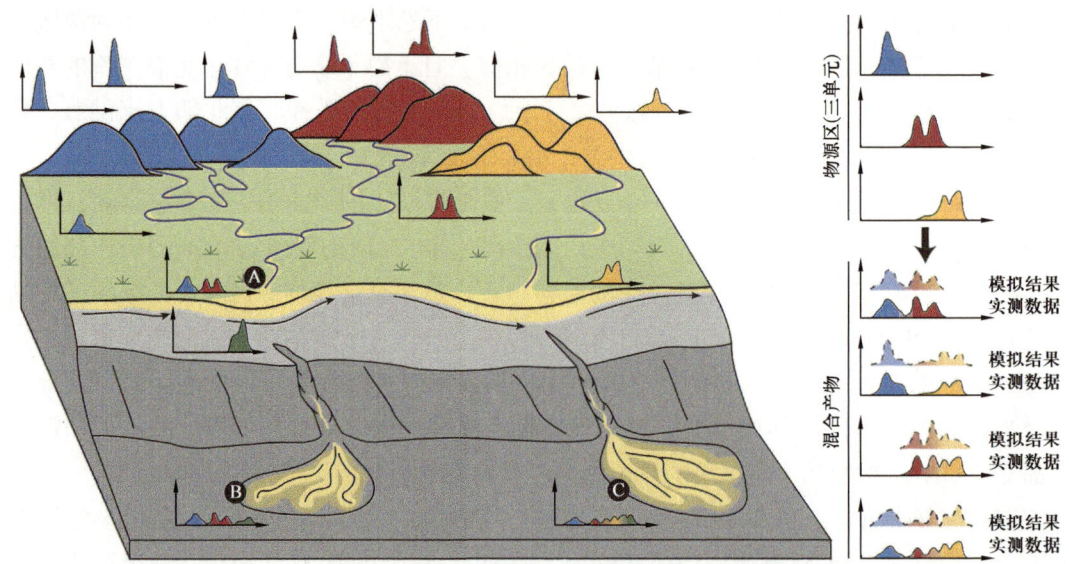

图 5.1.10　沉积区（A、B、C 处）碎屑锆石 U/Pb 年龄组成为上游多个物源区碎屑锆石年龄组成进行不同比例的混合的结果（据 Sharman et al.，2017）

相对于上述直接利用 U/Pb 年龄谱与母岩 U/Pb 年龄对比估算源区的相对贡献量的方法，混合模型计算相对贡献量物源分析法能够规避复杂源区误判带来的误差，且正演和反演也能够相互验证，提高了源汇沉积学研究中定量物源分析的准确度。这种定量物源分析方法认为沉积区碎屑锆石 U/Pb 年龄组成（D_m）是上游多个物源区碎屑锆石年龄组成进行不同比例的混合的结果（Amidon et al.，2005；Mason et al.，2017；Sharman et al.，2017），其原理过程见图 5.1.10，其公式表达为

$$D_m = \sum_{i=1}^{n} \varphi_i P_i$$

$$\sum_{i=1}^{n} \varphi_i = 1$$

式中，D_m 为上游多个物源区混合产生的最终碎屑锆石年龄谱；P_i 为上游第 i 个物源区或支流的碎屑锆石年龄谱；φ_i 为上游第 i 个物源区对应的沉积物贡献率（φ_i 相加要等于 1）。φ_i 的权重与物源区面积有关，Saylor 等（2013）研究发现：流域面积小的支流所具备的特征锆石年龄在下游河流砂岩中所占的比例较小，而流域面积越大的支流所携带的碎屑锆石 U/Pb 年龄组合特征在混合后的下游样品中表现的最为突出。

在混合模型计算相对贡献量物源分析法的基础上，不同学者又提出了多种方法，如 bootstrap 法（Malkowski et al.，2019）、最小二乘法（Lavarini et al.，2018）、非负矩阵分解法（Saylor et al.，2019）替代 Monte Carlo 模型法。对地质历史时期的沉积岩，采用相似的思路，在流域未知的情况下对碎屑锆石 U/Pb 年龄谱进行反演，定量计算源区的贡献量。混合模型计算相对贡献量物源分析法应用于多种沉积环境（如黄土高原和三角洲地区等）的物源研究之中，取得了良好的效果。利用这一方法进行沉积物相对贡献量源汇过程重建的典型实例来自南海珠江口盆地珠一坳陷（惠州凹陷）古近系文昌组和恩平组（图 5.1.11）。

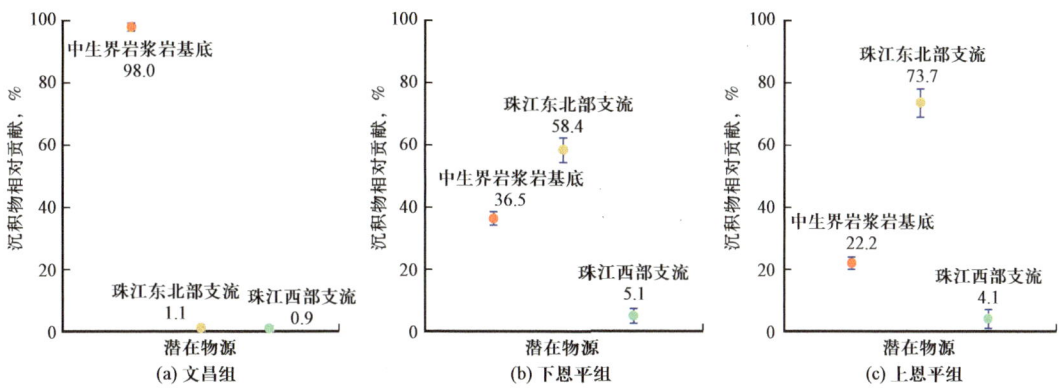

图 5.1.11　潜在物源对惠州 27 转换带文昌组（a）、下恩平组（b）和上恩平组（c）的沉积物相对贡献量（计算模型据 Sundell et al.，2017）

为了定量厘定惠州 27 转换带盆内—盆外物源转换过程，利用基于 K-S 检验的 Monte Carlo 模型法建立物源区锆石 U/Pb 年龄分布混合模型，反演不同物源区在物源转换过程中的沉积物相对贡献量（Sundell et al.，2017）。该研究反演 3 个潜在物源区分别对文昌组、下恩平组和上恩平组的沉积物相对贡献量，共得到九组结果（图 5.1.8），其中沉积物相对贡献量标准差值范围为 0.9%~4.5%，分析认为物源区沉积物相对贡献量恢复结果整体可靠。从基于锆石 U/Pb 年龄混合模型反演的源区相对贡献量恢复来看，文昌组沉积期，惠州 27 转换带 98% 沉积物来自于盆内中生界岩浆岩基底，而盆外物源，如珠江东北部支流和西部支流，对研究区的沉积物相对贡献量微乎其微 ［图 5.1.11（a）］。下恩平组沉积期，惠州 27 转换带开始接受盆外物源的供源作用，其中珠江东北部支流对研究区的沉积物相对贡献量最大，为 58.4%；珠江西部支流的沉积物贡献量非常少，仅为 5.1%。该时期研究区尽管主要接受盆外物源供源，但盆内中生界岩浆岩基底仍有重要供源作用，沉积物相对贡献量为 36.5% ［图 5.1.11（b）］。上恩平组沉积期，盆外物源的沉积物相对贡献量显著增加，其中珠江东北部支流的沉积物相对贡献量增至 73.7%，珠江西部支流的沉积物贡献量仍非常少，仅为 4.1%。盆内中生界岩浆岩基底的沉积物相对贡献量则减少至 22.2% ［图 5.1.11（c）］。

5.2　源汇参数与比例关系

5.2.1　物源区源汇参数特征与比例关系

地貌参数和供给参数是源汇系统物源区的两大类源汇参数，这些源汇地貌参数具有一定的比例关系（图 5.2.1、图 5.2.2、图 5.2.3、表 5.2.1）。

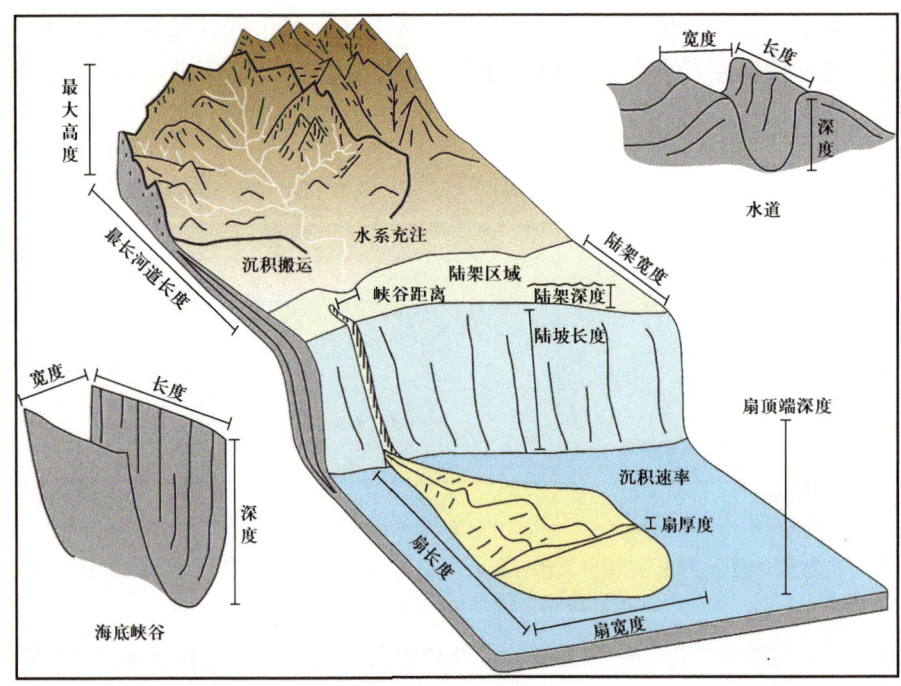

图 5.2.1　源汇系统组成要素及其地貌参数示意图（据 Sømme et al., 2009）

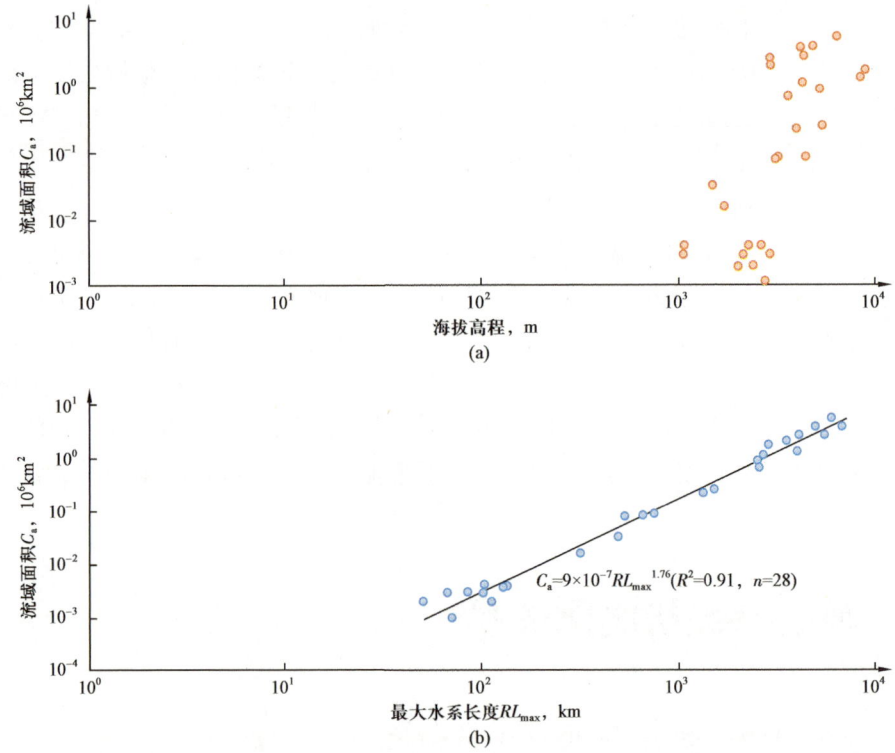

图 5.2.2　流域面积与海拔高程散点交会图（a）以及流域面积与最大水系长度散点交会图（b）
（原始数据见表 5.2.1）

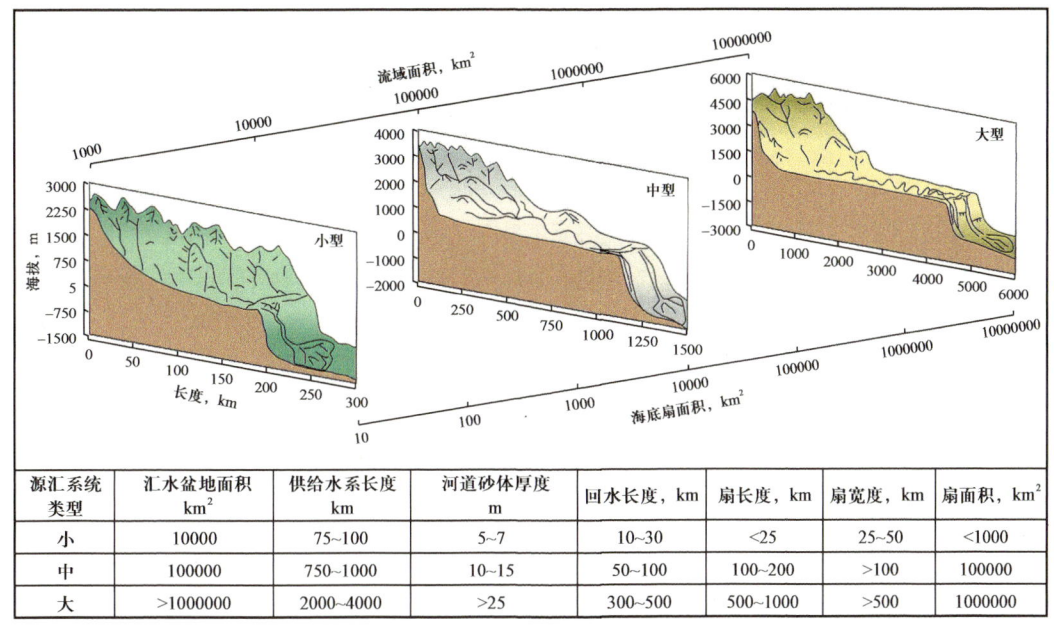

图 5.2.3 基于地貌参数划分的源汇系统类型及其源汇地貌比例关系一览（据 Sømme et al., 2009 和 Blum et al., 2013，有修改）

5.2.1.1 物源区源汇参数特征

"流域面积、海拔高程和最大水系长度"是表征源汇系统物源区地貌特征的三类主要参数（图 5.2.1；表 5.2.1）（Sømme et al., 2009；Blum et al., 2013；Snedden et al., 2018）。在如表 5.2.1 所示的"由 29 个陆洋源汇系统所组成的源汇参数数据库"中，不同构造背景的陆缘源汇系统流域面积（C_a）从 $0.001×10^6 km^2$ 到 $5.7×10^6 km^2$ 不等，均值为 $0.995×10^6 km^2$［图 5.2.2（a）］；海拔高程从 1046m 到 8685m 不一，平均约 3555m［图 5.2.2（a）］；最大水系长度（RL_{max}）从 51km 到 6725km 不等，均值为 1864km［图 5.2.2（b）］。发育在被动陆缘上的源汇系统流域面积往往较大（最小值为 $0.032×10^6 km^2$、最大值等于 $5.70×10^6 km^2$、均值为 $1.85×10^6 km^2$），其最大水系长度也较长（最小值为 487km、最大值等于 6725km、均值为 3018km）（表 5.2.1）；而发育在活动陆缘上的源汇系统流域面积往往较小（最小值为 $0.001×10^6 km^2$、最大值等于 $1.10×10^6 km^2$、均值为 $0.115×10^6 km^2$），水系长度也较短（最小值为 51km、最大值等于 2664km、均值为 431km）（表 5.2.1）。

"平均径流量、最大径流量和沉积物供给量"是表征源汇系统物源区物源供给的主要参数（图 5.2.1；表 5.2.1）（Sømme et al., 2009；Blum et al., 2013；Snedden et al., 2018）。在如表 5.2.1 所示的由 29 个陆洋源汇系统所组成的源汇参数数据库中，不同构造背景陆缘源汇系统的物源区平均径流量从 $1.2 m^3/s$ 到 $1.5×10^5 m^3/s$ 不等，均值为 $11266 m^3/s$；最大径流量从 $734 m^3/s$ 到 $2.1×10^5 m^3/s$ 不等，平均约 $24654 m^3/s$；沉积物供给量从 $0.21×10^6 t/a$ 到 $1200×10^6 t/a$ 不等，均值为 $134×10^6 t/a$。

表 5.2.1 源汇系统构成要素源汇参数数据库（据 Somme et al., 2009）

源汇系统	流域面积 10^6 km^2	坡度小于10m/km占比 %	最大水系长度 km	平均河床坡度 m/km	流域海拔高程 m	河道平均径流量 m^3/s	最大径流量 m^3/s	沉积物供给量 ×10^6 t/a	陆架面积 10^3 km^2	陆架宽度 km	陆架坡度 m/km	峡谷长度 km	峡谷深度 km	峡谷宽度 km	陆坡长度 km	陆坡坡度 m/km	朵体面积 ×10^3 km^2	朵体长度 km	朵体宽度 km	朵端深度 m	朵体体积 ×10^3 km^3	朵体沉积速率 10^6 km^3/a	朵体沉积速率 10^6 km^3/a
Mississippi (P)	2.9	53	5474	0.5	4225	17704	39000	400	34.4	115	0.5	100	0.4	20	115	16	300	540	570	3300	290	228	1.7
Congo (P)	3.8	45	4929	0.3	4087	40000	80000	48	12.6	90	2.5	160	1.3	15	184	15	1500	800	400	5200	500	5.7	17
Amazon (P)	5.7	63	5945	0.8	6247	150000	210000	1200	236	300	0.7	100	0.6	13	204	14	370	700	600	4300	700	70	1.6
Rhone (P)	0.092	23	745	1.9	4335	1700	13000	7.4	5.9	48	2.7	35	0.25	5	50	39	70	300	200	2800	12	14.5	0.08
Valencia (P)	0.085	16	657	1.3	3146	500	2500	20	9.4	70	3	160				52	11	350	85	2800	5.2	2.5	0.1
Ebro (P)	0.085	16	657	1.3	3146	500	2500	20	9.4	70	3	50	0.4	1	24	52	5	50	60	1800	1.7	0.6	0.5
Nile (P)	4	68	6725	1.6	4688	2700	12300	240	23.1	50	4	80			112	17	70	280	500	3000	400	51	9
CapFerret (P)	0.08	23	527	2.5	3023	1080	2900	3.2	11.9	125	1.25	80	0.35	5	114	31	52	350	150	4400	1.3	12.3	0.08
Wilmington (P)	0.032	27	487	1.7	1482	380	32000	1	28.3	125	0.4	60	0.6	10	41	50	100	600	190	4600	50	4.7	
Niger (P)	2.6	75	4017	0.5	2840	1100	2700	40	30.4	65	2	35	0.75	15	191	18	1000	550	550	4500	2000	67	
Mozambique (P)	2.1	62	3497	0.5	2880	3300	12400	48	30.9	75	1.5				94	17	2000	1800	400	5000	3000	113	0.9
Danube (P)	0.72	38	2553	1	3533	6550	15540	67.5	30.1	110	1	40	0.4	3	54	27	16	150	100	2200	30	19	
Bengal (M)	1.75	88	2847	1.7	8685	29700	65000	980	105.9	190	1.1	200	0.9	40	64	23	2900	3000	1430	5000	12500	325	1.6
Indus (M)	1.4	47	3958	2.5	8238	2644	11000	450	71.7	115	2.5	185	1	13	58	30	1100	1500	960	4600	1000	151	
Magdalena (M)	0.26	31	1497	2.6	5217	7500	12000	144	1.3	20	30	60	1.4	10	67	38	53	300	300	4000	180	18.5	
Orinoco (M)	0.89	68	2508	0.8	5140	38000	65000	150	32.4	140	0.6				67	25	30	180	60	4700	15	5.7	

第 5 章 沉积盆地源汇系统分析基本方法

续表

源汇系统	流域面积 10⁶km²	坡度小于10m/km占比 %	最大水系长度 km	平均河床坡度 m/km	流域海拔高程 m	河道平均径流量 m³/s	最大径流量 m³/s	沉积物供给量 ×10⁶t/a	陆架面积 10³km²	陆架宽度 km	陆架坡度 m/km	峡谷长度 km	峡谷深度 km	峡谷宽度 km	陆坡长度 km	陆坡坡度 m/km	扇体面积 ×10³km²	扇体长度 km	扇体宽度 km	扇端深度 m	扇体体积 ×10³km³	扇体沉积速率 10⁶km³/a	扇体沉积速率 10⁶km³/a
Astoria(LA)	1.1	33	2664	1.4	4175	7900	24000	15	10.1	84	2.5	100	0.92	13	68	27	32	250	130	2840	27	39.7	1.5
Nitinat(LA)	0.234	13	1332	1.1	3889	3972	20000	20	8.7	80	3.5	50	0.6	13	20	57	23	260	80	2800	9	24.6	0.4
Var(SA)	0.003	6	103	25	2842	70	17200	1.3	0.05	1	14	20	0.45	3	23	98	20	60	40	2700	8	3.2	1.5
Monterey(SA)	0.016	18	318	2.9	1674	12.5	2700	4.8	0.7	12	10	100	0.4	12	10	120	70	400	250	4700	50	5.8	4.5
Delgada(SA)	0.003	16	68	5.3	1046	22	1700	1.5	2.2	13	10	80	0.4	20	72	41	50	350	280	4300	40	5.8	
LaJolla(SA)								0.53	0.3	5	10	12	0.22	3	5	90	0.52	40	50	1100	1.18	1.1	0.22
Oceanside(SA)	0.004	13	104	21.4	2230	2.5	1245	0.52	0.1	6	16	8			8	57	0.21	42	13	1050	25	1.7	
Redondo(SA)	0.002	3	113	20.7	2340	8.9	3680	0.33	0.2	11	9	25	0.5	4.5	6	127	0.45	15	10	820	0.2	0.12	0.22
Navy(SA)	0.004	21	134	13	1060	1.2	960	0.21	0.8	15	6	20	0.4	4	15	89	0.56	40	30	1900	0.08	0.34	0.65
Crati(SA)	0.003	11	86	19	2101	40	13000	1.7	0.1	1	34				11	32	0.06	16	4	450	0.01	0.79	
Tyrrhenian Sea(SA)	0.002	7	51	24	1989	27		0.76	0.3	3	43	10	0.04	1	8	58	2	30	17	700	0.2	0.34	0.72
Hueneme(SA)	0.004	8	131	28	2574	5	2600	3.8	0.4	5	11	7	0.25	3.5	9	61	4	50	25	900	0.4	0.34	5.7
Golo(SA)	0.001	14	72	20	2706	20.4	734	0.71	0.8	10	15	2	0.15	3.5	9	50	0.5	20	4	700	0.27	0.17	0.7

注：P 表示被动陆缘；M 表示被动—活动混合陆缘，LA 表示大型活动陆缘，SA 表示小型活动陆缘。

发育在被动陆缘上的源汇系统的河流径流量往往较大（最小平均值为 $380\times10^6m^3/s$、最大平均值等于 $150000\times10^6m^3/s$、各系统河道平均径流量的均值为 $18793\times10^6m^3/s$）、河流沉积物供给量亦较高（最小值为 $1.0\times10^6t/a$、最大值等于 $1200\times10^6t/a$、均值为 $174.6\times10^6t/a$）（表5.2.1）；而发育在活动陆缘上的河流径流量往往较小（最小值为 $1.2\times10^6m^3/s$、最大值等于 $7900\times10^6m^3/s$、均值为 $1007\times10^6m^3/s$）、河流沉积物供给量亦较高（最小值为 $0.21\times10^6t/a$、最大值等于 $20\times10^6t/a$、均值为 $3.9\times10^6t/a$）（表5.2.1）。

5.2.1.2 源汇地貌比例关系

对物源区的地貌参数和供给参数进行交汇统计发现：流域面积（C_a，km^2）与最大水系长度（RL_{max}，km）也呈幂函数拟合关系 [式（5.2.1）]：

$$C_a = 9\times10^{-7}RL_{max}^{1.76}\ (R=0.91,\ n=29) \tag{5.2.1}$$

在已知最大水系长度的条件下，依据式（5.2.1）可以估算流域面积（Sømme et al.，2009）。

此外，源汇系统物源区的地貌特征（如流域面积、地形坡度和海拔高度等）直接决定了母源区剥蚀产生的沉积通量（图5.2.1）（Syvitski et al.，2007；Warrick et al.，2014）。一般而言，物源区的流域面积越大沉积物供给量也就越大，而地形坡度则越缓；而河床坡度与河流搬运能力往往正相关（Dade et al.，1998；Sømme et al.，2009）。在表5.2.1所示的源汇地貌数据库中，流域内平缓地形（坡度<10m/km）占比与流域面积正相关；换言之"流域面积越大，流域内平缓地形（坡度<10m/km）占比也就越大"（Warrick et al.，2014）。例如，大型东南亚河流系统（如布拉马普特河和恒河等）的沉积物供应稳定且供给量大，这可能归因于喜马拉雅母源区较大的流域面积。

基于"汇水盆地面积"和"供给水系长度"，全球典型源汇系统可以依据"剥蚀区的面积和古水系参数"区分为"大型、中型和小型源汇系统"（图5.2.3）（Blum et al.，2013）。如图5.2.3所示，大型源汇系统汇水盆地面积和供给水系长度分别为 $1\times10^6km^2$ 和 2000~4000km；中型源汇系统汇水盆地面积和供给水系长度分别为 $1\times10^5km^2$ 和 750~1000km；而小型源汇系统汇水盆地面积和供给水系长度分别为 $1\times10^4km^2$ 和 75~100km（Blum et al.，2013）。

5.2.2 过渡区和沉积区源汇地貌特征与比例关系

过渡区和沉积区的源汇要素具有差异的地貌参数，部分源汇参数具有一定比例关系 [图5.2.4（a）；表5.2.1]。

5.2.2.1 过渡区源汇地貌特征与比例关系

冲积平原—浅海陆架是陆—洋源汇系统的过渡区，浅水区往往发育不同类型的峡谷水道体系；这些峡谷水道是沉积物由浅水向深水中搬运分散形成海底扇的主要通道

（图 5.2.1）（Romans et al.，2016；林畅松等，2015；Straub et al.，2020；Tofelde et al.，2021）。"陆架宽度、陆架坡度和陆架面积"是表征源汇系统过渡区（陆架）地貌特征的主要参数［图 5.2.4（a）；表 5.2.1］，而"峡谷长度、峡谷宽度和峡谷深度"是表征源汇系统过渡区地貌特征的主要参数（图 5.2.4（a）；表 5.2.1）。

在如表 5.2.1 所示的源汇系统构成要素源汇参数数据库中，不同构造背景陆缘源汇系统过渡区陆架宽度从 1km 到 300km 不等，均值 67km［图 5.2.4（a）］；陆架坡度从 0.4m/km 到 43m/km 不一，平均约 8.3m/km；陆架面积从 $0.05×10^3km^2$ 到 $236×10^3km^2$ 不一，均值为 $24.1×10^3km^2$［图 5.2.4（a）］。活动陆缘的陆架宽度往往比较小（最小值为 1km、最大值等于 84km、均值为 19km）；而被动陆缘的陆架宽度往往比较大（最小值为 48km、最大值等于 300km、均值为 104km）（表 5.2.1）。值得注意的是：陆架宽度和陆架面积随着海平面的变化而变化，当海平面下降时陆架宽度和陆架面积随之增大，而当海平面上升时陆架宽度和陆架面积则会减小（Sømme et al.，2009；Blum et al.，2013）。

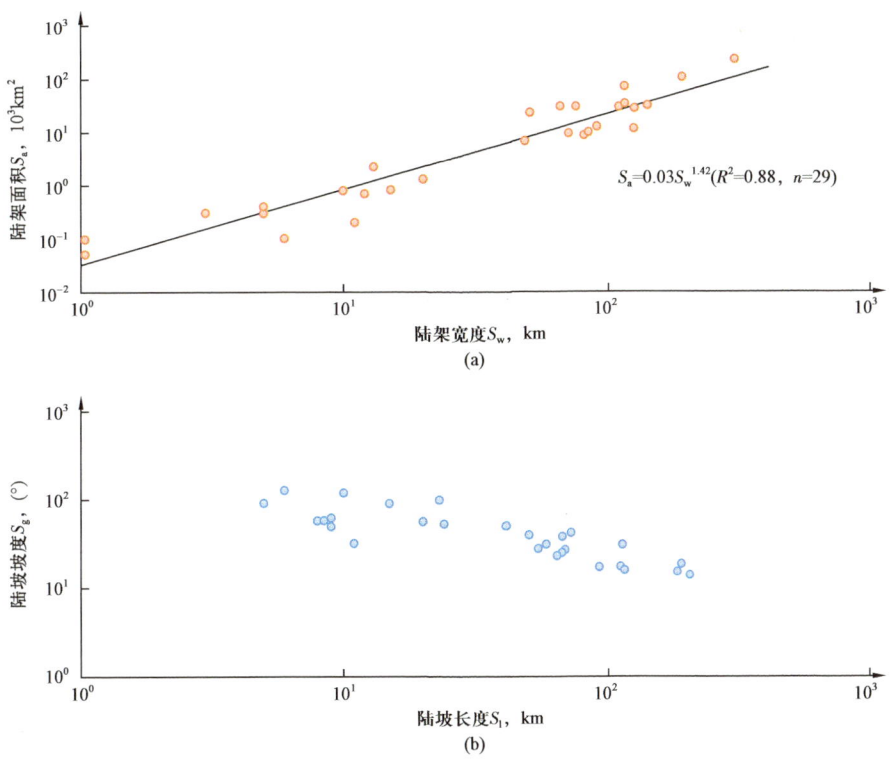

图 5.2.4　陆架宽度与陆架面积散点交会图（a）以及陆坡长度与陆坡坡度散点交会图（b）（原始数据见表 5.2.1）

在如表 5.2.1 所示的"由 29 个陆洋源汇系统所组成的源汇参数数据库"中，峡谷长度从 2km 到 200km 不等，均值为 68km［图 5.2.5（a）］；峡谷宽度从 1km 到 40km 不一，平均约 10km［图 5.2.5（b）］；峡谷深度从 0.04km 到 1.40km 不一，均值为 0.55km。

对过渡区的地貌参数进行交汇统计发现：陆架面积（S_a）与陆架宽度（S_w）呈幂函数

拟合关系［图 5.2.4（a），式（5.2.2）］，且峡谷宽度（C_w）与峡谷长度（C_l）［图 5.2.5（a）和式（5.2.3）］、扇体体积 F_v 呈幂函数拟合关系［图 5.2.5（b），式（5.2.4）］：

$$S_a = 0.03 S_w^{1.42} \ (R^2=0.88, n=29) \ [图 5.2.4（a）] \tag{5.2.2}$$

$$C_l = 8.97 C_w^{0.81} \ (R^2=0.61, n=29) \ [图 5.2.5（a）] \tag{5.2.3}$$

$$F_v = 0.08 C_w^{2.77} \ (R^2=0.95, n=29) \ [图 5.2.5（b）] \tag{5.2.4}$$

在进行源汇沉积学分析时，依据式（5.2.2）和式（5.2.3），在已知陆架宽度和峡谷宽度的条件下，可以估算源汇系统过渡区（陆架）的面积以及峡谷的长度；在依据式（5.2.4）且已知峡谷宽度的条件下，可以估算源汇系统沉积区海底扇的体积。

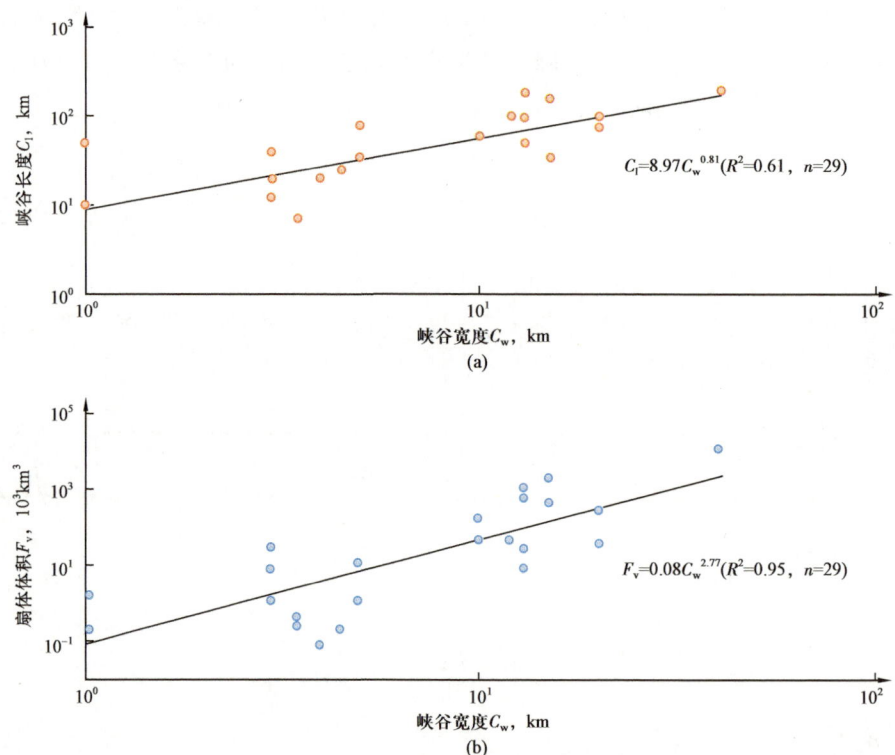

图 5.2.5　峡谷宽度与峡谷长度散点交会图（a）以及峡谷宽度与扇体体积散点交汇图（b）（原始数据见表 5.2.1）

此外，前人研究发现源汇系统过渡区河道单砂体厚度与源汇的规模大小具有一定的比例关系（Blum et al.，2013）。如图 5.2.3 所示，大型、中型和小型源汇系统过渡区河道单砂体厚度分别为＞25m、10～15m、5～7m（Blum et al.，2013）。

5.2.2.2　沉积区源汇地貌特征与比例关系

在陆洋源汇系统中，陆坡是其主要的沉积区/汇聚区；其内形成发育的海底扇是碎屑颗粒由源到汇搬运分散的"最终归宿"（图 5.2.1）（林畅松等，2015；Straub et al.，2020；Tofelde et al.，2021）。"陆坡长度和陆坡坡度"是表征源汇系统沉积区（陆坡）地貌特

征的两类主要参数 [图 5.2.4（b）；表 5.2.1]，而"扇体长度、扇体宽度、扇体面积、扇体体积和扇体沉积速率"是表征海底扇形态和沉积特征的五类主要参数（图 5.2.6 和图 5.2.7；表 5.2.1）。

在如表 5.2.1 所示的"源汇系统构成要素源汇参数数据库"中，不同构造背景陆缘源汇系统陆坡长度从 5km 到 204km 不等，均值陆坡长度约 60km [图 5.2.4（b）]；而陆坡坡度从 14m/km 到 127m/km 不一，均值陆坡坡度为 47m/km [图 5.2.4（b）]。

在海底扇的形态参数上，扇体长度从 15km 到 3000km 不等，平均长度为 449km [图 5.2.6（b）]；扇体宽度从 4km 到 1430km 不一，平均宽度约 258km [图 5.2.6（a）]；扇体面积从 $0.06 \times 10^3 km^2$ 到 $2900 \times 10^3 km^2$ 不等，平均面积为 $337 \times 10^3 km^2$ [图 5.2.7（a）；表 5.2.1]。

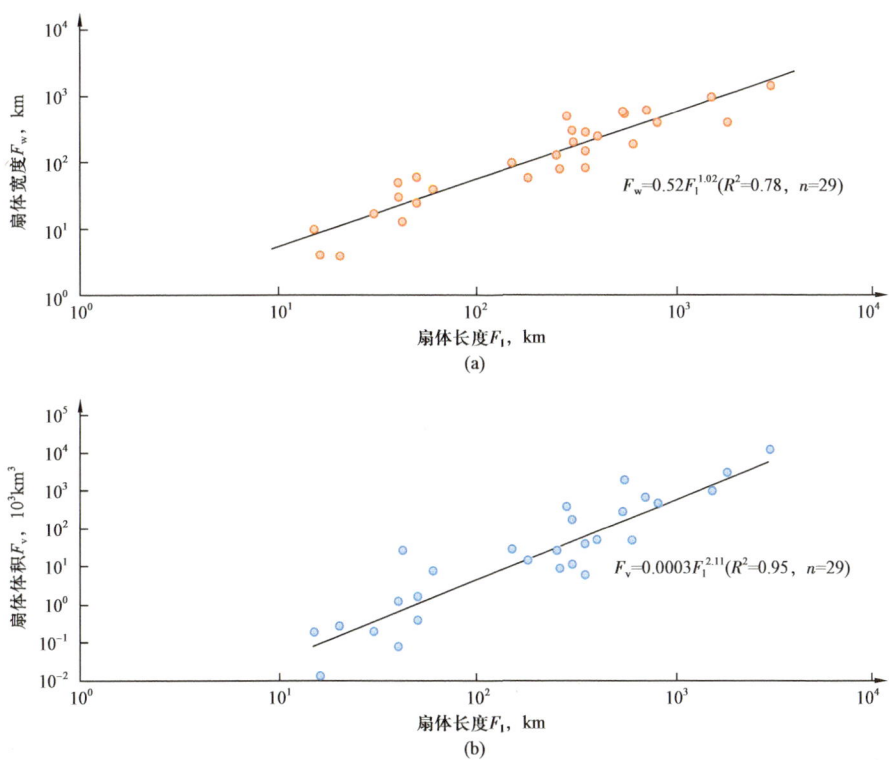

图 5.2.6　扇体长度与扇体宽度散点交会图（a）以及扇体长度与扇体体积散点交会图（b）（原始数据见表 5.2.1）

在海底扇的沉积参数上，扇体体积从 $0.01 \times 10^3 km^3$ 到 $12500 \times 10^3 km^3$ 不等，平均体积约 $718 \times 10^3 km^3$，中值体积为 $25 \times 10^3 km^3$ [图 5.2.6（b）]；而扇体沉积速率从 $0.12 \times 10^6 t/a$ 到 $325 \times 10^6 t/a$ 不等，平均沉积速率约 $40.50 \times 10^6 t/a$，中值沉积速率为 $6.80 \times 10^6 t/a$ [图 5.2.8（b）；表 5.2.1]。发育在被动陆缘背景条件下的海底扇，其面积往往较大（最小值为 $5 \times 10^3 km^2$，最大值等于 $2000 \times 10^3 km^2$，均值为 $458 \times 10^3 km^2$）、沉积速率也较高（最小值为 $0.60 \times 10^6 t/a$，最大值等于 $228 \times 10^6 t/a$，均值为 $49.03 \times 10^6 t/a$）[图 5.2.7（a）和图 5.2.8

（b）；表5.2.1］；而发育在活动陆缘背景条件下的海底扇，其面积往往较小（最小值为$0.06×10^3 km^2$，最大值为$70×10^3 km^2$，均值为$15.64×10^3 km^2$）、沉积速率也较低（最小值为$0.12×10^6 t/a$，最大值等于$39.70×10^6 t/a$，均值为$6.62×10^6 t/a$）［图5.2.7（a）和图5.2.8（b）；表5.2.1］。

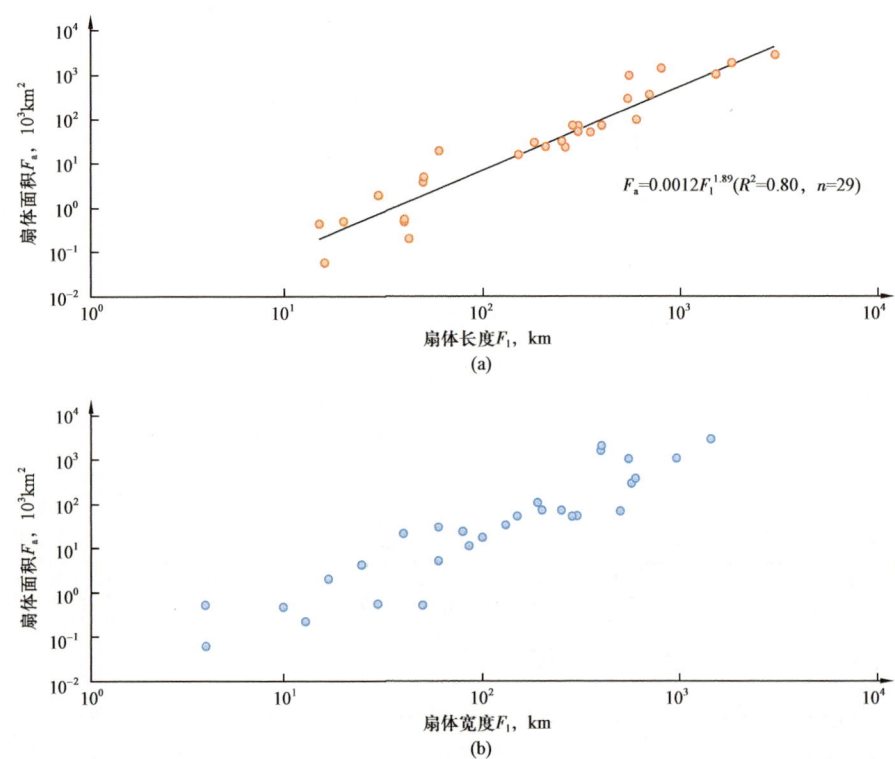

图5.2.7 扇体长度与扇体面积散点交会图（a）以及扇体宽度与扇体面积散点交会图（b）（原始数据见表5.2.1）

对沉积区的源汇参数进行统计分析发现，在由29个陆—洋源汇系统所组成的源汇地貌数据库中：海底扇长度（F_l）与海底扇宽度（F_w），海底扇长度（F_l）与海底扇面积（F_a）以及海底扇长度（F_l）与海底扇体积（F_v）呈幂函数拟合关系［式（5.2.5）至式（5.2.7）］：

$$F_w = 0.52 F_l^{1.02} \ (R^2 = 0.78,\ n = 29)\ [图5.2.6（a）] \tag{5.2.5}$$

$$F_v = 0.0003 F_l^{2.11} \ (R^2 = 0.95,\ n = 29)\ [图5.2.6（b）] \tag{5.2.6}$$

$$F_a = 0.0012 F_l^{1.89} \ (R^2 = 0.80,\ n = 29)\ [图5.2.7（a）] \tag{5.2.7}$$

在进行定量源汇分析时，依据式（5.2.5）至式（5.2.7）；在已知源汇系统沉积区某一参数（如扇体长度）的条件下，可以估算海底扇的形态参数（如扇体宽度、扇体体积和扇体面积）。

5.3 源汇参数定量计算与半定量分析

5.3.1 源汇参数定量计算

源汇系统分析起源于地质学家对沉积物通量的定量分析,故而沉积物通量定量计算是源汇系统研究的关键。"BQART 沉积通量计算"和"源汇系统收支定量计算"是两种较为常见的源汇系统物源区定量计算方法(Syvitski et al.,2007;Xu et al.,2017b)。

5.3.1.1 BQART 沉积通量计算

Syvitski 和 Milliman(2007)通过对全球 488 条河流近 30 年的水文数据的统计分析,认为:全球 65% 的河流河口处沉积通量可以通过流域面积、地形、岩性和冰川侵蚀来计算,换言之"河口处沉积通量主要受人类活动、地质背景(岩性和冰川覆盖等因素)、径流量、流域面积、地貌特征、地势高差和气候条件的控制"(图 5.3.1)。在多元回归分析的基础上,Syvitski 和 Milliman(2007)建立河流沉积通量计算公式(又称 BQART 沉积通量计算模型)(图 5.3.1 和图 5.3.2):

$$Q_s = wBQ^{0.31}A^{0.5}RT \quad (T \geqslant 2℃) \tag{5.3.1}$$

$$Q_s = 2wBQ^{0.31}A^{0.5}RT \quad (T < 2℃) \tag{5.3.2}$$

式中,Q_s 为河口处河流径流量,km³/a;w 为常数(0.0006);B 为基岩易蚀性(如人类、岩性、冰川覆盖等影响因素);Q 为河流径流量,km³/a;A 为流域盆地面积,可以通过地貌比例关系(如已知古水系长度可以重建流域面积)或者古地理重建方法厘定,km²;R 为流域地势最大高程,km,可以参照现今流域盆地的构造背景(前陆、弧后、被动陆缘、走滑和伸展)的流域面积来估算古高程,当然也可利用地化指标进行古高程恢复;T 为流域年平均温度,℃,可以通过古生物(孢粉、有孔虫等)、沉积学方法

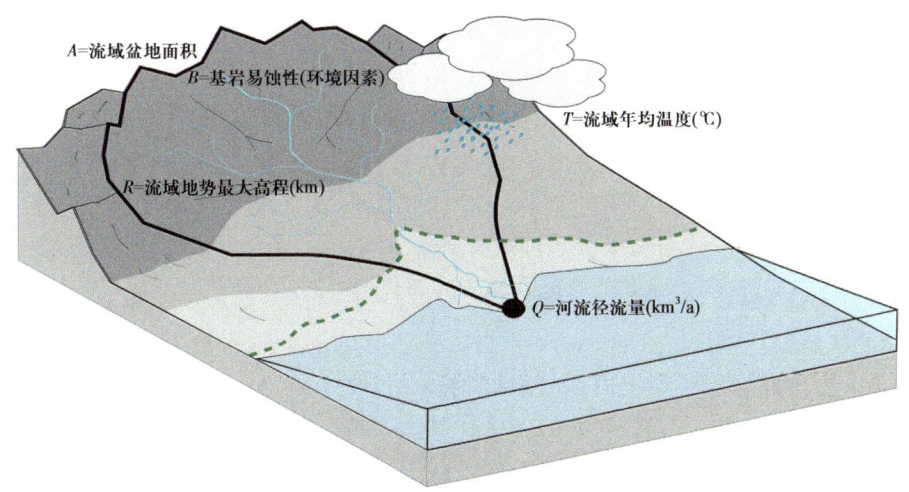

图 5.3.1 BQART 沉积通量计算模型各参数地质含义示意图(据 Nyberg et al.,2021)

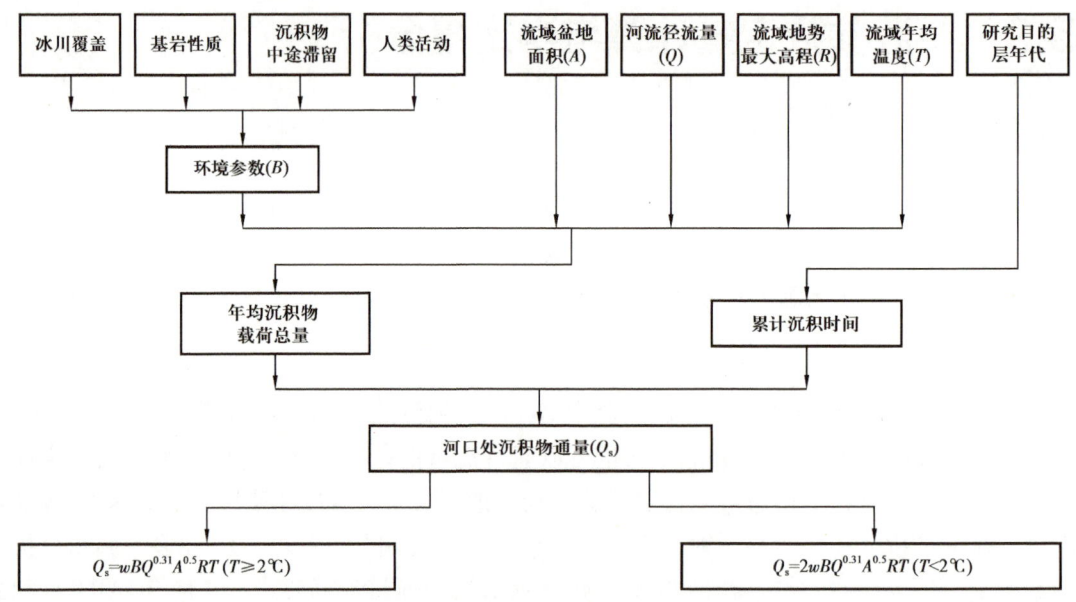

图 5.3.2　BQART 沉积通量计算模型方法示意图

（古土壤、煤层）和稳定同位素等多种方法恢复古地温（图 5.3.1 和图 5.3.2）（Syvitski et al，2007）。

BQART 沉积通量计算模型中，环境参数（B）受冰川因子（I）、基岩参数（L）和人类活动（T_E 和 E_h）等因素的影响，计算公式为（图 5.3.1 和图 5.3.2）：

$$B=IL(1-T_E)E_h=[(1+0.09A_g)T]L\times(1-T_E)E_h \tag{5.3.3}$$

式中，A_g 为冰川覆盖面积占整个流域面积的占比，取值范围从 1（对应冰川覆盖率为 0%）到 10（对应冰川覆盖率为 100%）；T 为流域年平均温度，℃；T_E 为水库的拦沙率（人类活动显著影响了人类世以来的沉积物供给，可以通过输入与输出水库的沉积物通量之差来估算水库的水库的拦沙率；E_h 为人类影响下的土壤侵蚀参数［人类活动显著影响了人类世以来的土壤侵蚀参数（例如 1964 年三门峡水库修建前后），在第四纪及深时尺度中均为常数 1］；L 为反映基岩易侵蚀程度的岩性参数（基岩的易侵蚀度和易风化度随着石英含量的增加而减弱，对应 L 值越小）。根据流域基岩主要岩性特征及其组合，L 可以分 6 类：（1）当基岩为坚硬岩性、酸性深成岩或者深变质岩时，L=0.5；（2）当基岩为混合岩性、坚硬岩性为主，有时包括地盾基岩时，L=0.75；（3）当基岩为火山岩（主要为玄武岩）、碳酸盐岩或软、硬岩性兼具时，L=1.0；（4）当多数地区基岩岩性较软、部分地区岩性较硬时，L=1.5；（5）当沉积岩、未固结沉积物或冲积沉积物为主时，L=2.0；（6）当破碎岩屑或黄土沉积等软弱物质为主时，L=3.0（图 5.3.1 和图 5.3.2）。

基于"BQART 经验公式"的沉积通量计算结果与全球 96% 河流河口处沉积物通量吻合（Syvitski et al., 2007），广泛应用于源汇分析的沉积物通量计算中（Snedden, et al., 2018; Nyberg, et al., 2018a, 2018b）。

5.3.1.2 源汇水力参数收支计算

河流构成的沉积物分散体系是连接源汇系统的"源"与"汇"之前的纽带，河流沉积中往往蕴含着丰富的源汇参数（如沉积物供给量）。近年来大量研究表明河道尺寸、河道沉积物粒度、流域面积、满岸水流量、沉积物流量等参数之间存在一定的数量关系（Blum et al., 2013; Xu et al., 2017a）。Holbrook和Wanas（2014）提出了源汇水力参数恢复的新方法——支点法（fulcrum approach）。支点法将"拟研究的河道"视为一个支点，这一支点两侧的"源"（横截面上游物源区剥蚀量）与"汇"（通过该横截面后下游沉积区堆积量）的物质量保持平衡（Holbrook et al., 2014）。

支点法将拟研究河道作为沉积物由源到汇的"支点"，将"支点上游物源区剥蚀量"视为"收"；将"通过支点后下游沉积区堆积量"视为"支"，故而也可被称为"源汇水力参数收支计算"[图5.3.2（b）]（刘炳强等，2022）。源汇水力参数收支计算主要包括如下四个主要步骤[图5.3.2（b）]（刘炳强等，2022）：

第一步，确定河道尺寸：河道尺寸（满岸深度与河道宽度）可以通过野外露头剖面实测、钻测井资料分析来确定。在测量满岸深度与河道宽度时，应该尽可能选择保存相对完整的河道序列；并将实测的河道厚度提高10%来作为满岸深度。当资料不支持确定河道形态时，也可根据经验公式来计算满岸深度式（5.3.4）和满岸宽度式（5.3.5）：

$$H_m = 5.3 \frac{S_m}{1.8} + 0.001 \left(\frac{S_m}{1.8}\right)^2 \tag{5.3.4}$$

$$B_{bf} = 8.8 H_{bf}^2 \tag{5.3.5}$$

式中，H_m为沙丘平均高度；S_m为交错层系的平均垂向厚度；B_{bf}为河道宽度；H_{bf}为满岸深度。在获得沙丘平均高度的基础上，将所计算的沙丘平均高度扩大6~10倍即为满岸深度（Leclair et al., 2001）。

第二步，计算满岸水流量和沉积物通量：首先，根据式（5.3.6），计算获取古坡度（S）（Holbrook et al., 2014）：

$$\tau^*_{bf50} = \frac{H_{bf} S}{P D_{50}} = \text{cons}t \tag{5.3.6}$$

式中，S为古坡度；P为浸没无量纲密度（若沉积物以石英质为主则其密度可以假定为2.65g/cm³，那么标准密度水中的浸没无量纲密度为1.65）；τ^*_{bf50}为无量纲剪切应力的满岸阻抗参数，等于1.86；D_{50}为粒径中值。

其次，根据式（5.3.7），基于Chezy系数、水力半径和古坡度计算河流流速（v）（Leclair et al., 2001）：

$$v = C_z (RS)^2 = 8.1 g^{\frac{1}{2}} \left(\frac{H_{bf}}{k_s}\right)^{\frac{1}{6}} \tag{5.3.7}$$

式中，C_z为Chezy系数；k_s为底形粗糙程度；H_{bf}为满岸深度。

在求取河道尺寸、古坡度和河流流速的基础上，根据式（5.3.8）来计算满岸水流量（Q_{bf}）(Holbrook et al., 2014)：

$$C_f \left(\frac{Q_{bf}^2}{B_{bf}^2 H_{bf}^2} \right)^2 = gH_{bf}S \qquad (5.3.8)$$

式中，C_f 为无量纲 Chezy 摩擦系数；Q_{bf} 为满岸水流量。

第三步，计算年均沉积物量：根据式（5.3.9），计算获取年均沉积物量（Q_{mas}）(Holbrook et al., 2014)：

$$Q_{mas} = Q_{tbs} \times \frac{D}{b} \qquad (5.3.9)$$

式中，Q_{mas} 为满岸沉积物流量；Q_{tbs} 为满岸事件持续的时间；D 为每年满岸事件搬运的沉积物量所占的比例；b 为每年满岸事件搬运的沉积物量所占的比例。

第四步，计算累计沉积物量：年均沉积物量与所持续的地质时间的乘积即为所研究河流输送的累计沉积物量。

5.3.2 源汇参数半定量分析

陆架坡折迁移轨迹概念方法的提出为源汇参数的半定量分析提供了新思路，该方法应用于沉积物供给条件、沉积基准面变化和陆架可容空间的分析中。

5.3.2.1 陆架坡折迁移轨迹

在一个沉积层序内，伴随着可容空间与沉积物供给量比值（$\delta A/\delta S$ 比值）的变化，滨岸或陆架坡折往往表现出"向前、向上、向后或向下"的迁移运动，孕育差异的迁移运动轨迹（图5.3.3）。Steel 和 Olsen（2002）首次提出陆架坡折迁移轨迹（Shelf-edge trajectory）的概念方法，陆架坡折是波浪等牵引流作用主导的浅水陆架区（顶积层）和重力流作用主导的深水陆坡区（前积层）之间的分割点（图5.3.3）(Steel et al., 2002; Helland-Hansenn et al., 2009; Gong et al., 2015; Laugier et al., 2016; Paumard et al., 2019，2020)。通过分析陆架坡折迁移轨迹以及斜坡进积体堆砌样式可以更加客观地在一个连续的水进或水退过程中分析沉积体系随时间的迁移变化，而非基于各种"看不见也摸不着"的层序假设（如可容空间变化、沉积基准面和相对海平面变化等）；为源汇分析提供了新方法（图5.3.3）(Helland-Hansenn et al., 2009; Gong et al., 2015a and 2015b)。

根据滨线或陆架坡折的运动方式，可将坡折迁移轨迹依轨迹角角度（T_{se}）区分为低幅下降型（$-2°<T_{se}<0°$）、低幅上升型（$0°<T_{se}<1°$）、中幅上升型（$1°<T_{se}<2°$）、高幅上升型（$2°<T_{se}<15°$）和向陆回退型（$90°<T_{se}<130°$）；它们分别对应进积主导型、明显进积型、进积加积型、加积主导型和明显退积型斜坡进积体（图5.3.4）(Paumard et al., 2018)。这其中，尤以如图5.3.4所示的"低幅下降型、中幅上升型和高幅上升型陆架

坡折迁移轨迹"及其所对应的"进积主导型、进积加积型和加积主导型斜坡进积体"最为常见。

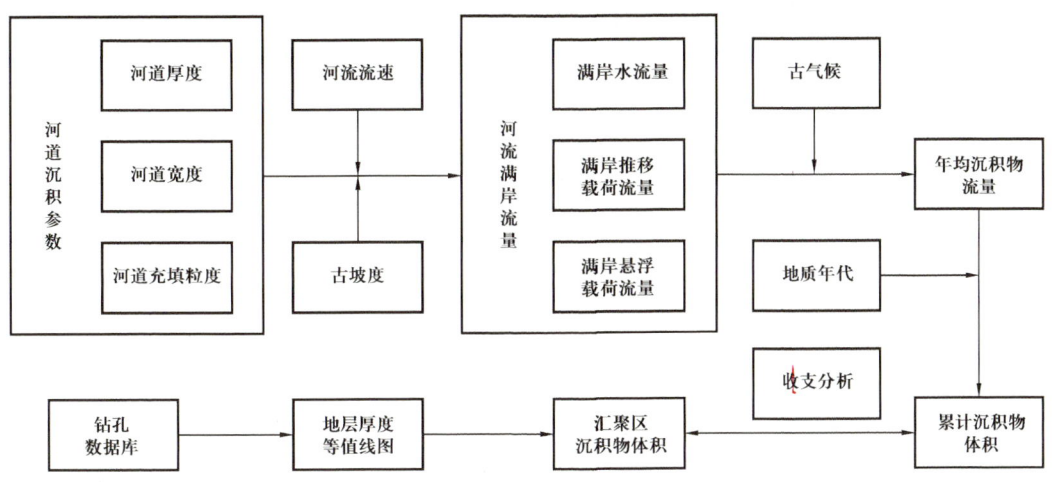

图 5.3.3 "源汇水力参数收支计算"方法示意图（据刘炳强等，2022）

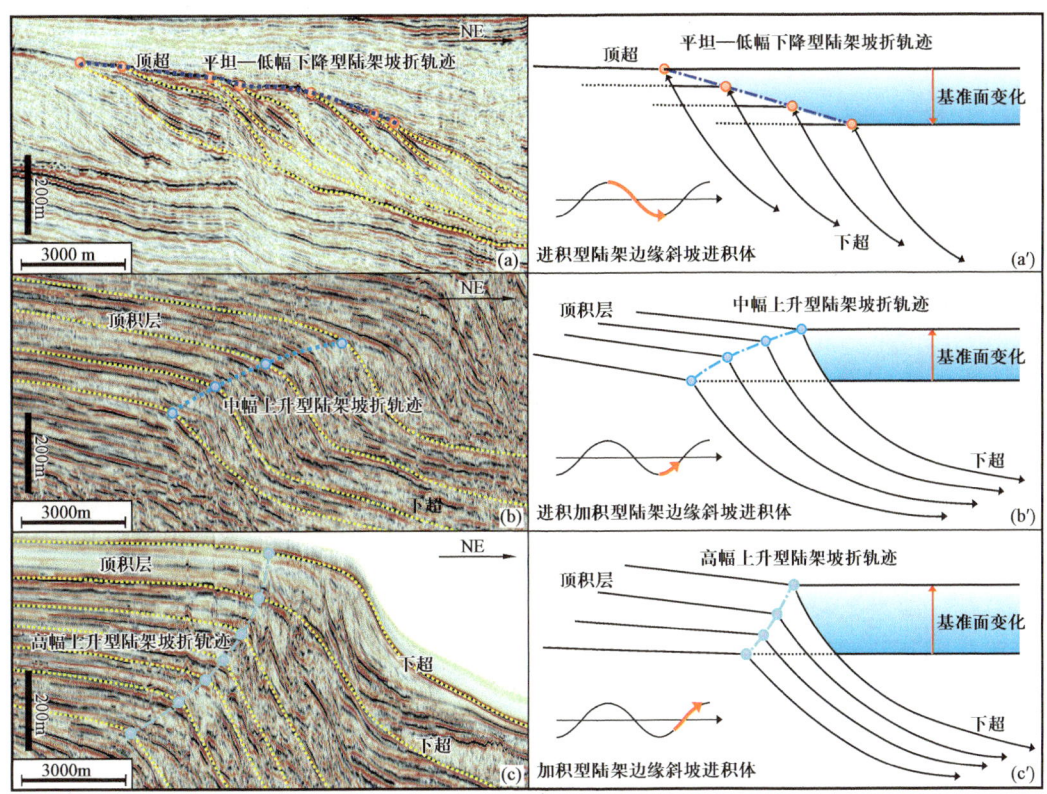

图 5.3.4 "低幅下降型、低幅上升型和高幅上升型陆架坡折迁移轨迹"典型地震剖面与结构样式示意图

5.3.2.2 源汇参数定量估算

深水源汇参数（物源供给和可容空间）之间的相互耦合形成不同类型的陆架边缘堆

砌样式（如进积型、加积型和退积型等）以及不同类型的陆架坡折迁移轨迹（如下降型、上升型和回撤型等）（Carvajal et al.，2005；Carvajal et al.，2009；Paumard et al.，2019，2020）。通过追踪分析陆架边缘堆砌样式和陆架坡折迁移轨迹可以更加客观地在一个连续的水进或水退过程中，分析沉积物在外陆架和深水陆坡搬运分散过程的迁移演变（深水源汇过程）（Paumard et al.，2018）。

首先，可以利用陆架坡折迁移轨迹来判断沉积物供给条件、陆架可容空间条件和沉积基准面变化情况。以起始陆架坡折点为坐标原点（0，0）建立如图 5.3.5（b）和图 5.3.5（c）所示的陆架坡折迁移轨迹坐标系，其中横轴（X轴）代表陆架坡折沿水平方向运动（向盆地进积为"+"，而向陆地方向退积则为"−"），而纵轴（Y轴）代表陆架坡折沿垂直方向运动（向上加积为"+"，而向下底积则为"−"）[图 5.3.5（c）]。在此基础上，依据式（5.3.7）和式（5.3.8）计算获取陆架坡折迁移轨迹的加积速度（R_a）和进积速度（R_p），半定量判识沉积物供给条件（Q_s）[图 5.3.5（b）]：

$$R_a = \frac{dy}{T} \tag{5.3.10}$$

$$R_p = \frac{dx}{T} \tag{5.3.11}$$

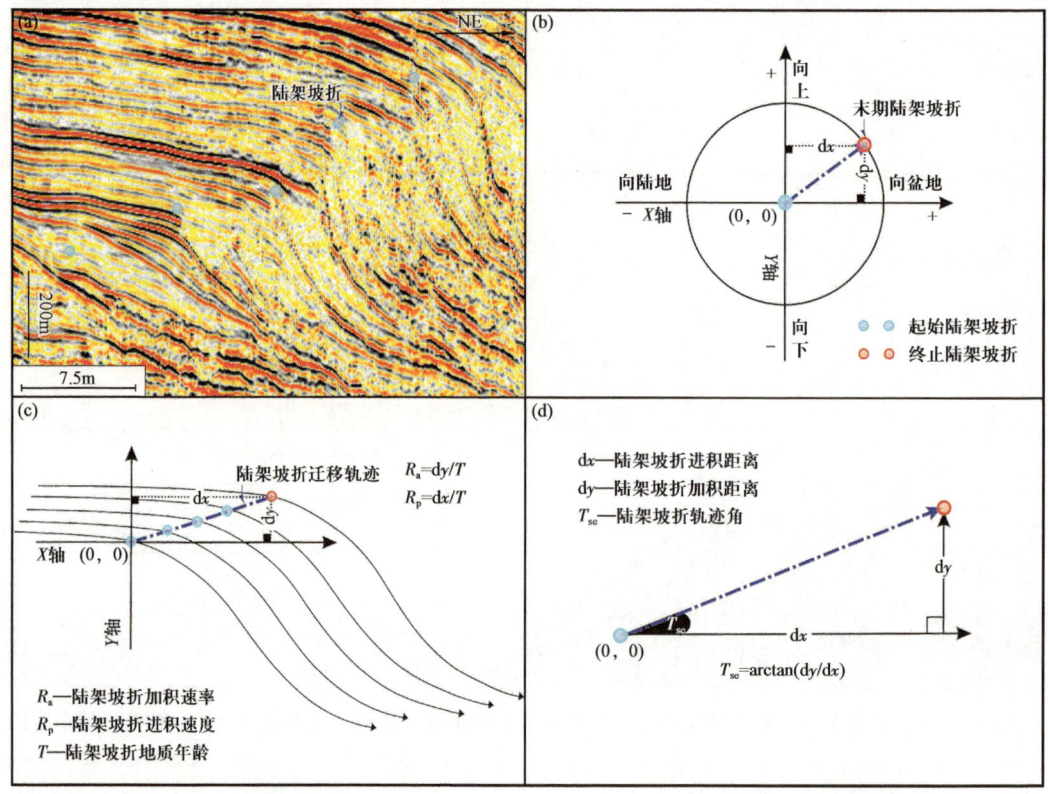

图 5.3.5　陆架坡折迁移轨迹（a）及其所伴生迁移速率（R_a 和 R_p）（b 和 c）与轨迹角（T_{sc}）（d）计算方法示意图

式中，dx 为陆架坡折进积距离（起止陆架坡折在横轴上投影之间的水平距离）；dy 为陆架坡折加积距离（起止陆架坡折在纵轴上投影之间的垂直距离）[图 5.3.5（b）]。

一般而言，高物源供给深水陆缘往往由"汇水面积大、径流量巨大"的大江大河及其所伴生的规模三角洲供源，而低物源供给深水陆缘则由"汇水面积小、径流量微"的河流及其所伴生的局限三角洲供源。例如，孟加拉湾东北若开陆缘的陆架坡折加积速率为 239~281m/Ma，陆架坡折进积速率为 17.06~18.63km/Ma；是一典型的高物源供给深水陆缘。这一深水陆缘是世界最大的沉积物分散系统（喜马拉雅—孟加拉湾源汇系统）的最终汇区，源自世界最高山脉（喜马拉雅造山带）的布拉马普特拉河—恒河的流域面积达 $2\times10^6 km^2$，每年向孟加拉湾流域盆地供应超过 $10^9 t$ 沉积物，形成世界上最大的海底扇之一——孟加拉扇（Blum et al.，2018）。南海西北陆缘海南岛段（琼东南陆缘）陆架坡折加积速率为 142~145m/Ma，为一典型的低物源供给深水陆缘。该深水陆缘由海南岛南部系列河流（藤桥河、陵水和和万泉河）供源，这些供源水系的累计汇水区面积约 $3000km^2$，年供给沉积物量为 $2.7\times10^6 t$。因此，可依据 R_a 和 R_p 半定量判识沉积物供给条件（Q_s）：

（1）当"$R_a>150m/Ma$ 或 $R_p>10km/Ma$"时，为高速沉积物供给（高 Q_s）；

（2）当"$R_a<150m/Ma$ 或 $R_p<10km/Ma$"时，为低速沉积物供给（低 Q_s）。

其次，在计算获取"T_{se}"的基础上，依据如下可容空间条件判识标准，可半定量判识陆架可容空间条件（δ_a）（Paumard et al.，2018）：

（1）当"$-2°<T_{se}<1°$"时，为下降型沉积基准面，对应低 δ_a。

（2）当"$1°<T_{se}<2°$"时，为缓慢上升型沉积基准面，对应中 δ_a。

（3）当"$2°<T_{se}<130°$"时，为快速上升型沉积基准面，对应高 δ_a。

参 考 文 献

杜远生，2018.关于古流分析的讨论[J].古地理学报，20（5）：925-926.

林畅松，夏庆龙，施和生，等，2015.地貌演化、源汇过程与盆地分析[J].地学前缘，22（1）：9-20.

刘炳强，王伟超，张文龙，等，2022.陆相盆地河—湖沉积源—汇系统收支分析：以柴北缘中侏罗统石门沟组为例[J].沉积学报，40（06）：1494-1512.

彭治超，付星辉，刘俊超，等，2017.沉积物源分析方法及研究进展[J].西安文理学院学报（自然科学版），20（1）：116-121.

孙小霞，李勇，丘东洲，等，2006.黄骅坳陷新近系馆陶组重矿物特征及物源区意义[J].沉积与特提斯地质，26（3）：61-66.

田豹，2017.重矿物源分析研究进展[J].中国锰业，35（1）：107-115.

王平，陈玺赟，朱龙辰，等，2022.碎屑锆石 U-Pb 年代学定量物源分析的基本原理与影响因素：以现代河流砂为例[J].沉积学报，40（06）：1599-1614.

徐杰，姜在兴，2019.碎屑岩物源研究进展与展望[J].古地理学报，21（03）：378-395.

许苗苗，魏晓椿，杨蓉，等，2021.重矿物分析物源示踪方法研究进展[J].地球科学进展，36（02）：154-171.

杨仁超，李进步，樊爱萍，等，2013.陆源沉积岩物源分析研究进展与发展趋势[J].沉积学报，31（1）：

99−107.

张凌，王平，陈玺赞，等，2020. 碎屑锆石 U/Pb 年代学数据获取、分析与比较［J］. 地球科学进展，35（4）：414−430.

Amidon W H, Burbank D W, Gehrels G E, 2005. Construction of detrital mineral populations: insights from mixing of U/Pb zircon ages in Himalayan rivers. Basin Research［J］. 17: 463−485.

Andersen T, Kristoffersen M, Elburg M A, 2018. Visualizing, interpreting and comparing detrital zircon age and Hf isotope data in basin analysis: a graphical approach［J］. Basin Research, 30: 132−147.

Anderson J B, Wallace D J, Simms A R, et al., 2015. Recycling sediments between source and sink during a eustatic cycle: systems of Late Quaternary Northwestern Gulf of Mexico Basin［J］. Earth-Science Reviews, 53: 111−138.

Blum M, Martin B J, Milliken K, et al., 2013, Paleovalley systems: Insights from quaternary analogs and experiments［J］. Earth-Science Reviews, 116: 128−169.

Blum M, Pecha M E, 2014. Mid-Cretaceous to Paleocene North American drainage reorganization from detrital zircons［J］. Geology, 42: 607−610.

Blum M, Rogers K, Gleason J, et al., 2018. Allogenic and autogenic signals in the stratigraphic record of the deep-sea Bengal Fan［J］. Scientific Reports, 8: 7973.

Carlson R W, 2011. Absolute age determinations: radiometric//Gupta H K, Encyclopedia of Solid Earth Geophysics: Netherlands, Dordrecht: Springer: 1−8.

Carvajal C, Steel R, 2005. Thick turbidite successions from supply-dominated shelves during sea-level highstand［J］. Geology, 34: 665−668.

Carvajal C, Steel R, Petter A, 2009. Sediment supply: the main driver of shelf-edge growth［J］. Earth-Science Reviews, 96: 221−248.

Dade W B, Friend P F, 1998. Grain-size, sedimenttransport regime, and channel slope in alluvial rivers［J］. Journal of Geology, 106: 661−675.

Eynatten H V, Dunkl I, 2012. Assessing the sediment factory: the role of single grain analysis［J］. Earth-Science Reviews, 115: 97−120.

Garzanti E, Andò S, 2019. Heavy minerals for junior woodchucks［J］. Minerals, 9（3）: 1−25.

Garzanti E, Doglioni C, Vezzoli G, et al., 2007. Orogenic belts and orogenic sediment provenance［J］. The Journal of Geology, 115: 315−334.

Garzanti E, Vezzoli G, Lombardo B, et al., 2004. Collision-orogen provenance (Western Alps): detrital signatures and unroofing trends［J］. The Journal of Geology, 112: 145−164.

Garzanti, E, Andò, S, Vezzoli, G, 2006. The continental crust as a source of sand (Southern Alps Cross Section, Northern Italy［J］. The Journal of Geology, 114: 33−554.

Gehrels G E, Yin A, Wang X, 2003. Detrital-zircon geochronology of the northeastern Tibetan Plateau［J］. GSA Bulletin, 115: 881−896.

Gehrels G, 2014. Detrital zircon U/Pb geochronology applied to tectonics. Annual Review of Earth Planetary Sciences［J］. 42: 127−149.

Ghinassi M, Ielpi A, 2015. Stratal architecture and morphodynamics of downstream migrating fluvial point bars (Jurassic Scalby Formation, UK)［J］. Journal of Sedimentary Research, 85: 1123−1137.

Gong C, Steel R J, Wang Y, et al., 2015b. Shelf-margin architecture variability and its role in source-to-sink sediment budget partitioning［J］. Earth Science Review, 154: 72−101.

Gong C, Wang Y, Pyles D, et al., 2015a. Shelf-edge trajectories and stratal stacking patterns: their sequence-stratigraphic significance and relation to styles of deep-water sedimentation and amount of deep-water sandstone [J]. AAPG Bulletin, 99: 1211-1243.

He J, Garzanti E, Cao L, et al., 2020. The zircon story of the Pearl River (China) from Cretaceous to present [J]. Earth-Science Reviews, 201: 103078.

Helland-Hansen W, Hampson G J, 2009. Trajectory analysis: concepts and applications [J]. Basin Research, 21: 454-483.

Hietpas J, Samson S, Moecher D, 2011. A direct comparison of the ages of detrital monazite versus detrital zircon in Appalachian foreland basin sandstones: searching for the record of Phanerozoic orogenic events [J]. Earth and Planetary Science Letters, 310: 488-497.

Holbrook J, Wanas H, 2014, A fulcrum approach to assessing source-to-sink mass balance using channel paleohydrologic parameters derivable from common fluvial data sets with an example from the Cretaceous of Egypt [J]. Journal of Sedimentary Research, 84: 349-372.

Hubert J, 1962. A Zircon-Tourmaline-Rutile maturity index and the interdependence of the composition of heavy mineral assemblages with the gross composition and texture of sandstones. Journal of Sedimentary Research, 32: 440-450.

Jian X, Fu L, Wang P, et al., 2023. Sediment provenance of the Lulehe Formation in the Qaidam basin: insight to initial Cenozoic deposition and deformation in northern Tibetan plateau [J]. Basin Research, 35: 271-294.

Laugier F J, Plink-Björklund P, 2016, Defining the shelf edge and the three-dimensional shelf edge to slope facies variability in shelf-edge deltas [J]. Sedimentology, 63: 1280-1320.

Lavarini C, Attal M, da Costa Filho C A, et al., 2018. Does pebble abrasion influence detrital age population statistics? A numerical investigation of natural data sets [J]. Journal of Geophysical Research, 123: 2577-2601.

Lawton T F, 2014. Small grains, big rivers, continental concepts [J]. Geology, 42: 639-640.

Leclair S F, Bridge J S, 2001. Quantitative interpretation of sedimentary structures formed by river dunes [J]. Journal of Sedimentary Research, 71: 713-715.

Li Y, Gong C, Peng G, et al., 2023. Detrital zircon signals of the late Eocene provenance change of the Pearl River Mouth Basin, northern South China Sea [J]. Sedimentary Geology, 451: 106409.

Liu C, Clift P D, Carter A, et al., 2017. Controls onmodern erosion and the development of the Pearl River drainage in the late Paleogene [J]. Marine Geology, 394: 52-68.

Malkowski M A, Sharman G R, Johnstone S A, et al., 2019. Dilution and propagation of provenance trends in sand and mud: geochemistry and detrital zircon geochronology of modern sediment from central California (U.S.A.) [J]. American Journal of Science, 319: 846-902.

Mason C C, Fildani A, Gerber T, et al., 2017. Climatic and anthropogenic influences on sediment mixing in the Mississippi source-to-sink system using detrital zircons: Late Pleistocene to recent [J]. Earth Planetary Science Letters, 466: 70-79.

Morton A C, Whitham A G, Fanning C M, 2005. Provenance of Late Cretaceous to Palcocene submarine fan sandstones in the Norwegian Sea: integration of heavy mineral, mineral chemical and zircon age data [J]. Sedimentary Geology, 182: 3-28.

Morton A, Chenery S, 2009. Detrital rutile geochemistry and thermometry as guides to provenance of

Jurassic-Paleocene sandstones of the Norwegian Sea [J]. Journal of Sedimentary Research, 79: 540–553.

Morton A, Hallsworth C. 1994. Identifying provenancespecific features of detrital heavy mineral assemblages in sandstones [J]. Sedimentary Geology, 90: 241–256.

Morton A, Mundy D, Bingham G, 2012. High-frequency fluctuations in heavy mineral assemblages from Upper Jurassic sandstones of the Piper Formation, UK North Sea: relationships with sealevel change and floodplain residence [J]. Journal of African Economies, 23: 175–190.

Nyberg B, Helland-Hansen W, Gawthorpe R L, et al., 2018a. Revisiting morphological relationships of modern source-to-sink segments as a first-order approach to scale ancient sedimentary systems [J]. Sedimentary Geology, 373: 111–133.

Nyberg B, Helland-Hansen W, Gawthorpe R L, et al., 2018b. Revisiting morphological relationships of modern source-to-sink segments as a first-order approach to scale ancient sedimentary systems [J]. Basin Research, 33: 2435–2452.

Paumard V, Bourget J, Payenberg T, et al., 2018. Controls on shelf-margin architecture and sediment partitioning during a syn-rift to post-rift transition: insights from the Barrow Group (Northern Carnarvon Basin, North West Shelf, Australia) [J]. Earth-Science Reviews, 177: 643–677.

Paumard V, Bourget J, Payenberg T, et al., 2019. From quantitative 3D seismic stratigraphy to sequence stratigraphy: insights into the vertical and lateral variability of shelf-margin depositional systems at different stratigraphic orders [J]. Marine and Petroleum Geology, 110: 797–831.

Paumard V, Bourget J, Payenberg T, et al., 2020. Controls on deep-water sand delivery beyond the shelf edge: accommodation, sediment supply, and deltaic process regime [J]. Journal of Sedimentary Research, 90: 104–130.

Romans B W, Castelltort S, Covault J A, et al., 2016, Environmental signal propagation in sedimentary systems across timescales [J]. Earth-Science Reviews, 153: 7–29.

Satkoski A M, Wilkinson B H, Hietpas J, et al., 2013. Likeness among detrital zircon populations: an approach to the comparison of age frequency data in time and space [J]. GSA Bulletin, 125: 1783–1799.

Saylor J E, Sundell K E, Sharman G R, 2019. Characterizing sediment sources by non-negative matrix factorization of detrital geochronological data [J]. Earth and Planetary Science Letters, 512: 46–58.

Shao L, Cao L, Pang X, et al., 2016. Detrital zircon provenance of the Paleogene syn-rift sediments in the northern South China Sea [J]. Geochemistry, Geophysics, Geosystems, 17: 255–269.

Shao L, Cui Y, Stattegger K, et al., 2019. Drainage control of Eocene to Miocene sedimentary records in the southeastern margin of Eurasian Plate [J]. Geological Society of America Bulletin, 131: 461–478.

Sharman G R, Johnstone S A, 2017. Sediment unmixing using detrital geochronology [J]. Earth and Planetary Science Letters, 477: 183–194.

Snedden J W, Galloway W E, Milliken K T, et al., 2018. Validation of empirical source-to-sink scaling relationships in a continental-scale system: the Gulf of Mexico basin Cenozoic record [J]. Geosphere, 14: 768–784.

Sømme T O, Helland-Hansen W, Martinsen O J, et al., 2009. Relationships between morphological and sedimentological parameters in source-to-sink systems: a basis for predicting semi-quantitative characteristics in subsurface systems [J]. Basin Research, 21: 361–387.

Steel R J, Olsen T, 2002. Clinforms, clinoform trajectories and deepwater sands [M] //Armentrout J

M, Rosen N C, Sequence-stratigraphic models for exploration and production: evolving methodology, emerging models and application histories [C]. Proceedings of the Gulf Coast Section Society for Sedimentary Geology (GCSSEPM) 22nd Research Conference: 367-381 (CD-ROM).

Straub K M, Duller R A, Foreman B Z, et al., 2020. Buffered, incomplete, and shredded: the challenges of reading an imperfect stratigraphic record [J]. Journal of Geophysical Research: Earth Surface, 125: e2019JF005079.

Sundell K E, Saylor J E, 2017. Unmixing detrital geochronology age distributions [J]. Geochemistry, Geophysics, Geosystems, 18: 2872-2886.

Syvitski J P M, Milliman J D, 2007. Geology, geography, and humans battle for dominance over the delivery of fluvial sediment to the Coastal Ocean [J]. Journal of Geology, 115: 1-19.

Tofelde S, Bernhardt A, Guerit L, et al., 2021. Times associated with Source-to-Sink propagation of environmental signals during landscape transience [J]. Frontiers in Earth Science, 9: 628315.

Vermeesch P, 2013. Multi-sample comparison of detrital age distributions [J]. Chemical Geology, 341: 140-146.

Wandres A M, Bradshaw J D, Weaver S, et al., 2014. Provenance analysis using conglomerate clast lithologies: a case study from the Pahau terrane of New Zealand [J]. Sedimentary Geology, 167: 57-89.

Warrick J A, 2014. Eel River margin source-to-sink sediment budgets: revisited [J]. Marine Geology, 351: 25-37.

Weltjea G J, Eynatten H v, 2004. Quantitative provenance analysis of sediments: review and outlook [J]. Sedimentary Geology, 171: 1-11.

Williams M L, Jercinovic M J, Hetherington C J, 2007. Microprobe monazite geochronology: understanding geologic processes by integrating composition and chronology [J]. Annual Review of Earth and Planetary Sciences, 35: 137-175.

Xu J, Snedden J W, Galloway W E, et al., 2017a. Channel-belt scaling relationship and application to early Miocene source-to-sink systems in the Gulf of Mexico basin [J]. Geosphere, 13: 179-200.

Xu J, Snedden J W, Stockli D F, et al., 2017b. Early Miocene continental-scale sediment supply to the Gulf of Mexico Basin based on detrital zircon analysis [J]. GSA Bulletin, 129: 3-22.

Zhong L, Li G, Yan W, et al., 2017. Using zircon U-Pb ages to constrain the provenance and transport of heavy minerals within the northwestern shelf of the South China Sea [J]. Journal of Asian Earth Sciences, 134: 176-190.

第 6 章　源汇系统重建方法

6.1　古物源和古地貌恢复重建

6.1.1　母岩类型恢复

随着现代分析测试手段的提高，母岩类型厘定的合理性方法日趋增多，并不断地相互补充和完善。目前主要根据以下方面进行母岩类型的厘定。

6.1.1.1　碎屑组成和轻矿物特征

在物源区因缺少钻井信息而不能直接厘定物源区基岩类型的条件下，可以依据"砂岩碎屑组成"和"轻矿物特征"来恢复母岩类型。

砂岩是陆源碎屑的主要岩石类型，其碎屑物质主要来源于母岩机械破碎的产物；其碎屑矿物成分组成特征在一定程度上反映源区的母岩类型（图6.1.1）（Noda et al.，2004；Wandres et al.，2004；杨仁超等，2013；徐杰和姜在兴，2019）。因此，根据盆地陆源碎屑岩来自母岩的陆源碎屑组合可以推断物源区母岩类型；尤其是砂砾岩中的砾石成分，

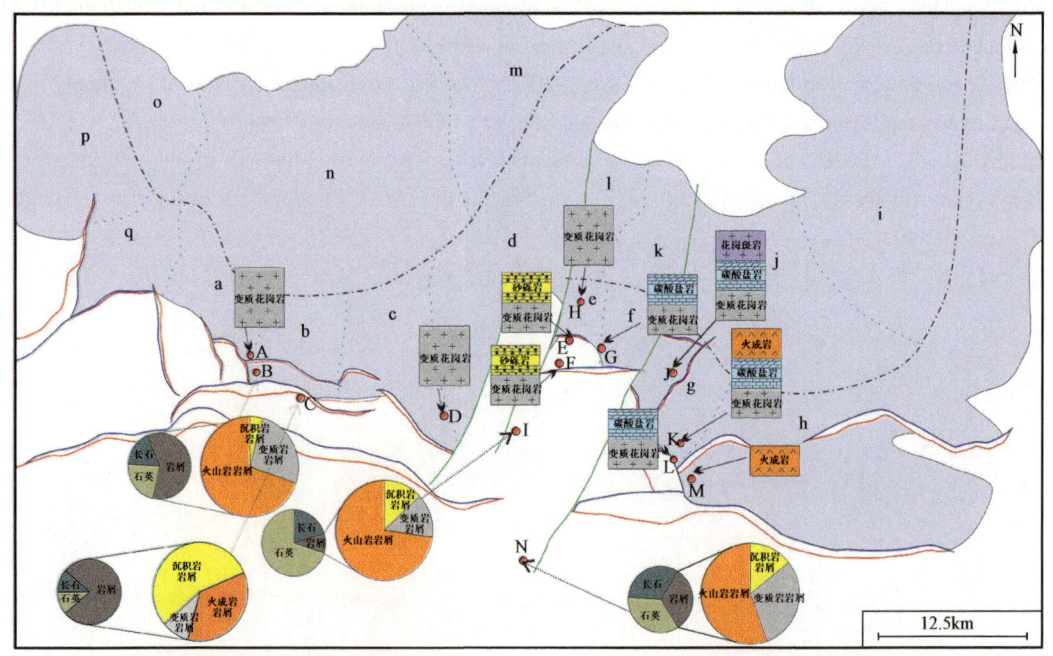

图 6.1.1　渤海湾盆地渤南低凸起孔店组岩屑组分特征分布图及母岩类型一览

可反映基底和物源区母岩的成分,也反映磨蚀的程度、气候条件以及构造背景(杨仁超等,2013)。美国亚利桑那大学已故地质学家 William R. Dickinson 依据大量的砂岩碎屑成分统计数据,建立了砂质碎屑矿物成分与物源区之间的系统关系,绘制了多个经验判别三角图解(Q—F—L,Qm—F—Lt,Qp—Lv—Ls,Qm—P—K),至今仍然被广泛应用于物源区的构造背景分析(Dickinson et al.,1983)。

一般来说,在碎屑物长距离搬运过程中,沿着物源延伸方向,砂岩中不稳定组分会因遭受磨蚀破裂和化学溶解而逐渐减少;而碎屑石英组分抗蚀能力较强,随着搬运距离的增加会相对集中,呈逐渐增高的趋势。例如,通过对渤南低凸起孔店组周缘岩心观察和薄片分析发现,渤南低凸起孔店组岩石组分以石英和长石为主,含有不等量岩屑,岩屑包括火成岩、变质岩和沉积岩(图 6.1.1)。这一岩屑统计结果分析表明,渤南低凸起源汇系统物源区在孔店组沉积期整体上以中生代火成岩为主,自北向南以此发育中生代火成岩、寒武纪—奥陶纪碳酸盐岩和太古宙变质岩,局部见中生代火成岩(花岗斑岩)(图 6.1.2)(石文龙等,2022)。

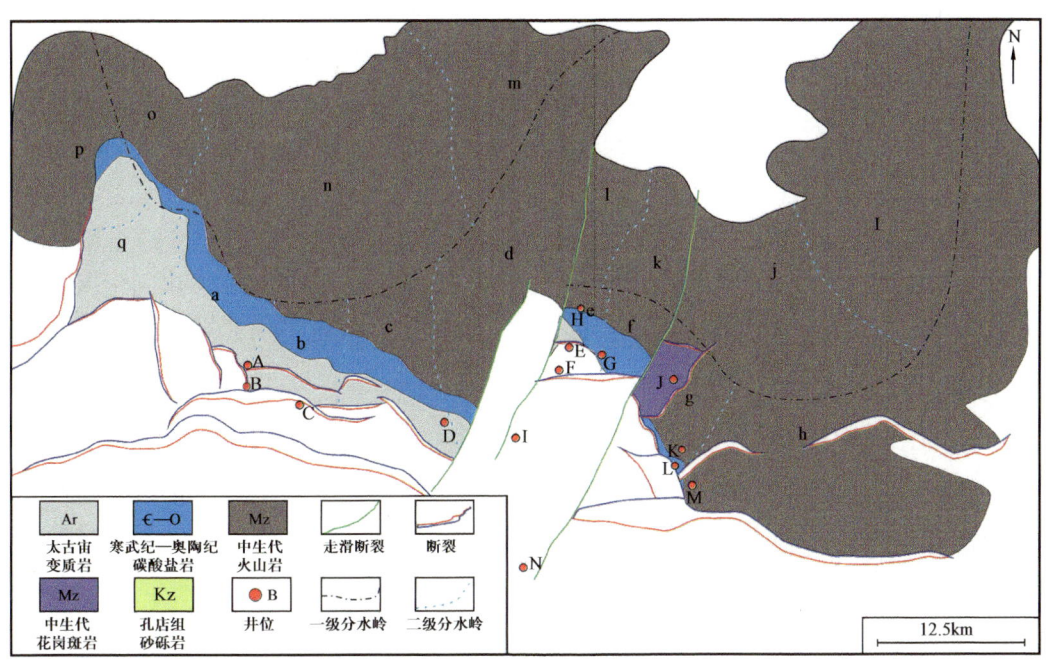

图 6.1.2　渤南低凸起(源汇系统物源区)孔店组沉积期母岩岩性平面分布图

此外,对岩石中主要造岩矿物发光性的研究有助于判别沉积环境和岩石的成因,碎屑颗粒的发光分析可用于物源分析,碎屑岩中常见的石英、长石和岩屑多随物源变化而具有不同的发光特征,故依据碎屑颗粒在阴极光激发下的颜色特征也可分析物源(杨仁超等,2013;徐杰和姜在兴,2019)。

在阴极射线照射下,通过观察石英的阴极发光颜色,可以间接判断其形成的岩石类型和成因,进而推测原岩的类型和成因;具有标准成因意义的石英发光颜色类型有 3 种(表 6.1.1):

表 6.1.1　石英阴极发光颜色与原岩类型

类型	石英发光颜色	石英生成温度，℃	源岩类型
Ⅰ	紫色、蓝紫色或红色光	>573（快速冷却）	火山岩、深成岩和高温接触变质岩
		>573（缓慢冷却）	高级区域变质岩（变质火山岩、变质沉积岩）
Ⅱ	褐色为主	300～573	低级变质岩（接触变质岩外带、区域变质岩或回火自生石英）
Ⅲ	不发光	<300	沉积岩中的自生石英

（1）当石英生成温度大于 573℃时，石英发出蓝色、蓝紫色或红紫色光，这类石英多形成于火山岩、深成岩和高温接触变质岩；

（2）当石英生成温度介于 300℃至 573℃之间时，石英发出褐色光，这类石英多形成于各种变质岩和回火自生石英中；

（3）当石英生成温度小于 300℃时，石英一般不发光，这类石英属于成岩作用过程中形成的自生石英。

轻矿物中长石的化学成分、生长环带、双晶类型和结构形态可以反映物源，但是物理和化学性质更稳定的石英是物源分析的理想对象。石英颗粒的波状消光可以判别侵入岩、中高级变质岩和低级变质岩源区，但也受到后期成岩重结晶和构造活动的影响（马收先等，2014）。一般认为，来自变质岩的石英常显示出明显的波状消光［图 6.1.3（a）］，而来自火成岩的石英呈突变消光，并具有溶蚀港湾的轮廓［图 6.1.3（b）］。石英中的包裹体也可以对石英的来源起到指示作用，来自火成岩的石英以针状或不规则包裹体为特征［图 6.1.3（c）］，而来自变质岩（如片岩、片麻岩）中的石英则大多有规则的包裹体［图 6.1.3（d）］。

6.1.1.2　元素地球化学分析

尽管岩石中的某一些地球化学成分（如稀土元素 Th、Y 等）在风化、搬运和成岩作用下没有发生明显的迁移，但一些元素在母岩风化、剥蚀、搬运、沉积及成岩过程中不易迁移，几乎被等量地转移到碎屑沉积物中（Girty et al.，1994；Kasanzu et al.，2008；Dostal et al.，2009）。因此，利用碎屑岩的地球化学成分分析可以开展对物源区母岩类型和构造背景的研究（Kasanzu et al.，2008；Dostal et al.，2009；杨仁超等，2013）。

主量元素分析时，主要依据 Roser 和 Korsch（1986）提出的 K_2O/Na_2O-SiO_2 图解进行构造环境判别。利用砂岩构造环境判别函数及砂、泥岩源岩判别函数投点作图，可判断碎屑岩的构造背景及母岩类型（Kasanzu et al.，2008；Dostal et al.，2009；杨仁超等，2013）。

微量元素具有相对稳定的特性，其溶解度普遍较低，在水体中停留时间短暂，能快速进入到细粒沉积物中且不发生分异，使得细粒沉积物能较好地保存源区地球化学信息（Condie，1991）。沉积岩中的一些不活泼微量元素（如 Th、Y、Zr、Ti、Co、V、Ni 和

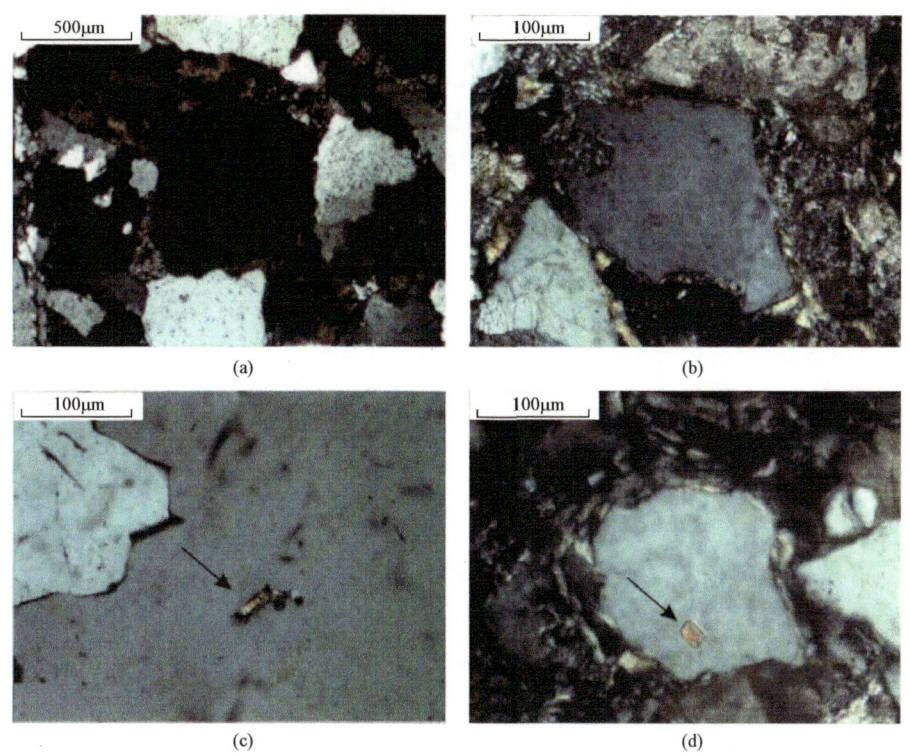

图 6.1.3 砂岩碎屑显微特征典型图片（据贺敬聪等，2017）
（a）巨粒岩屑砂岩，其中变质石英具有波状消光；（b）中砂质粗粒岩屑砂岩，其中火山石英具溶蚀港湾状碎屑边缘；
（c）粗粒岩屑砂岩，见石英颗粒中的针状包裹体；（d）中粒岩屑砂岩，见石英颗粒中的规则包裹体

REE 等）是非迁移性的，在后期的风化作用、成岩作用和蚀变作用过程中受到的影响较弱。此外，沉积岩中微量元素含量的差异，主要由源区母岩类型控制，可代表物源区原岩的地球化学特征。因此，根据沉积物中微量元素的特征，利用特定的图解可以判别大洋岛弧、大陆岛弧、主动大陆边缘和被动大陆边缘等构造环境以及反映物源区的母岩类型。其中 La—Th—Sc，Th—Co—Zr，Th—Sc—Zr 图解主要揭示构造环境，而 Allegre 和 Minster（1978）提出的 La/Yb—REE 判别图解主要表明母岩岩性。

6.1.2 古地貌恢复

6.1.2.1 传统的古地貌恢复方法

针对不同地区的古地貌恢复工作，相关学者已经做了很多工作，也提出了大量研究方法（Fox，2019；Demoulin et al.，2017；Briant et al.，2018）；传统的古地貌恢复方法主要有：

1）回剥法明确盆缘地貌

回剥法恢复古地貌是目前最常用的古地貌恢复方法手段之一，也是可信度和可操作

性较强的古地貌恢复方法之一（Helland-Hansen et al.，2016；Zhao et al.，2021）。回剥法古地貌恢复是基于地层厚度后期无明显变化，地层无明显剥蚀的情况之下，对原始地貌的沉积恢复，侧重于对地层参数的表征。回剥法的核心思想是对不同沉积区沉积物总量和方向上的恢复，通过对沉积区物质总量、沉积中心、斜坡发育方向等参数的综合拾取，明确盆外区域物源的主要供给方向和时空演化规律。主要通过对残余地层厚度值、相关校正参数和古水深进行综合分析，通过构造沉降量图、构造沉降速率图、古地理单元图和古地貌形态图等相关图件和表现手法呈现古地貌特征。

2）原始坡角恢复法明确盆内斜坡型低凸起地貌

在沉积过程中，沉积物的前积角度与多种条件相关，如气候、地貌、水体深度等，在不同的水位条件下沉积物的倾角也会发生变化。根据这一规律可以追索原始地层的展布方向，特别是对于后期剥蚀的沉积地层的恢复有重要意义。闫海军等（2016）提出利用原始坡角恢复的方法对沉积地层进行追索和恢复。

原始坡角恢复的关键是在各级层序内体系域对古水深的恢复，通过对剥蚀点、剥蚀区面积、补偿与欠补偿分界面、斜坡方向与角度等参数进行拾取，明确盆内斜坡型低凸起动态物源供给强度、方向及其时空演化规律。在整个研究目的层段为均衡沉降，剥蚀拐点—沉积区—欠补偿分界面为补偿区与欠补偿区的分界点的前提之下，以层序内不存在不整合界面（连续沉积）、沉积体进积体是等时形成的（沉积单元等时）、三级层序内不同点构造差异沉降是匀速的（沉积差异等分）为基本假设，通过对每个进积体在海（湖）泛面拐点为基准，该点向物源方向进行界面顶的层拉平，以该点作为计算差异构造沉降的基准点，剖面其他点相对于该点沉降或隆升来进行古地貌还原。同时结合沉积学分析法、遗迹化石法、浮游生物比例法、岩盐分带方法、氧同位素法、生物直径法等方法对古水深进行综合分析，求取古水深，最终结合滨线分布明确各个时期古地貌格局。原始坡角恢复法主要表现图件有古水深图、残余地层厚度图、可容纳空间图和古地貌图等。

3）断层分析法明确盆内断坡型低凸起地貌

断层作为地质历史时期广泛客观存在的一种地质现象，它对地貌具有显著的控制作用，一方面断层的性质多样，另一方面断层的活动强度不尽相同，对于地貌的影响也不同。活动性较小断层对地貌的控制基本可以忽略，但是改变凸起剥蚀面积这一尺度的断层在地貌恢复过程中不能忽略（周丽梅和张江江，2015；淡永等，2016）。

断层分析法恢复古地貌的关键是古水深的重建，通过对滨线位置、基底形态和沉积体顶面形态等参数进行拾取，明确盆内断坡型低凸起动态物源断裂发育强度、物源剥蚀边界、物源供给方向和供给强度以及它们之间的时空耦合关系。通过对古水深进行综合分析，结合沉积物厚度和压实作用分析，在恢复后生断层基础之上对同生主控断裂进行分析，由新到老对古地貌进行恢复。断层分析法主要表现图件有古水深图、断层分布图和各时期古地貌恢复图等。

值得注意的是，盆内凸起可根据断裂发育特征分为与断裂同时伴生的断坡型低凸起和无断裂伴生的斜坡型低凸起。针对不同类型的低凸起，需利用不同方法分别开展古地貌和原型盆地的恢复。例如，断坡型低凸起因具有较大的断控可容空间，故往往缺乏地层的削截而不适用于地层趋势法。另一方面，不同于盆外物源的单方向简单供给，盆内凸起的物源区面积在时间上和空间上可随层序界面位置和湖平面变化而变化，这一特征又称为"动态物源"（赖维成等，2010；董桂玉等，2016；武爱俊等，2017）。简言之，在对盆内凸起关键地质时期的古物源面貌进行恢复时，有必要综合上述多种手段以求获取相对准确的恢复结果。

6.1.2.2 基于源汇系统古地貌恢复

基于区域构造运动分析，运用高频层序地层格架、高精度三维地震资料、钻井资料、锆石物源示踪分析等信息，朱红涛等（2023）提出基于源汇系统三区五步古地貌恢复方法，完成区域剥蚀厚度恢复、沉积地貌恢复、物源体系分析，整合完成对沉积时期原始古地貌的定量恢复（图6.1.4）。

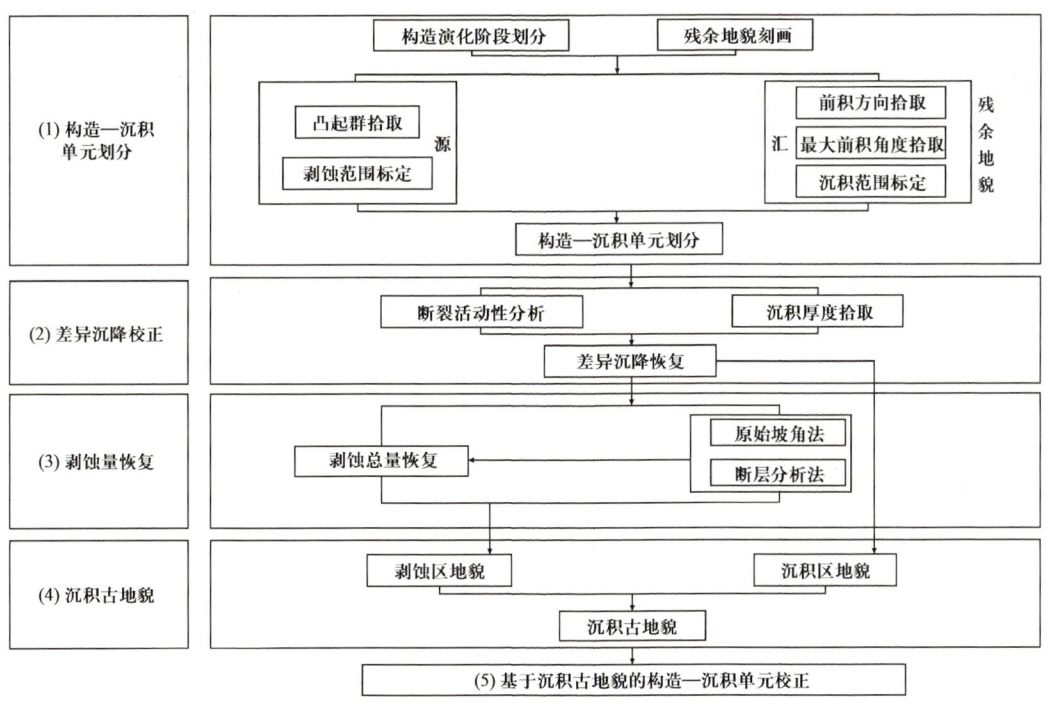

图 6.1.4　基于源汇系统古地貌恢复方法的流程图

基于源汇系统三区五步古地貌恢复方法中的"三区"是指剥蚀区、超剥区、沉积区，它们是源汇系统主要组成区域（图6.1.4）（Zhao et al.，2021；朱红涛等，2023）。剥蚀区是指持续剥蚀，物源持续供给的区域；超剥区是指剥蚀超覆作用共同作用区域，早期接受沉积（超覆），晚期提供物源（剥蚀）；沉积区是指稳定沉积区，该区域持续接受沉积供给。

基于源汇系统三区五步古地貌恢复方法中的"五步"是指在古地貌恢复和岩性恢复时需要分别进行5个步骤：（1）构造—沉积单元划分，在构造演化阶段和残余地貌刻画基础上，在"源"方面进行凸起群拾取、剥蚀范围标定，在"汇"上通过前积方向拾取、最大前积角度拾取、沉积范围标定等步骤进行残余地貌刻画，进而进行构造—沉积单元划分；（2）差异沉降校正，通过断裂活动性分析和沉积厚度拾取，进行差异沉降恢复；（3）剥蚀量恢复，在超剥区采用原始坡角法和断层分析法进行超剥区和剥蚀区剥蚀量恢复；（4）沉积古地貌，在剥蚀量恢复基础上进行剥蚀区地貌恢复，在差异沉降基础上进行沉积区地貌恢复，进而进行沉积古地貌恢复；（5）基于沉积古地貌的构造—沉积单元校正（图6.1.4和图6.1.5）（Zhao et al., 2021；朱红涛等，2023）。

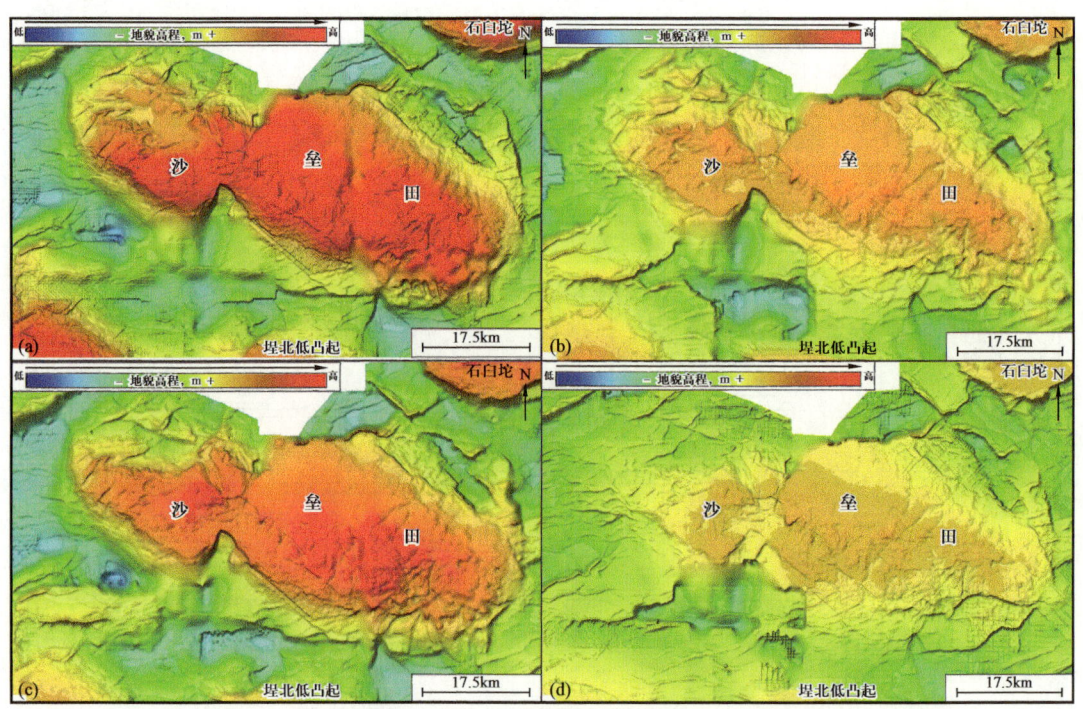

图6.1.5　基于"三区五步"方法恢复的渤海湾盆地沙垒田凸起古近纪古地貌
（a）沙四段沉积期；（b）沙三段沉积期；（c）沙一和沙二段沉积期；（d）东三段沉积期

基于源汇系统三区五步古地貌恢复方法有助于提高古地貌恢复的精度，可用于古源汇系统古地貌重建（Zhao et al., 2021；朱红涛等，2023）。图6.1.5为渤海湾盆地沙垒田凸起的古地貌形态恢复结果，可以看出各个时期的地貌特征及其演化得到了有效表征。在沙河街组四段（沙四段）沉积期，沙垒田凸起构造高点呈线状大规模延伸，凸起东、西受走滑断裂分割，凸起东、西两段物源高差最大，反映出该时期是物质剥蚀和沉积强度最大阶段［图6.1.5（a）］。在沙三段沉积期，海域盆地处于拉张应力背景，先存断裂的强烈活动使得凸起周缘凹陷间分隔性明显增强。凸起区经过地貌恢复，西段的构造高点靠近凸起南部，东段构造高点靠近中部，经过不断的物质剥蚀，东、西两段凸起高差均不同程度降低［图 6.1.5（b）］。在沙一段和沙二段沉积期，盆地继承性裂陷，边界断裂活动性减弱，走滑作用逐渐成为主要应力作用。凸起东、西两段整体地形较为平缓，凸起区与凹陷区垂向高差明显减小［图 6.1.5（c）］。在东营组三段（东三段）沉积期，边界断裂活动性逐步减弱，走滑作用逐渐成为主要应力作用，多伴生调节断裂，由于沙河街组的填平补齐作用，在东营组沉积时期前，地形坡度相对平缓，该时期物源凸起持续萎缩，凸起供源效应进一步减弱［图 6.1.5（d）］。

6.2 源汇系统水系重建

6.2.1 基于地貌的古水系拾取

水系作为搬运沉积物的媒介，其形态特征、河网系数及组合样式对于优势沉积体堆积位置、性质、规模及优质储层发育具明显控制作用；基于地貌的水系拾取与恢复是源汇系统重建的重要环节。

6.2.1.1 现代水系拾取方法

对于现代水系的提取，目前大多数研究都是基于 DEM（数字高程模型）数据对现代地貌单元自动提取流域水系，从而生成数字流域模拟模型，模拟的结果可代表实际流域水系的分布和结构，对于源汇研究有重要意义（Boulton et al.，2018；Fox，2019）。现代地貌单元可以直接通过 Google Earth 数据库及 Google Earth 软件提取数据，并通过地理空间数据云下载数字高程模型数据进行水系分析，利用 Google Earth 软件进行测量，统计可得水系长度、支流长度、支流比、河网发育系数（总支流长度/干流长度）、弯曲系数等（Boulton et al.，2018；Zhao et al.，2021）。

水系的发育受到构造运动、地貌形态和表层岩性的影响（Kuehl et al.，2016；Boulton et al.，Stokes，2018；Fox，2019；Zhao et al.，2021；朱红涛等，2023）（图 6.2.1）。其中构造运动是水系发育的内在动力，断裂样式影响水系走向，边界断裂与水系走向垂直相交，斜交断裂与水系同向发育；地貌形态影响水系汇聚程度，陡坡带水系汇聚程度低，缓坡带水系汇聚程度高；表层岩性差异会导致水系组合样式的差异并控制搬运物质总量，火成岩地层水系样式多样，碳酸盐岩地层水系以亚平行状为主，变质岩地层水系以树枝状为主（Kuehl et al.，2016；Gawthorpe et al.，2010；Boulton et al.，2018；Zhao et al.，2021）。

不同的水系分布模式具有差异的地貌背景和母岩类型，相应形成不同类型的沉积响应：（1）单支平行状水系往往形成于"盆地陡坡以及碳酸盐岩和火成岩母源区"背景下，常常与"洪积扇或扇三角洲"相伴生；（2）羽状水系往往形成于"盆地陡坡以及火成岩母源区"背景下，常常与"洪积扇或扇三角洲"相伴生；（3）亚平行状水系往往形成于"平行断裂区以及碳酸盐岩母源区"背景下，常常与"坡积扇或辫状河三角洲"相伴生；（4）梳状水

类型	实例	模式	地貌背景	断裂样式	母岩类型	沉积响应
单支平行状水系		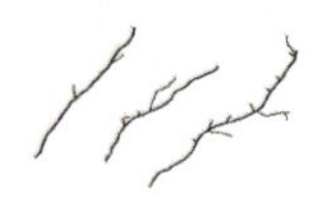	陡坡	边界断裂	碳酸盐岩 火成岩	洪积扇 扇三角洲
羽状水系	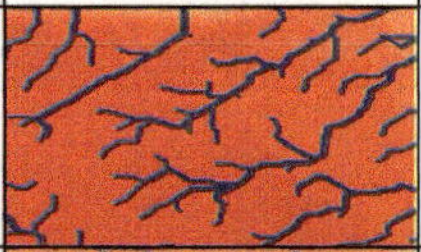		陡坡	边界断裂	火成岩	洪积扇 扇三角洲
亚平行状水系	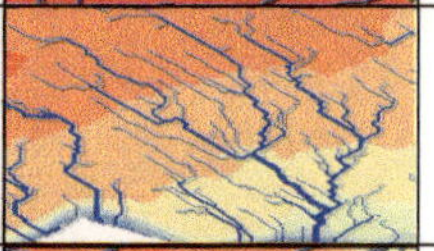	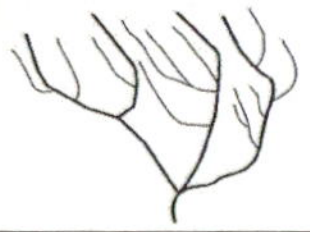	缓坡	平行断裂	碳酸盐岩	坡积扇 辫状河三角洲
梳状水系		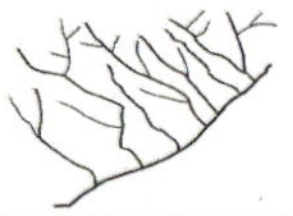	缓坡	梳状断裂	火成岩	坡积扇 辫状河三角洲
多树枝状		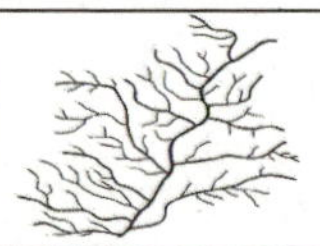	缓坡 稳定斜坡	边界断裂	火成岩 变质岩	坡积扇 扇三角洲 辫状河三角洲

图 6.2.1　基于现代地貌拾取的水系类型及其发育背景

系往往形成于"盆地缓坡以及火成岩母源区"背景下，常常与"坡积扇或辫状河三角洲"相伴生；(5) 多树枝状水系往往形成于"盆地缓坡以及火成岩和变质岩母源区"背景下，常常与"坡积扇、扇三角洲或辫状河三角洲"相伴生（图 6.2.1）。

6.2.1.2　古代水系重建方法

"基于数字高程模型（DEM）古水系重建方法"由如图 6.2.2 所示的六步构成，具体来说：

（1）古地貌 DEM 栅格数据，将恢复的古地貌网格数据通过 Global Mapper 转换为 DEM 文件 [图 6.2.2（a）]；

（2）填洼处理，在水文分析模块中进行填洼处理，以原始的 DEM 栅格数据进行检查，判断是否存在由于数据误差所造成的伪洼地，从而消除误差，保证古水系流向的精度 [图 6.2.2（b）]；

（3）古水系流向分析，这里采用的算法为 D8 算法，其特点是计算速度快，能够很好地反映出地形对地表径流的控制影响作用 [图 6.2.2（c）]；

（4）河网分级，基于流量统计，沙垒田凸起设置的流量阈值为 500，可明显分辨出地表径流古水系，进而根据阈值范围对古水系进行分级并进行矢量化处理，直观呈现河网的形态 [图 6.2.2（d）]；

（5）古水系恢复，尽管呈现出来的像是连续的河流，但是原则上还只是离散点，因此利用流向数据和栅格数据将其连接起来，记录河网中结点之间的连接信息 [图 6.2.2（e）]；

（6）流域单元自动拾取划分，根据拾取的古水系信息，利用水文分析中的盆域分析对流域单元进行自动划分［图 6.2.2（f）］。

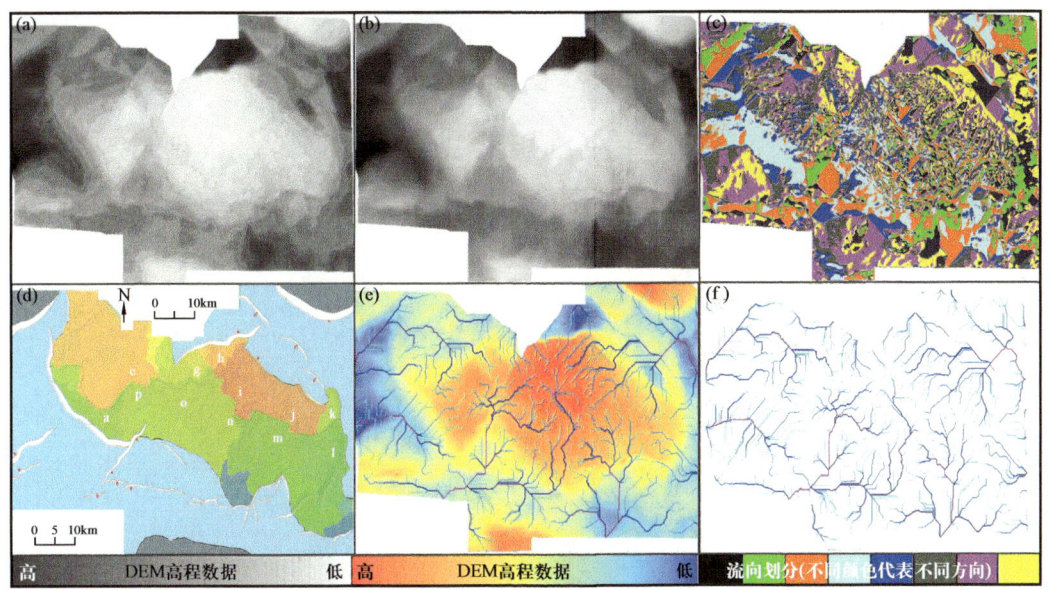

图 6.2.2 以"渤海湾盆地沙垒田凸起"为例的古水系自动拾取流程
（a）DEM 栅格图件；（b）填注；（c）流向分析，流量计算和设置阈值；（d）河网分级；（e）古水系恢复；
（f）流域单元自动拾取划分

值得注意的是，受控于客观地震数据体的分辨率，主观层位解释的精度、追踪密度和插值方法等因素的影响，精确重建高分辨率深时古地貌仍存在较大挑战，这也直接决定了流域盆地内不同河网等级的发育和最终拾取的古水系精度。

6.2.2 古水系重建的典型实例

以"渤海西部海域埕北低凸起和沙垒田凸起"为例，介绍如何利用"基于数字高程模型（DEM）古水系重建方法"进行古水系重建（图 6.2.2）。

6.2.2.1 埕北低凸起古水系重建

埕北低凸起位于渤海西部海域，整体呈狭长近北西西向展布的条带状；利用"基于数字高程模型（DEM）古水系重建方法"对埕北低凸起进行了古水系重建（胡贺伟等，2020；石文龙等，2022）（图 6.2.3）。

在物源子系统上，埕北低凸起这一物源区内共发育 9 个有效物源区，最大的物源区面积为 148.57km²；基岩为"中生界碎屑岩、凝灰质砂岩"为主，含少量凝灰岩（图 6.2.3）。埕北低凸起在始新世持续向四周（埕北凹陷、沙南凹陷和渤中凹陷）供源，至渐新世晚期逐渐停止供源，没于水下成为沉积区（胡贺伟等，2020）。埕北低凸起整体地貌呈现南陡北缓的特点，南侧为陡坡带，地势相对较高，有效物源区面积小；而北侧为缓坡带，地势相对较低，构造高差较小，有效物源区面积大（图6.2.3）（胡贺伟等，2020；石文龙等，2022）。

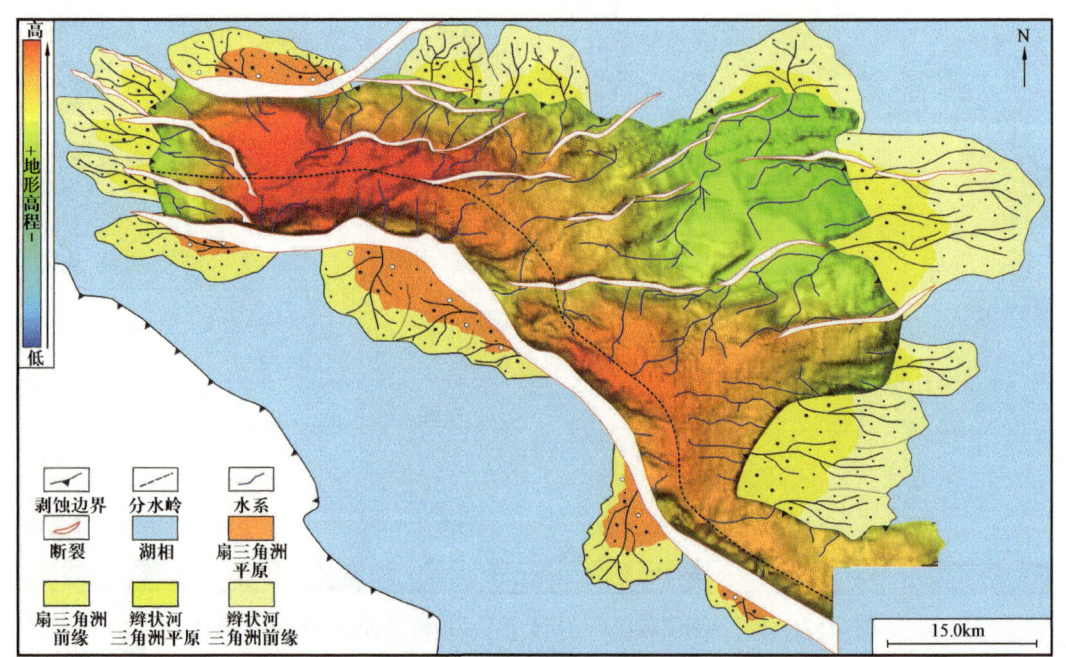

图6.2.3 渤海西部海域埕北低凸起沙河街组三段沉积期古地貌与古水系发育特征

在古地貌恢复的基础上，利用"基于数字高程模型（DEM）古水系重建方法"恢复重建埕北低凸起沙河街组沙三段古水系（图6.2.3）（石文龙等，2022）。古水系重建结果表明，埕北低凸起这一物源区在沙河街组三段沉积期发育三类差异的古水系类型及其所对应的源汇耦合模式：

西部斜坡超覆带和南部陡坡带物源区水系样式为单支平行状，这些古水系以窄且浅的V形和U形为主，沟谷侵蚀搬运能力较弱（图6.2.3）。在这些窄且浅、输砂能力弱的单支干流水系入湖处，发育小型沉积体，多见扇三角洲；这些扇三角洲延伸距离近、平面面积相对较小（图6.2.3）（石文龙等，2022）。

北部缓坡带物源区水系支流发育，水系样式为梳状和树枝状，整体上呈"汇聚型"（图6.2.3）（石文龙等，2022）。这些汇聚型水系以宽且深为主，多见U形和W形的剖面形态；相应侵蚀搬运能力较强。在这些宽且深、搬运输砂能力强的汇聚型水系出口处发育大型沉积体，多见延伸范围广的辫状河三角洲。

6.2.2.2 沙垒田凸起古水系重建

基于沙垒田凸起沙三段沉积时期古地貌恢复结果，对沙垒田凸起沙三段古水系进行定量化自动拾取；利用"基于数字高程模型（DEM）古水系重建方法"对沙垒田凸起进行了古水系重建（图6.2.4）。

沙三段沉积时期沙垒田凸起东段整体以太古宇花岗岩发育为主，在南部西侧和北部局部发育奥陶系碳酸盐岩，其中在凸起东段南部变质岩区断裂缓坡带发育树枝状水系，水系支流与干流之间呈现锐角相交（图 6.2.4），支流相对发育，分支比为 2.84～3.26，河网发育系数在 1.25 左右，河网密度大于 0.5km/km²。凸起东段碳酸盐岩发育区，其边界条件均为断裂缓坡带，水系多呈现为近平行状特征，支流间相互平行发育，数量少且短，分支比为 2.00～2.47，河网发育系数小（0.735～1.118），河网密度小于 0.5km/km²（图 6.2.4）。

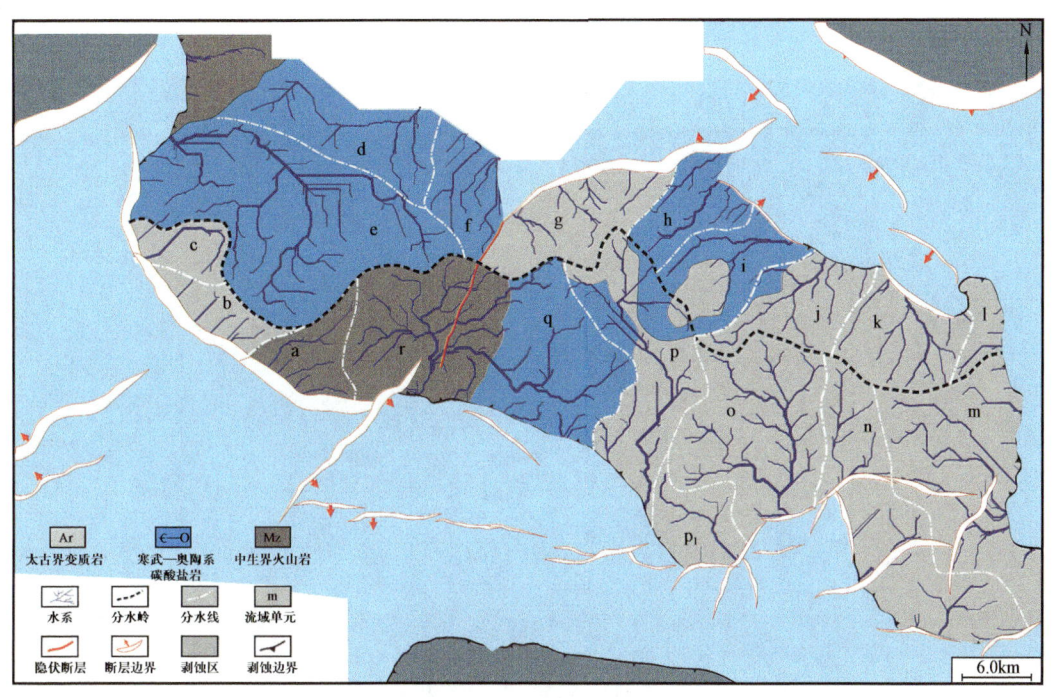

图 6.2.4 渤海湾盆地沙垒田凸起沙三段沉积时期古水系分布特征

沙垒田凸起西段以分水岭为界，以北大面积发育碳酸盐岩，发育近平行状水系，河网发育系数在 1.19 左右，河网密度小于 0.5km/km²。凸起分水岭以南西侧局部太古宇变质岩发育区域，由于物源区高差大，有效物源区面积小，且北西向边界断裂发育，导致水系被改造，形成单支干流平行状水系，支流几乎不发育（图 6.2.4）。凸起西段南部东侧中生界火成岩发育区域，物源区有效面积大，水系样式以扇形为主，支流高度发育且长，从不同方向汇入干流，形成由干流和支流组成的扇状水系（图 6.2.4）。

6.3 源汇系统级次划分

6.3.1 源汇系统的级次划分方法

在古地貌和古水系恢复的基础上，可以采纳"三线三级"的源汇系统的划分方法来确定源汇系统的空间尺度/空间级次（图 6.3.1 和图 6.3.2）。

6.3.1.1 源汇系统的空间级次

源汇系统的空间尺度具有多种不同级次，如板块级大尺度的盆山耦合大型源汇系统、沉积盆地级别的中型源汇系统以及盆地内部局部发育的小型源汇系统等（图6.3.1和图6.3.2）（朱秀等，2017；Zeng et al.，2019；朱红涛等，2023）。在古地貌刻画和古水系重建的基础上，盆地级别及其内部源汇系统空间级次划分主要依据"分水岭、分水线和脊线"将源汇系统划分为一级、二级和三级源汇系统级次（图6.3.1和图6.3.2）（朱秀等，2017；Zeng et al.，2019；陆威延等，2020；朱红涛等，2023）。

图 6.3.1 洱海现代湖盆卫星遥感图示意了一级和二级源汇系统划分以及"分水岭和分水线"的地貌特征

"分水岭"是指分割相邻两个流域的山岭或高地之间的地貌分界面，是一级源汇级次的边界线（图6.3.1和图6.3.2）。源汇系统中垂直或近垂直于分水岭的水系被分为流向相反的流域，两片或几片流域及其对应的沉积区，组成两个或多个一级源汇系统（图6.3.1）。在一级源汇系统划分中，通过凸起轴向展布与两侧坡向变化，在源汇系统长轴方向追踪山脉最高点连线作为分水岭（朱秀等，2017；朱红涛等，2023）（图6.3.1和图6.3.2）。

"分水线"是指由于地形向两侧倾斜，使降水分别汇集到两条河流中去的脊岭线，是二级源汇级次的边界线（图6.3.1和图6.3.2）。分水线在一级源汇系统中分隔区域性水流流域是划分二级源汇单元的分界线，分水线的末端与分水岭相连。一级源汇系统水系被分为若干单支水系及其对应的沉积区，进而组成多个二级源汇系统［图6.3.1和图6.3.2（b）］（朱秀等，2017；朱红涛等，2023）。

"脊线"是指在海拔相同的平面上，气压高于毗邻三面而低于另一面的区域，是三级源汇级次的边界线［图 6.3.2（b）］。脊线分隔二级源汇系统中的分支水系，是划分三级源汇系统的分界线，脊线的末端与分水线相连。通过考虑地形坡度、主水系与分支水系组合关系，在二级源汇系统中，可进一步选取三级源汇系统界线（脊线）［图 6.3.2（b）］。

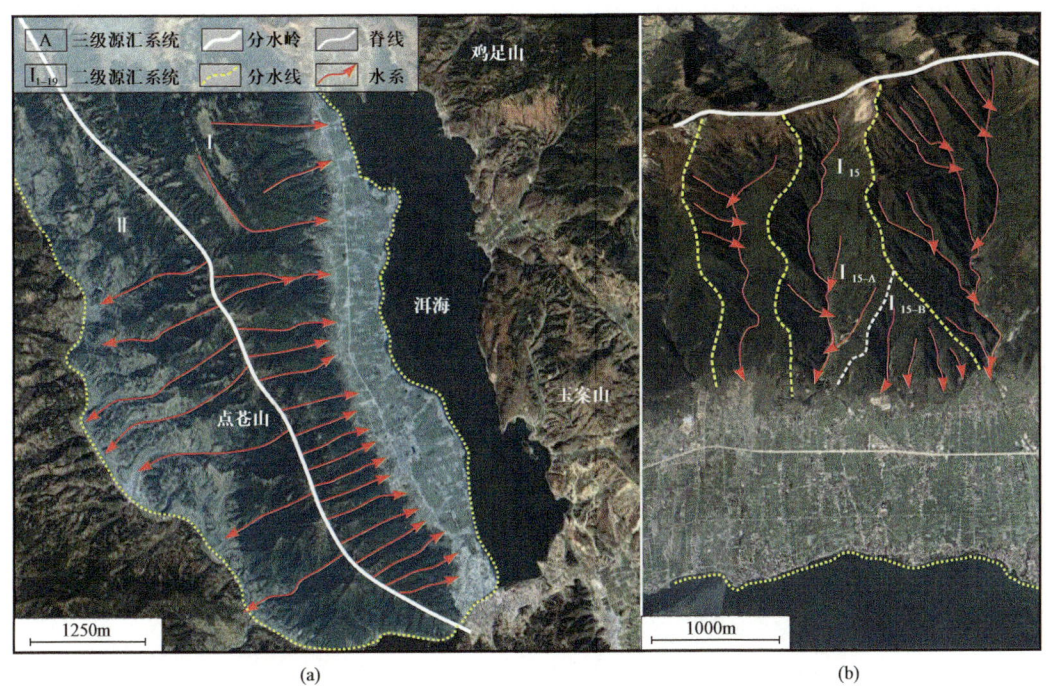

图 6.3.2　洱海现代湖盆卫星遥感图示意了一级、二级和三级源汇系统划分（a）以及"分水岭、分水线和脊线"的地貌特征（b）

6.3.1.2　源汇系统的级次划分

对于现代和古代源汇系统，分别采用不同的方法来落实"三线"，并进行"三级"源汇系统的划分（简称"三线三级源汇级次划分方法"）。

对于现代源汇系统（例如图 6.3.1 和图 6.3.2 所示的现代洱海源汇系统）可采用如下三步来划分其空间级次。

（1）导出地貌图：选定研究区位置，获取地貌图。在 Google Earth 软件中确定研究区位置，选取合适的视域利用 Google Earth 软件中自带的图像保存功能截取研究区的地貌图。

（2）地形图数字化：对导出的地形图中的地形要素进行数字化处理，从模拟数据中获得数字数据。利用 LocaSpaceViewer 软件中的地形图数字化功能将 Google Earth 软件中获取的地貌图数字化。

（3）追踪源汇系统空间级次分界线：在数字高程模型 DEM 中拾取地形起伏的山谷线和山脊线，拾取落实"分水岭、分水线和脊线"。

最后，应用 Globle Mapper 软件在数字化的地貌图中自动拾取地貌高点，按照三线三级源汇级次划分方法，选取分水岭、分水线和脊线分别作为一级、二级和三级源汇系统的边界。

对于古代源汇系统（例如图 6.3.3 所示的珠江口盆地西江凹陷中央低凸起古源汇系统）可采用如下两步来划分其空间级次。

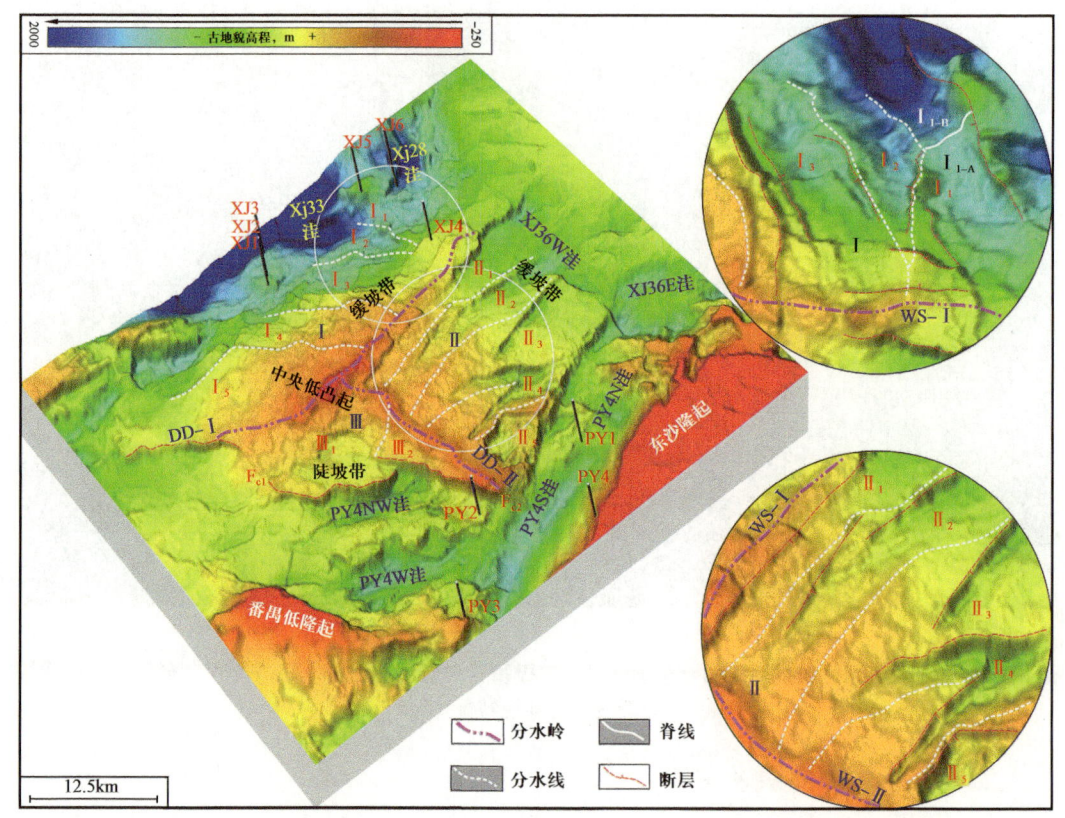

图 6.3.3　珠江口盆地西江凹陷中央低凸起古源汇系统级次划分与"分水岭、分水线和脊线"的地貌特征

（1）古地貌恢复：基于解释的地震解释成果，采用"基于源汇系统三区五步古地貌恢复方法"恢复重建拟研究源汇系统的古地貌。

（2）源汇系统级次划分：以古代源汇系统三维古地貌图为依据，在古地貌模型中追踪古地貌最高点连线及地形起伏的骨架线；落实分水岭、分水线和脊线。

最后，依据所确定的"分水岭、分水线和脊线"来划分落实"一级、二级和三级"源汇系统。

6.3.2　源汇系统级次划分典型实例

以"现代洱海源汇系统和珠江口盆地西江凹陷中央低凸起"为例，介绍如何利用"三线三级源汇级次划分方法"进行源汇系统级次划分。

6.3.2.1 现代源汇系统级次划分

依据"三线三级源汇级次划分方法",对我国云南境内"现代洱海源汇系统"进行级次划分(图 6.3.2)。

如图 6.3.1 和图 6.3.2 所示,白色实线为点苍山最高点连线,它分割了相邻两个流域的山岭,为点苍山的"分水岭"。以"分水岭"为界,沿点苍山凸起长轴方向展布,两侧水系流向完全相反;其将点苍山供给的现代洱海源汇系统划分为Ⅰ和Ⅱ两个一级源汇系统[图 6.3.2(a)]。

在现代洱海源汇系统的东侧一级源汇系统Ⅰ中,黄色双点划线是源汇系统短轴方向拾取对应的分水线(图 6.3.1 和图 6.3.2)。以"分水线"为界,将一级源汇系统依次划分为 19 个二级源汇系统(I_1 至 I_{19})[图 6.3.1 和图 6.3.2(b)]。

在二级源汇系统 I_{15} 中,综合考虑地形坡度、主水系与分支水系组合关系以及沉积区沉积体特点,在二级源汇系统中拾取对应脊线(白色点划线)[图 6.3.2(b)]。以"脊线"为界,可将二级源汇系统 I_{15} 进一步划分为 I_{15-A} 和 I_{15-B} 两个三级源汇系统[图 6.3.2(b)]。在三级源汇系统 I_{15-A} 中,多条分支水系汇聚成一条主水系可回溯至分水岭,是具有稳定地貌学研究意义的汇水盆地;在三级源汇系统 I_{15-B} 中,可见多条近平行的水系组成,水系未能回溯到分水岭,是局部汇水盆地(发展中的汇水盆地,瞬态地貌)[图 6.3.2(b)]。

6.3.2.2 古源汇系统的级次划分

依据"三线三级源汇级次划分方法",对珠江口盆地"西江凹陷中央低凸起"古源汇系统进行级次划分(图 6.3.3)。

在西江凹陷中央低凸起古地貌图上,双点划线所示的最高点连线分割了相邻两个流域的山岭,为分水岭((图 6.3.3)。这些分水岭将西江凹陷中央低凸起这一盆内物源供给形成的源汇系统划分为Ⅰ、Ⅱ和Ⅲ三个一级源汇系统(图 6.3.3)。

在一级源汇系统Ⅰ、Ⅱ和Ⅲ中,点划线所示的地形向两侧倾斜、使降水分别汇集到两条河流中去的脊岭线,为分水线(图 6.3.3)。这些分水线又可将一级源汇系统进一步细化为多个二级源汇系统。具体来说,西江凹陷中央低凸起一级源汇系统Ⅰ发育 4 条分水线,这 4 条分水线将其进一步细化为 I_1、I_2、I_3、I_4 和 I_5 5 个二级源汇系统;一级源汇系统Ⅱ见 4 条分水线,这 4 条分水线将其进一步细化为 $Ⅱ_1$、$Ⅱ_2$、$Ⅱ_3$、$Ⅱ_4$ 和 $Ⅱ_5$ 5 个二级源汇系统;一级源汇系统Ⅲ发育 1 条分水线,该分水线将其进一步细化为 $Ⅲ_1$ 和 $Ⅲ_2$ 2 个二级源汇系统(图 6.3.3)。

在二级源汇系统 I_1 中,依据"地形坡度、主水系与分支水系组合关系"识别了如白色实线所示的脊线(图 6.3.3)。以"脊线"为界,可将二级源汇系统 I_1 进一步划分为 I_{1-A} 和 I_{1-B} 两个三级源汇系统[图 6.3.2(b)]。

参考文献

淡永,邹灏,梁彬,等,2016.塔北哈拉哈塘加里东期多期岩溶古地貌恢复与洞穴储层分布预测[J].石油与天然气地质, 37 (03): 304-312.

董桂玉, 何幼斌, 2016. 陆相断陷盆地基准面调控下的古地貌要素耦合控砂机制 [J]. 石油勘探与开发, 43 (04): 529-539.

贺敬聪, 朱筱敏, 李明瑞, 等, 2017. 鄂尔多斯盆地陇东地区二叠系山西组—石盒子组母岩类型和构造背景 [J]. 古地理学报, 19 (02): 285-298.

胡贺伟, 李慧勇, 于海波, 等, 2020. 渤海湾盆地埕北低凸起及围区古近系"源汇"系统控砂原理定量分析 [J]. 古地理学报, 22 (02): 266-276.

赖维成, 宋章强, 周心怀, 等, 2010. "动态物源"控砂模式 [J]. 石油勘探与开发, 37 (06): 763-768.

陆威延, 朱红涛, 徐长贵, 等, 2020. 源汇系统级次划分方法及应用 [J]. 地球科学, 45 (04): 1327-1336.

马收先, 孟庆任, 曲永强, 2014. 轻矿物物源分析研究进展 [J]. 岩石学报, 30 (02): 597-608.

石文龙, 杨海风, 杜晓峰, 等, 2022. 渤海海域南部古水系恢复及其沉积耦合响应预测 [J]. 地球科学, 47 (11): 4075-4092.

武爱俊, 徐建永, 滕彬彬, 等, 2017. "动态物源"精细刻画方法与应用: 以琼东南盆地崖南凹陷为例 [J]. 岩性油气藏, 29 (04): 55-63.

徐杰, 姜在兴, 2019. 碎屑岩物源研究进展与展望 [J]. 古地理学报, 21 (03): 378-395.

闫海军, 何东博, 许文壮, 等, 2016. 古地貌恢复及对流体分布的控制作用: 以鄂尔多斯盆地高桥区气藏评价阶段为例 [J]. 石油学报, 37 (12): 1483-1494.

杨仁超, 李进步, 樊爱萍, 等, 2013. 陆源沉积岩物源分析研究进展与发展趋势 [J]. 沉积学报, 31 (1): 99-107.

周丽梅, 张江江, 2015. 海西早期岩溶改造作用及古地貌恢复: 以塔河2区为例 [J]. 地质科技情报, 34 (04): 51-56.

朱红涛, 徐长贵, 杜晓峰, 等, 2023. 陆相盆地古源汇系统定量重建、级次划分及耦合模式 [J]. 石油与天然气地质, 44 (03): 539-552.

朱秀, 朱红涛, 曾洪流, 等, 2017. 云南洱海现代湖盆源—汇系统划分、特征及差异 [J]. 地球科学, 42 (11): 2010-2024.

Allegre C J, Minster J F, 1978. Quantitative models of trace element behavior in magmatic processes [J]. Earth and Planetary Science Letters, 38: 1-25.

Boulton S J, Stokes M, 2018. Which DEM is best for analyzing fluvial landscape development in mountainous terrains? [J]. Geomorphology, 310: 168-187.

Briant R M, Cohen K M, Cordier S, et al., 2018. Applying Pattern Oriented Sampling in current fieldwork practice to enable more effective model evaluation in fluvial landscape evolution research [J]. Earth Surface Processes and Landforms, 43: 2964-2980.

Condie K C, 1991. Another look at rare earth elements in shales [J]. Geochimica et Cosmochimica Acta, 55: 2527-2531.

Demoulin A, Mather A, Whittaker A, 2017. Fluvial archives, a valuable record of vertical crustal deformation [J]. Quaternary Science Reviews, 166: 10-37.

Dickinson W R, Beard L S, Brakenridge G R, et al., 1983. Provenance of North American Phanerozoic sandstones in relation to tectonic setting [J]. Geological Society of America Bulletin, 94: 225-235.

Dostal J, Keppie J D, 2009. Geochemistry of low-grade clastic rocks in the Acatlán Complex of southern

Mexico: Evidence for local provenance in felsic-intermediate igneous rocks [J]. Sedimentary Geology, 222: 241-253.

Fox M, 2019. A linear inverse method to reconstruct paleo-topography. Geomorphology, 337: 151-164.

Gawthorpe R L, Leeder M R, 2010. Tectono-sedimentary evolution of active extensional basins [J]. Basin Research, 12: 195-218.

Girty G H, Hanson A D, Knaack C, et al., 1994. Provenance determined by REE, Th, and Sc analyses of metasedimentary rocks, Boyden Cave roof pendant, central Sierra Nevada, California [J]. Journal of Sedimentary Research, 64: 68-73.

Helland-Hansen W, Sømme T O, Martinsen O J, et al., 2016. Deciphering Earth's natural hourglasses: perspectives on source-to-sink analysis [J]. Journal of sedimentary research, 86: 1008-1033.

Kasanzu C, Maboko M A H, Manya S, 2008. Geochemistry of fine-grained clastic sedimentary rocks of the Neoproterozoic Ikorongo Group, NE Tanzania: implications for provenance and source rock weathering [J]. Precambrian Research, 164: 201-213.

Kuehl S A, Alexander C R, Blair N E, et al., 2016. A source-to-sink perspective of the Waipaoa River margin [J]. Earth-Science Reviews, 153: 301-334.

Noda A, Takeuchi M, Adachi M, 2004. Provenance of the Murihiku Terrane, New Zealand: evidence from the Jurassic conglomerates and sandstones in Southland [J]. Sedimentary Geology, 164: 203-222.

Roser B P, Korsch R J, 1986. Determination of tectonic setting of sandstone-mudstone suites using SiO_2 content and K_2O/Na_2O ratio [J]. The Journal of Geology, 94: 635-650.

Wandres A M, Bradshaw J D, 2004. Provenance analysis using conglomerate clast lithologies: a case study from the Pahau terrane of New Zealand [J]. Sedimentary Geology, 167: 57-89.

Zeng Z, Zhu H, Mei L, et al., 2019. Multilevel source-to-sink (S2S) subdivision and application of an ancient uplift system in South China Sea: implications for further hydrocarbon exploration [J]. Journal of Petroleum Science and Engineering, 181: 106220.

Zhao Q, Zhu H, Zhang X, et al., 2021. Geomorphologic reconstruction of an uplift in a continental basin with a source-to-sink balance: an example from the Huizhou-Lufeng uplift, Pearl River Mouth Basin, South China Sea. Marine and Petroleum Geology, 128: 104984.

第 7 章 源汇系统过程响应与耦合模式

7.1 迟滞响应源汇系统的过程响应

7.1.1 迟滞响应源汇系统的定义与形成条件

迟滞响应源汇系统过渡区较宽、响应尺度较大（$T_{eq} \geqslant 10^4 a$），形成于两种主要的地质条件下（图 7.1.1）。

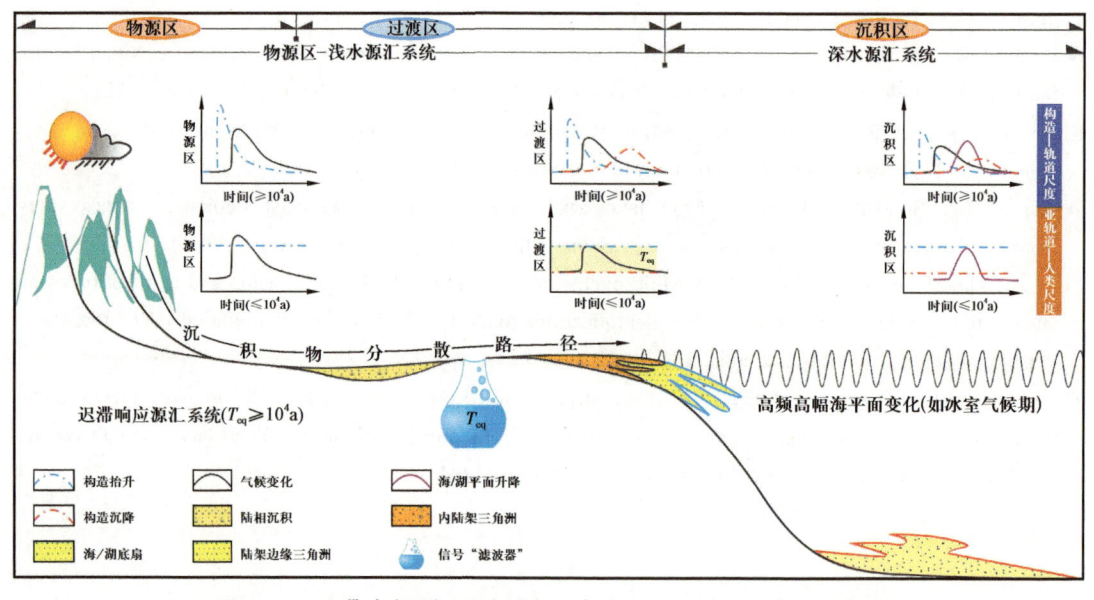

图 7.1.1 迟滞响应源汇系统对多尺度环境信号的响应过程示意图

7.1.1.1 迟滞响应源汇系统的定义

由陆到洋的源汇系统一般由物源区、过渡区和沉积区构成（图 7.1.1），过渡区对环境信号具有非线性的过滤作用，换言之"并非所有环境信号（environmental signal），如今日刮风、明日下雨的高频低幅天气变化都能够被响应"（Jerolmack et al., 2010; Romans et al., 2016; 操应长等, 2018）。基于此，将"过渡区对环境信号的过滤，使其破坏甚至消失，导致环境信号不被源汇系统所响应的效应"称为"源汇系统的滤波效应"（图 7.1.1）。所谓"环境信号"是指：能够导致剥蚀—搬运—堆积源汇过程发生变化的地质营力，主要包括气候变化成因信号和构造升降成因信号两大类（Romans et al., 2016）。过渡区对环境信号的滤波效应取决于信号的时间尺度（T_p）与系统响应时间（T_{eq}）之间的大小关系（图 7.1.1）。

当"$T_p \geq T_{eq}$"时，环境信号能够被沉积纪录所记载；而当"$T_p \leq T_{eq}$"时，气候振荡往往在沉积物分散系统中被"淹没"（Jerolmack et al.，2010），将系统响应时间尺度较大（$T_{eq} \geq 10^4 a$）、不能响应 10^4 年以小尺度环境信号的源汇系统称为"迟滞响应源汇系统"（图 7.1.1）。故而，"迟滞响应源汇系统"是指：过渡区较宽（≥50km）、响应尺度较大（$T_{eq} \geq 10^4 a$），不能够对 $10^4 a$ 以小尺度环境信号做出应答的源汇系统（图 7.1.1）。

7.1.1.2 迟滞响应源汇系统形成条件

以下两种地质条件使得沉积物分散系统的过渡区较宽，响应尺度也就比较大（$T_{eq} \geq 10^4 a$），常常不能对亚轨道—人类尺度环境信号做出响应，形成迟滞响应源汇系统（图 7.1.1）（龚承林等，2021）。

（1）宽陆架（≥50km）且无峡谷水道延伸到内陆架：如果陆架的宽度≥50km，且无峡谷水道切割陆架坡折并延伸到内陆架或河口；这样的源汇系统往往发育一个较宽的沉积物过渡区犹如信号滤波器一般，对母源区的气候环境信号进行滤波；从而将那些如台风、洪水等高频（≤$10^4 a$）低幅的亚轨道—人类尺度环境信号过滤掉（图 7.1.1）。母源区的环境信号会迟滞、破损，甚至不被深水沉积所响应，形成"迟滞响应源汇系统"。世界上绝大多数陆缘，尤其是被动陆缘，发育一宽阔且平坦的大陆架（譬如图 7.1.2 所示的红河源汇系统和珠江源汇系统），常常形成迟滞响应源汇系统。

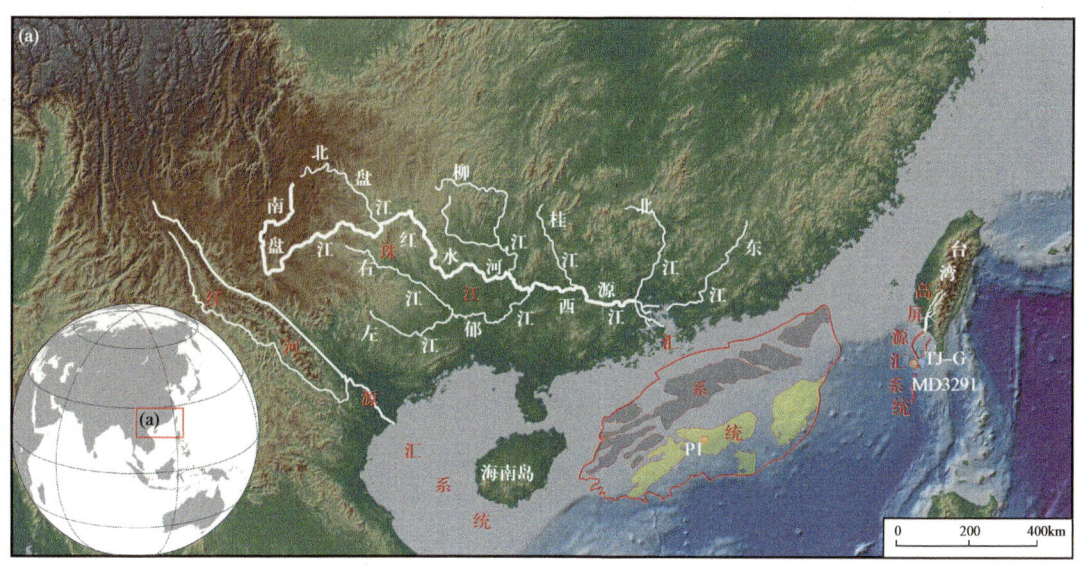

图 7.1.2　地貌图示意的南海北部陆缘形成发育的红河和珠江迟滞响应源汇系统

（2）冰室气候：在过去的 5.4 亿年中，地球主要经历了温室气候（72%）和冰室气候（18%）两种主要的气候类型（图 7.1.2）（Takashima et al.，2006；Nance et al.，2014）。

"晚寒武世、晚泥盆世、石炭纪、二叠纪、三叠纪、渐新世、新近纪和第四纪"被认为是冰室气候期（图7.1.2）（Takashima et al.，2006；Nance et al.，2014）。在冰室气候背景下，冰盖和冰川广泛分布、全球气温大幅度降低，而海平面也以高频（每千年$10^{1\sim2}$次）高幅（$10^{1\sim2}$米）的变化为主（如上新世—更新世的海平面变化）。冰室气候高频高幅海平面变化所诱发的快速可容空间上升使得源汇系统的响应尺度往往比较大（$T_{eq} \geq 10^4 a$），对高频（$T_{eq} \leq 10^4 a$）低幅的环境信号进行滤波、屏蔽，形成迟滞响应源汇系统。

7.1.2 迟滞响应源汇系统多尺度环境信号的过程响应

迟滞响应源汇系统形成于不同的地质条件下，能够对$10^4 a$以大尺度环境信号做出应答，而将$10^4 a$以小尺度环境信号"淹没、覆盖"（图7.1.1）。

7.1.2.1 迟滞响应源汇系统对大尺度环境信号的过程响应

当环境信号的尺度较大（$T_q \geq 10^4 a$）时，能够"压制"迟滞响应源汇系统的响应尺度较大（$T_p \geq T_{eq}$），从而使得$10^4 a$以大尺度环境信号能够被迟滞响应源汇系统所记载（图7.1.1）。中中新世珠江口盆地陆架宽约150~200km，为一典型的"过渡区较宽、响应尺度较大迟滞响应源汇系统"（图7.1.2），它忠实地响应、反馈了$10^4 a$以大尺度的气候事件（如中中新世变冷事件）（图7.1.3）。

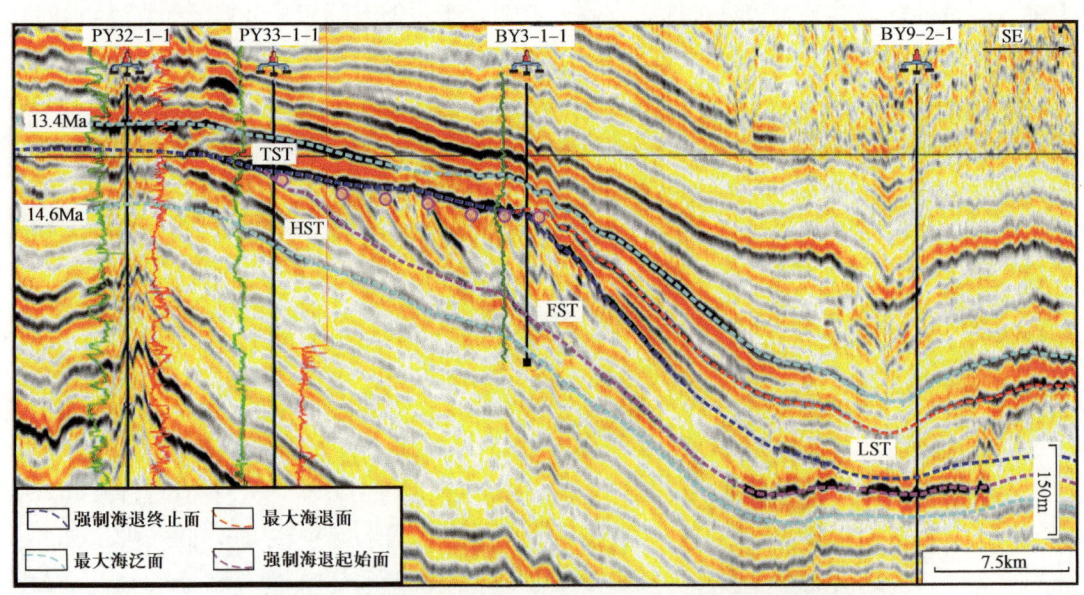

图7.1.3 地震剖面示例的中新世珠江深水源汇系统的沉积特征

在中中新世（14.7Ma~13.8Ma），南极冰盖逐渐扩张并永久性形成，气候也随之显著变冷，这一事件被称之为中中新世变冷事件（陆钧和陈木宏，2006；Raitzsch et al.，2021）。中中新世变冷事件持续时间达0.9Ma，信号的时间尺度约$10^5 a$；为一典型的"$10^4 a$以大尺度的环境信号"。在中中新世珠江迟滞响应源汇系统的沉积区，陆架坡折向下底积（degradation）约 111m、进积距离达 20.71km，计算陆架坡折迁移轨迹的轨迹角为 −0.31°，为一低幅下降型陆架坡折迁移轨迹（图 7.1.3）。这一低幅下降型陆架坡折迁移轨迹是中中新世变冷事件在中中新世珠江迟滞响应源汇系统的沉积响应，忠实地记载了中中新世变冷事件所伴生的大幅海平面下降（最大幅度可达 80m）（Holbourn et al.，2014）。

7.1.2.2 迟滞响应源汇系统对小尺度环境信号的过程响应

当环境信号的尺度较小时（$T_q \leqslant 10^4$ 年）时，则会被迟滞响应源汇系统的响应尺度所"淹没"（$T_p \leqslant T_{eq}$），从而使得 10^4 年以小尺度环境信号不能够被迟滞响应源汇系统所响应（图 7.1.1）。尼日尔三角洲盆地陆架宽约 50～100km（平均约 65km），为一典型的"过渡区较宽、响应尺度较大的迟滞响应源汇系统"。在这样的源汇系统中，沉积物在外陆架—深水盆地的分散—堆积过程不能够忠实地记载反馈 10^4a 以小尺度的气候振荡［如西非季风（West African Monsoon）］。

在尼日尔三角洲迟滞响应源汇系统的物源区，西非季风的强度在新仙女木期间（10.0～10.5ka）达到极大，这一气候事件持续时间仅约 0.5ka；为一典型的 10^4a 以小尺度的环境信号（Jobe et al.，2015）。在尼日尔三角洲迟滞响应源汇系统的物源区，仙女木期强劲西非季风所带来的润湿气候使得母源区的化学风化作用增强、河流搬运能力加剧、陆源沉积物供给增强；而在该源汇系统的沉积区，宽阔的陆架和同期的海平面快速上升使得润湿气候所造成的供给量增加被海平面上升所"淹没"，从而导致深水水道内浊流活动停止，水道废弃（Jobe et al.，2015）。

7.2 瞬态响应源汇系统的过程响应

7.2.1 瞬态响应源汇系统的定义与形成条件

瞬态响应源汇系统（reactive source–to–sink systems）过渡区较窄、响应尺度较小（$T_{eq} \leqslant 10^4$a），形成于五种主要的地质条件下（图 7.2.1）。

7.2.1.1 瞬态响应源汇系统的定义

与"迟滞响应源汇系统"截然不同的是，地表还发育存在一类以"过渡区较窄（≤50km）、响应尺度较小（$T_{eq} \leqslant 10^4$ 年）"为主要特征的源汇系统。我们将这类"过渡区较窄、响应尺度较小，能够对 10^4 年以小尺度环境信号做出应答的源汇系统称之为"瞬态响应源汇系统"（图 7.2.1）。

如图 7.1.2 所示的我国台湾的高屏源汇系统，深海峡谷（高屏峡谷）和高屏溪之间的过渡区仅约 1km；图 7.2.2（c）所示的刚果源汇系统，深海峡谷（刚果峡谷）和刚果河直接相接。与图 7.1.2 所示的珠江和红河源汇系统发育一宽阔的陆架过渡区截然不同，高屏

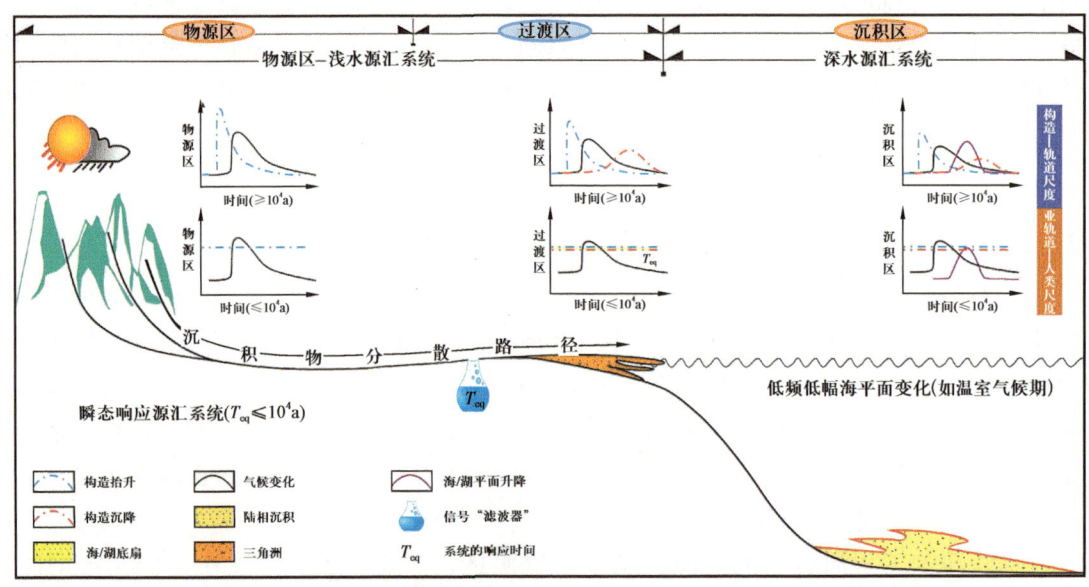

图 7.2.1　瞬态响应源汇系统对多尺度环境信号的响应过程示意图

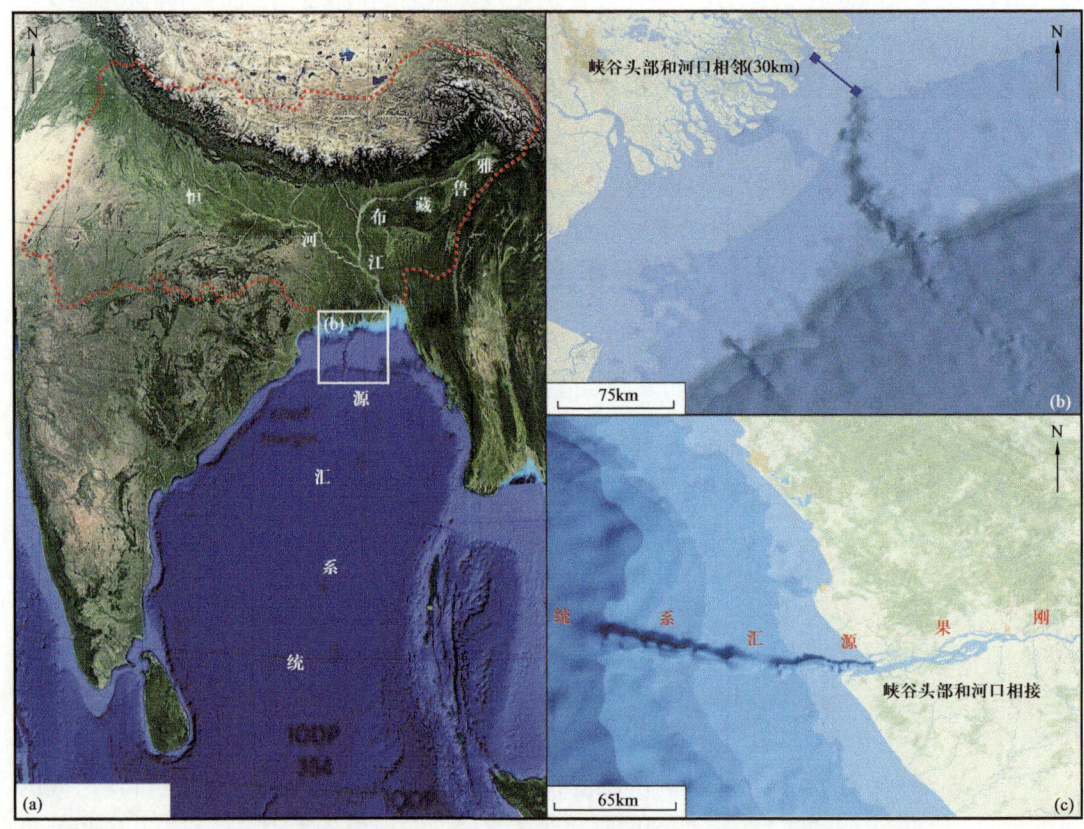

图 7.2.2　峡谷头部和河口相邻[(a)和(b)]以及峡谷头部和河口相接(c)所形成的瞬态响应源汇系统
分图(a)中的地形图下载自谷歌，分图(b)和分图(c)中的地形图下载自 ESRI

源汇系统和刚果源汇系统的过渡区较窄，相应地响应尺度也较小；为典型的瞬态响应源汇系统。

7.2.1.2 瞬态响应源汇系统的形成条件

以下五种地质条件使得沉积物分散系统的过渡区较窄（≤50km），响应尺度也就比较小（T_{eq}≤10^4a），能对亚轨道—人类尺度环境信号做出响应，形成瞬态响应源汇系统（图7.2.1）（龚承林等，2021）。

（1）窄陆架（≤20~50km）：当陆架宽度较窄时（如活动陆缘），源汇系统的过渡区往往较局限，从而导致亚轨道和人类尺度的气候环境变化（如 D/O 事件、厄尔尼诺和热带气旋等）能够被深水沉积所迅速反馈和响应。窄陆架成因的瞬态响应源汇系统的典型实例有南加州活动陆缘的 Santa Ana 和 Santa Clara 源汇体系（Romans et al., 2016），智利活动陆缘（Bernhardt et al., 2015, 2017），北阿尔及利亚 Bejaia 地区的 Soummam Oued 峡谷（Giresse et al., 2013），菲律宾外海的 Malaylay 峡谷（Sequeiros et al., 2017）、坦桑尼亚陆缘（Liu et al., 2016）和东加拿大的圣劳伦斯湾（St. Lawrence Estuary）（Normandeau et al., 2020）。

（2）温室气候：与冰期气候条件显著不同的是，温室状态下南北极冰盖退缩、地球气候更加温润，而海平面也以低频低幅升降变化为主（如晚始新世—早渐新世和晚白垩世—早古新世海平面变化曲线）（图7.2.1）（Takashima et al., 2006; Nance et al., 2014）。"早—中寒武纪、奥陶纪、志留纪、早—中泥盆纪、侏罗纪、白垩纪、古新世和始新世"被认为是温室气候期（图7.2.1）（Takashima et al., 2006; Nance et al., 2014）。在温室气候背景下，低频低幅的海平面升降导致的可容空间以下降或缓慢上升为主，源汇系统的响应尺度往往比较小（T_{eq}≤10^4a），形成瞬态响应源汇系统（图7.2.1）。已有的温室陆缘研究实例也表明温室陆缘一般不发育高角度上升型陆架坡折迁移轨迹指示的可容空间上升（详见 Gong et al., 2016），在这样的源汇系统中过渡区往往比较局限。

（3）峡谷头部和河口相接或相邻（≤30km）：当深水峡谷、水道的头部和河口相连时，所形成的源汇系统过渡区不发育，形成瞬态响应源汇系统。峡谷头部和河口相接（亦即峡谷头部和河口之间的距离≤5km）所形成的瞬态响应源汇系统的典型实例有南加州 Monterey 峡谷和法国外海的 Var 峡谷（Khripounoff et al., 2007）。峡谷头部和河口相邻（即峡谷头部和河口之间的距离介于5~30km之间）时，过渡区也较为局限，形成瞬态源汇系统，譬如，如［图7.2.2（a）和图7.2.2（b）］所示的恒河—雅鲁藏布江瞬态源汇系统、Swatch of No Ground 峡谷和河口之间的距离约在30km左右（Michels et al., 2003; Fournier et al., 2016）。

（4）断陷湖盆：湖盆一般缺少宽阔的陆架区，源汇系统的沉积物过渡区颇为局限，故而系统的响应时间 T_{eq} 往往也较小，能够对亚轨道—人类尺度的高频低幅信号做出迅速而快捷的响应，形成人们常说的"洪水期一片天、枯水期一条线"的瞬态源汇响应格局。岷江在洪水期能够将汶川地震所形成的崩塌沉积物迅速搬运到紫坪铺水库（Zhang et al.,

2019），而阿拉斯加 Eklutna 湖忠实地记载了 1917、1929、1964、1989、1995 和 2012 年发生的 6 次大型洪水事件（Vandekerkhove et al.，2020），两者都是瞬态响应源汇系统的典型实例。

（5）陆架边缘三角洲越过陆架坡折：一般而言，陆架宽度≥50km 的陆缘常常为迟滞响应源汇系统。但在高速沉积物供给条件下，陆架边缘三角洲越过先期陆架坡折，从而使得前陆架边缘三角洲与陆坡水道的头部相连。在这样的背景下，陆架边缘三角洲和陆坡水道形成一个闭合而联通的沉积物供给系统，使得河流搬运而来的沉积物即使在海平面上升时也能够被搬运到深水盆地（Gong et al.，2017）。

7.2.2　瞬态响应源汇系统多尺度环境信号的过程响应

瞬态响应源汇系统过渡区较窄（≤50km）、响应尺度较小（$T_{eq} \leq 10^4 a$），能够对 $10^4 a$ 以大和 $10^4 a$ 以小两种类型的尺度环境信号做出应答（图 7.2.1）。

7.2.2.1　瞬态响应源汇系统对大尺度环境信号的过程响应

瞬态响应源汇系统的响应尺度较小（$T_{eq} \leq 10^4 a$），$10^4 a$ 以大尺度环境信号能够调控瞬态响应源汇系统的剥蚀—搬运—堆积过程；从而被这一源汇系统沉积区的沉积纪录所记载（图 7.2.1）。渐新世的鲁武马盆地的陆架较窄，约 30~50km；为一典型的过渡区较窄的瞬态响应源汇系统，其能够对 $10^4 a$ 以大尺度的环境信号（如渐新世初大冰期）做出响应。

在始新世晚期—渐新世初期，环南极洋流阻止了南极底层水与赤道区水体之间的水体交换，从而使得南极大陆在这段时间内急剧变冷，形成大规模冰盖，这一事件简称"渐新世初大冰期事件"（Zachos et al. 2001；陆钧等，2006）。渐新世初大冰期事件始于 34.44Ma 前，于 33.65Ma 前达到最盛，持续时间为 0.79Ma；该事件为一典型的"$10^4 a$ 以大尺度环境信号"，被渐新世鲁武马盆地瞬态响应源汇系统所响应记载（图 7.2.3）。具体来说，在如图 7.2.3 所示的东非连井剖面上，1 井和 5 井暖水种浮游有孔虫和钙质超微化石丰度显著降低，是渐新世初大冰期变冷事件作用的结果。相较于以灰绿色泥岩为主的始新世海底扇，渐新世初大冰期形成的渐新世海底扇以中粗砂岩为主；这一海底扇岩性变化可能响应于渐新世初大冰期寒冷干燥气候（图 7.2.3）（陈宇航等，2017）。干冷的气候使非洲大陆机械风化作用加强，同时大规模冰盖的形成使得海平面急剧下降，从而使得更多的陆源物质（尤其是粗粒物质）由源到汇输送搬运到鲁武马深水区，形成富砂的海底扇（图 7.2.3）（陈宇航等，2017）。

7.2.2.2　瞬态响应源汇系统对小尺度环境信号的过程响应

瞬态响应源汇系统的响应尺度较小（$T_{eq} \leq 10^4 a$），$10^4 a$ 以小尺度的环境信号也能够调控瞬态响应源汇系统的剥蚀—搬运—堆积过程；从而被这一源汇系统沉积区所记载（图 7.2.1）。我国台湾的高屏峡谷与高屏溪河口之间的距离约为 1.0km，为一典型的"窄

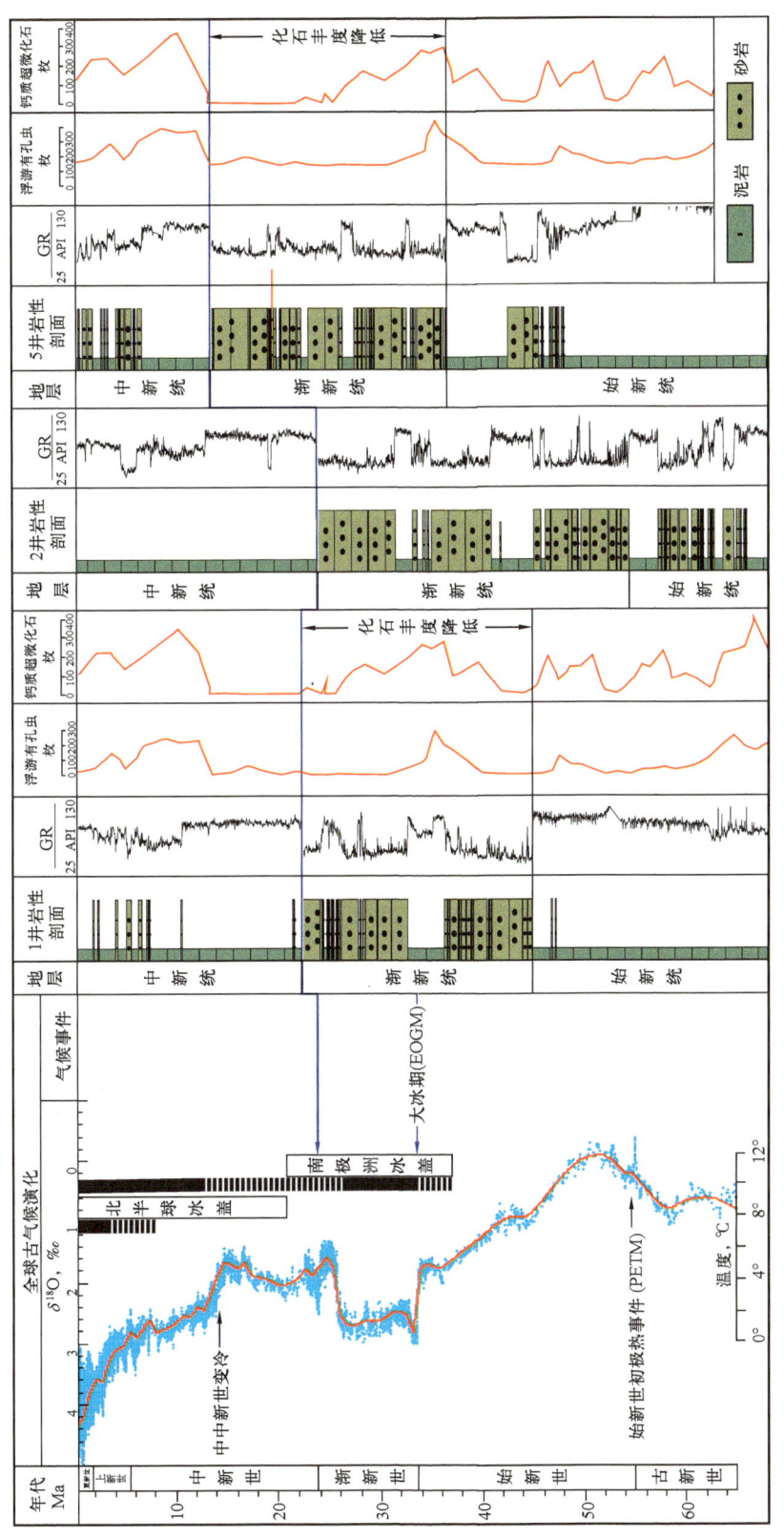

图 7.2.3 鲁武马盆地区域连井剖面及其与古气候事件（全球古气候演变引自 Zachos et al., 2001）之间的源汇响应

陆架成因的瞬态响应源汇系统"（图7.1.2）；这一源汇系统沉积期的浊流活动忠实记载了途经台湾岛的台风事件。

在瞬态响应源汇系统的沉积区，Zhang等（2018）在高屏峡谷水深2104m的TJ-G断面［区域位置见图7.1.2（a）］处，3.5年内共监测到16次以"高沉积物通量、高悬浮物浓度、温度增加和盐度降低"浊流事件［图7.2.4（a）至图7.2.4（e）］，这16次浊流事件与区域地震活动并无匹配关系，而是由途经台湾的16次台风所致（图7.2.4）。

此外，在南加州Santa Ana和Santa Clara瞬态响应源汇系统中（陆架宽约5～30km）：人类尺度的厄尔尼诺伴随的润湿气候使得母源区遭受强烈的化学风化，同时河流搬运能力增强，使得大量的沉积物被搬运到南加州外海。所形成的Hueneme海底扇的平均堆积速率由中全新世的5～8m/ka激增到晚全新世厄尔尼诺气候期的10～12.5m/ka；而Newport海底扇的平均堆积速率也相应从8～10m/ka增大到15～22m/ka（Covault et al.，2010；Romans et al.，2016）。在菲律宾Malaylay瞬态响应源汇系统中（陆架约5～10km）：Sequeiros et al.（2019）研究揭示菲律宾外海Malaylay峡谷内浊流活动主要由2006年的Durian台风和2016年的Nock-ten两次强台风所致。与"高屏峡谷内洪水成因的浊流"不同。

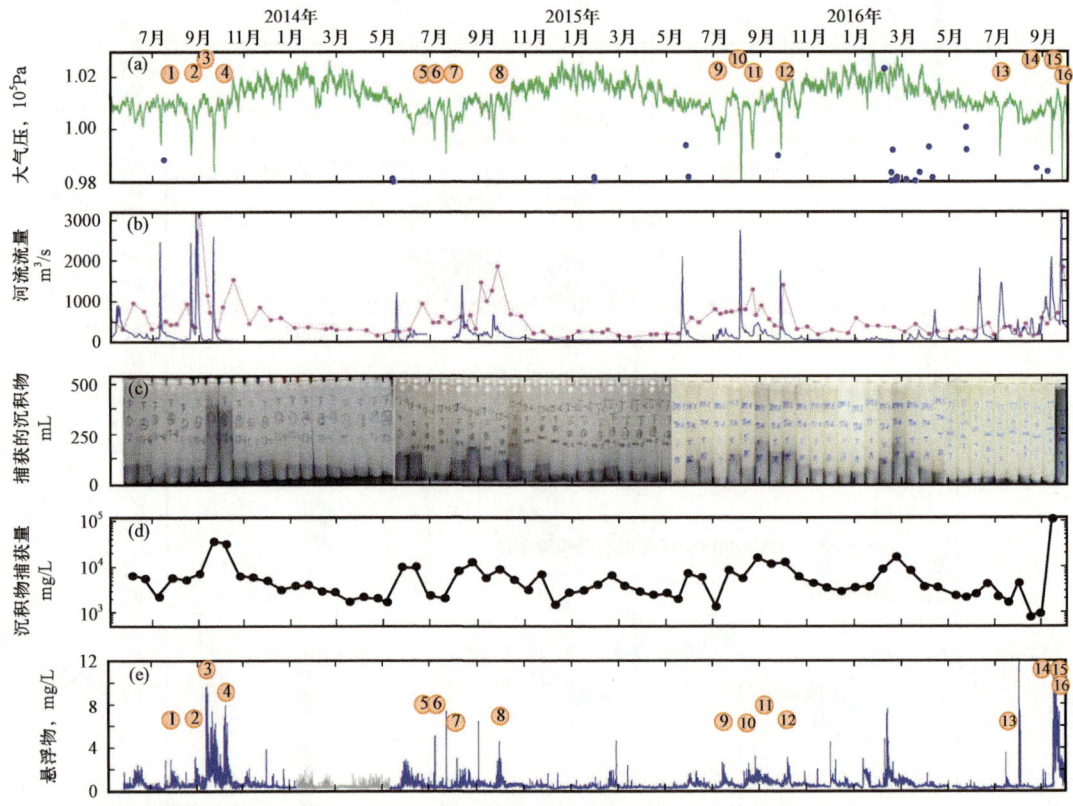

图7.2.4　高屏峡谷TJ-G观察点的16次浊流活动的沉积物捕获量［(c)和(d)］、悬浮物浓度(e)及其与区域地震活动(a)以及河流径流量(b)的响应关系（据Zhang et al.，2018）

7.3 源汇系统的耦合模式

7.3.1 基于空间尺度的源汇系统耦合模式

从源汇要素的空间尺度（如空间地貌比例关系和空间地貌结构）可以将源汇系统区分为不同的耦合模式，不同类型的源汇系统耦合模式一定程度上是物源区基岩类型，输导搬运通道的搬运方式、能力，沉积区水体作用强度的综合体现（图 3.1.6 和图 5.2.3）。

7.3.1.1 基于地貌比例关系的源汇系统耦合模式

当源汇系统这一学术思想融入到盆地分析的研究中来，Sømme 等（2009）统计了全球 29 个不同构造背景条件下的陆—洋源汇系统的剥蚀区、搬运区和沉积区的各类地貌要素，并建立了各类源汇要素之间的地貌比例关系（图 5.2.3）。通过对源汇地貌参数的统计分析发现，全球典型源汇系统可以依据剥蚀区的面积和古水系参数区分为小型、中型和大型三类源汇系统耦合模式，不同类型的源汇系统耦合模式具有不同的海底扇长度、宽度和面积（Sømme et al.，2009；Blum et al.，2013）：

（1）大型源汇系统：汇水盆地面积约 $10^6 km^2$，供给水系长度为 2000～4000km，海底扇长度为 500～1000km，海底扇宽度大于 500km，海底扇面积约 $10^5 km^2$（图 5.2.3）（Sømme et al.，2009；Blum et al.，2013）。

（2）中型源汇系统：汇水盆地面积约 $10^5 km^2$，供给水系长度为 750～1000km，海底扇长度为 100～200km，海底扇宽度大于 100km，海底扇面积约 $10^5 km^2$（图 5.2.3）（Sømme et al.，2009；Blum et al.，2013）。

（3）小型源汇系统：汇水盆地面积约 $10^4 km^2$，供给水系长度为 75～100km，海底扇长度小于 25km，海底扇宽度为 25～50km，海底扇面积小于 $10^4 km^2$（图 5.2.3）（Sømme et al.，2009；Blum et al.，2013）。

此外，Bhattacharya 等（2016）从空间地貌比例关系的角度提出了两种源汇耦合模式：（1）传送带型源汇耦合模式，这类源汇耦合模式发育大型内陆泄水盆地作为源区，盆外河流作为供源通道，物源供给充沛，形成大型沉积体，而沉积物搬运和沉积过程受源区演化控制；（2）吸尘器型源汇耦合模式，这类源汇耦合模式由盆内下切谷提供少量沉积物并搬运至沉积区，形成小规模沉积体。

7.3.1.2 基于空间地貌结构的源汇系统耦合模式

根据地貌的空间结构特征，Helland-Hansen 等（2016）识别划分了三种源汇耦合模式（图 3.1.6）：

（1）近源—陡坡—深水型源汇耦合模式：物源区水系长度较短（＜100km），过渡区地势陡峭，沉积区水体较深（＞500m）；这类源汇耦合模式常常发育在离散环境（如活动大陆裂谷、原始大洋裂陷槽）、聚敛环境（如弧前盆地、弧内盆地、弧后盆地、海沟）

和转换环境中（如扭张盆地、扭压盆地）（图 3.1.6）。

（2）远源—缓坡—深水型源汇耦合模式：物源区水系长度较大（1000～7000km），过渡区地势平缓，沉积区水体较深（达千米级别）；这类源汇耦合模式常常发育在大型远源水系补给的被动陆缘（图 3.1.6）。

（3）远源—缓坡—浅水型源汇耦合模式：物源区发育大型水系（100～1000km），过渡区地势平缓，沉积区水体较浅（100～1000km）；这类源汇耦合模式也常见于大型远源水系补给的被动陆缘上（图 3.1.6）。

7.3.2　基于尺寸规模的源汇系统耦合模式

根据源汇系统物源区流域单元和沉积区沉积体面积、形态及其二者组合、配置关系，可划分出 4 种耦合模式：哑铃型、球拍型、奖杯型和标枪型（图 7.3.1）。

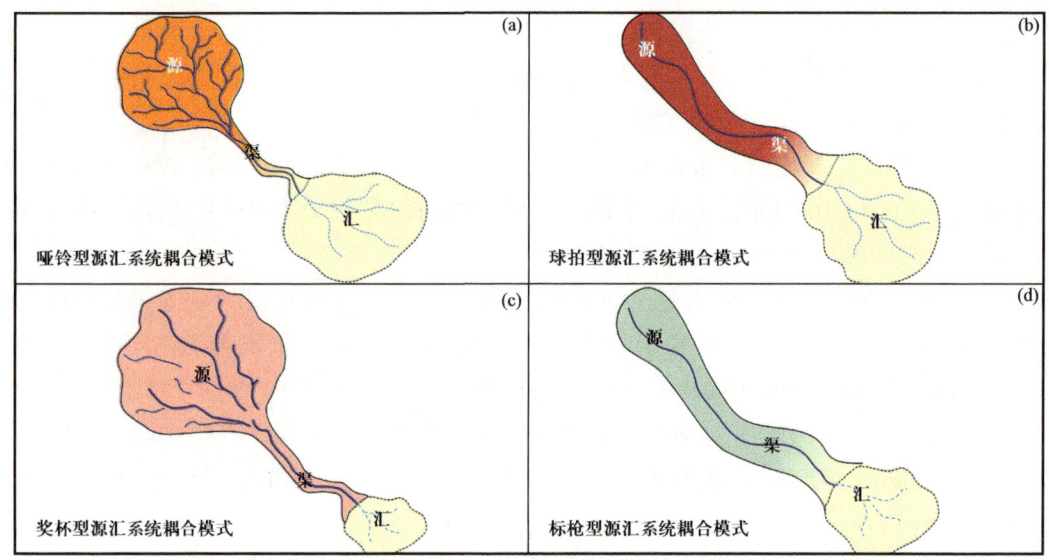

图 7.3.1　基于尺寸规模的源汇系统耦合模式图

7.3.2.1　哑铃型源汇系统耦合模式和球拍型源汇系统耦合模式

源汇系统的物源区和沉积区可见"大源—大汇"和"小源—大汇"两种源汇格局，相应形成"哑铃型源汇系统耦合模式"和"球拍型源汇系统耦合模式"（图 7.3.1）。

哑铃型源汇系统耦合模式是指：物源区流域单元面积与汇区沉积体面积基本相近，反映的是一种"大源—大汇"的源汇系统耦合模式［图 7.3.1（a）］。哑铃型源汇系统耦合模式的物源区与沉积区比例接近于 1∶1，通常发育发散状水系和树枝状水系，水系发育程度高，且分支比较大［图 7.3.1（a）］。这类源汇形态往往发育大型内陆泄水盆地作为源区，盆外河流作为供源通道，物源供给充沛，形成大型沉积体，而沉积物搬运和沉积过程受源区演化控制。在渤海湾盆地渤南低凸起西支古近系 A 区、B 区和 C 区三个源汇系统中，B 区和 C 区源汇系统的物源区发育树枝状水系，分支比约为 3.27，河网系数为 1.47，河网密度 1.1km/km² 左右，是一种优势供给水系，且供源母岩为火成岩，能够提供的颗粒质更多（大源）；在 B 区和 C 区源汇系统的沉积区，扇三角洲具有沉积厚度大、面积广的特征（大汇）（朱洪涛，2023）。整体上，渤南低凸起西支古近系 B 区和 C 区源汇系统呈"大源—大汇"的源汇格局，组合形成典型的哑铃型耦合模式 [图 7.3.2（a）]。

球拍型源汇系统耦合模式是指：较小的物源区流域单元面积和较大的汇区沉积体面积的组合样式，反映出"小源—大汇"型源汇系统的沉积单元组合方式 [图 7.3.1（b）]。球拍型源汇系统耦合模式通常指示该源汇系统物源区母岩成砂效率高，输砂能力强，颗粒质含量较多而溶解质相对较低；这类源汇系统的物源区与主体汇区比例明显小于 1:1，通常只发育单支或多支干流水系，水系的分叉系数小，且水系级别较低 [图 7.3.2（b）]。在渤海湾盆地渤南低凸起西支古近系 A 区、B 区和 C 区三个源汇系统中，A 区古源汇系统的物源区以干流型水系为主，水系分叉系数较低，物源区相对较小（小源）；而在这一源汇系统的沉积区，在这种高角度斜坡背景下发育大规模的扇三角洲沉积（大汇）[图 7.3.2（a）]（朱洪涛，2023）。整体上，渤南低凸起西支古近系 A 区源汇系统呈"小源—大汇"的源汇格局，组合形成典型的球拍型源汇耦合模式 [图 7.3.2（a）]。

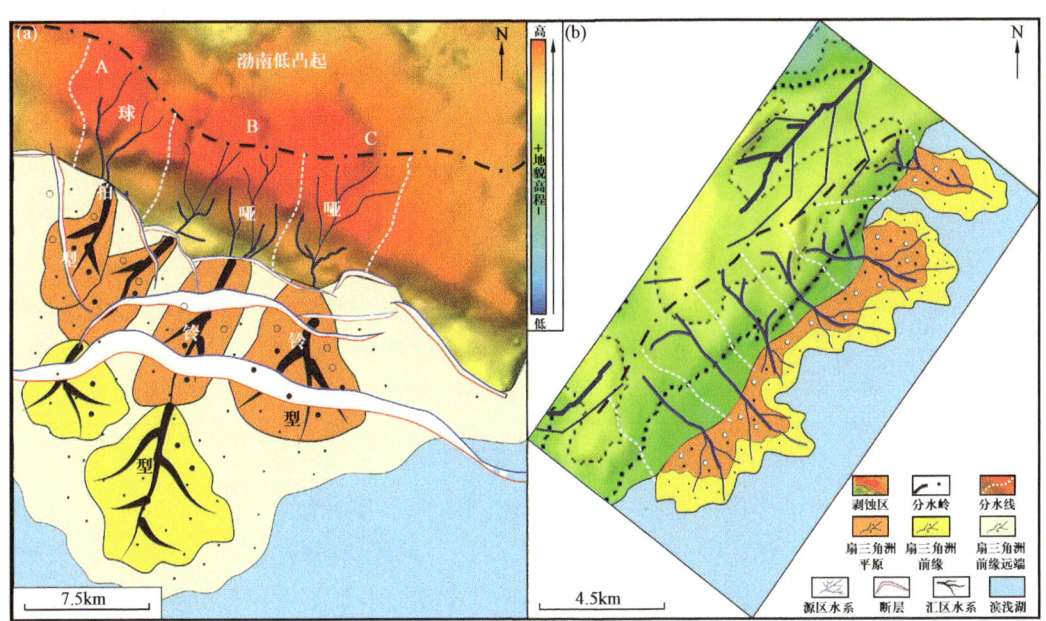

图 7.3.2 （a）渤南低凸起古近纪"球拍型"和"哑铃型"源汇系统耦合模式；（b）辽东低凸起古近纪"标枪型"源汇系统耦合模式

7.3.2.2 奖杯型源汇系统耦合模式和标枪型源汇系统耦合模式

源汇系统的物源区和沉积区可见"大源—小汇"和"小源—小汇"两种源汇格局，相应形成"奖杯型"源汇系统耦合模式"和"标枪型源汇系统耦合模式"（图 7.3.1 和图 7.3.3）。

奖杯型源汇系统耦合模式是指：物源区流域单元面积大于沉积区沉积体面积，呈现出"大源—小汇"源汇系统耦合模式［图7.3.1（c）］。奖杯型源汇系统耦合模式通常指示该源汇系统物源区母岩成砂效率低、溶解质较多，剥蚀的沉积物较难保存于沉积区，物源区的水系也有一定程度的发育，其物源区与主体汇区比例明显大于1∶1，产生这种差异的原因通常与颗粒质和溶解质的占比有关［图7.3.1（c）］。在渤海海域沙垒田凸起区，发育树枝状水系，分支比约为2，河网发育系数约0.91，河网密度0.34km/km²左右，水系发育程度高、有效物源面积较大，达241km²（大源）（朱红涛，2023）。虽然发育树枝状水系，但供源母岩以碳酸盐岩为主，易于保存的颗粒质供给有限，在碳酸盐岩砾石搬运过程中不断受到溶蚀，形成厚度及展布面积都较小的砂体，多扇体累计面积71km²（小汇），属于典型的奖杯型古源汇系统（朱红涛，2023）。

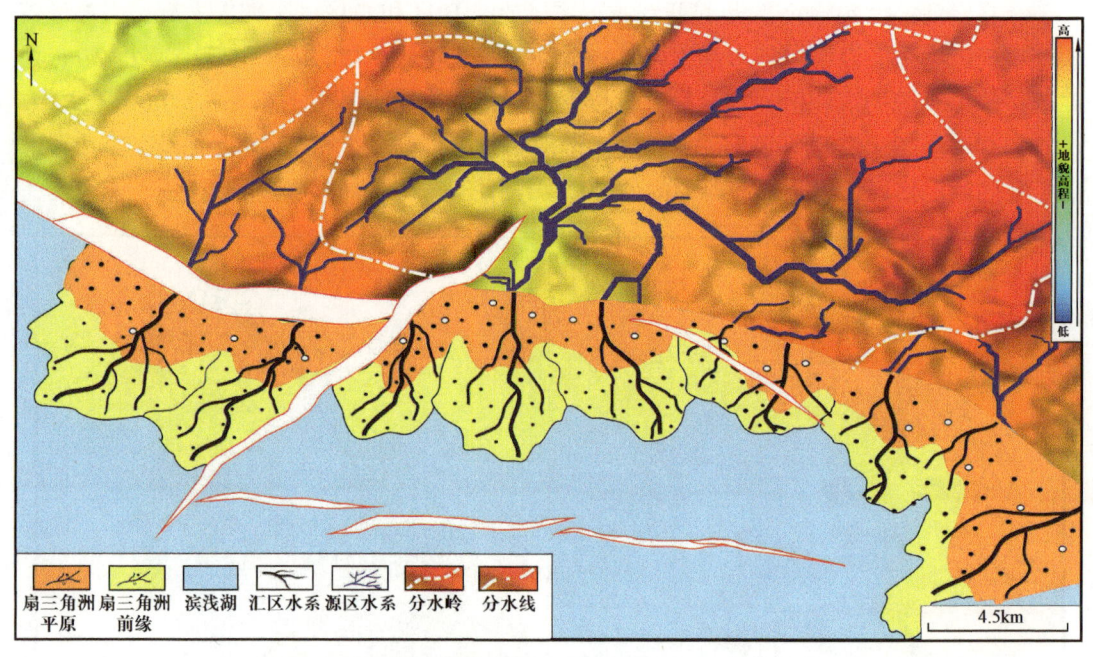

图7.3.3　沙垒田凸起古近纪"奖杯型"源汇系统耦合模式

标枪型源汇系统耦合模式是指：物源区流域单元面积和沉积区沉积体均不太发育，呈现出"小源—小汇"源汇系统耦合模式［图7.3.1（d）］。标枪型源汇系统耦合模式通常指示该源汇系统物源区母岩成砂效率低、溶解质较多，水系不发育，沉积区沉积体不发育［图7.3.1（d）］。不同类型的源汇系统耦合模式一定程度上综合体现了物源区基岩类型、输导搬运通道搬运方式、能力，沉积区水体作用强度［图7.3.1（d）］。在辽东低凸起源汇系统的物源区，发育一系列平行或近平行单支水系，水系发育程度低、有效物源面积小（仅约10km²），属于典型的"小源"；在这一源汇系统的沉积区，扇体沉积面积较小，单个扇体小的仅3～7km²，属于典型的"小汇"（朱红涛，2023）［图7.3.2（b）］。整体上，辽东低凸起古近纪呈"小源—小汇"的源汇格局，组合形成典型的标枪型耦合模式［图7.3.2（b）］。

参 考 文 献

操应长，徐琦松，王健，2018.沉积盆地"源—汇"系统研究进展［J］.地学前缘，25（4）：116-131.

陈宇航，姚根顺，吕福亮，等，2017.东非鲁伍马盆地渐新统深水水道—朵体沉积特征及控制因素［J］.石油学报，38（9）：1047-1058.

龚承林，齐昆，徐杰，等，2021.深水源—汇系统对多尺度气候变化的过程响应与反馈机制［J］.沉积学报，39（01）：231-252.

陆钧，陈木宏，2006.新生代主要全球气候事件研究进展［J］.热带海洋学报，25（06）：72-77.

朱红涛，徐长贵，杜晓峰，等，2023.陆相盆地古源汇系统定量重建、级次划分及耦合模式［J］.石油与天然气地质，44（03）：539-552.

Bernhardt A, Melnick D, Jara-Muñoz J, et al., 2015. Controls on submarine canyon activity during sea-level highstands: the Biobío canyon system offshore Chile［J］. Geosphere, 11: 1226-1255.

Bernhardt A, Schwanghart W, Hebbeln D, et al., 2017. Immediate propagation of deglacial environmental change to deep-marine turbidite systems along the Chile convergent margin［J］. Earth and Planetary Science Letters, 473: 190-204.

Bhattacharya J P, Copeland P, Lawton T F, et al., 2016. Estimation of source area, river paleo-discharge, paleoslope, and sediment budgets of linked deep-time depositional systems and implications for hydrocarbon potential［J］. Earth-Science Reviews, 153: 77-110.

Blum M, Martin B J, Milliken K, et al., 2013, Paleovalley systems: insights from quaternary analogs and experiments［J］. Earth-Science Reviews, 116: 128-169.

Covault J A, Romans B W, Fildani A, et al., 2010. Rapid climatic signal propagation from source to sink in a southern California sediment-routing system［J］. The Journal of Geology, 118: 247-257.

Fournier L, Fauquembergue K, Zaragosi S, et al., 2016. The Bengal fan: external controls on the Holocene active channel turbidity activity［J］. The Holocene, 27: 1-14.

Giresse P, Bassetti M A, Pauc H, et al., 2013. Sediment accumulation rates and turbidite frequency in the eastern Algerian margin: an attempt to examine the triggering mechanisms［J］. Sedimentary Geology, 294: 266-281.

Gong C, Steel R J, Wang Y, et al., 2017. Shelf-edge delta overreach at the shelf break can guarantee the delivery of terrestrial sediments to deep water at all sea-level stands［J］. AAPG Bulletin, 103: 65-90.

Gong C, Steel R J, Wang Y, et al., 2016. Shelf-margin architecture variability and its role in source-to-sink sediment budget partitioning［J］. Earth-Science Reviews, 154: 72-101.

Helland-Hansen W, Sømme T O, Martinsen O J, et al., 2016. Deciphering Earth's natural hourglasses: perspectives on source-to-sink analysis［J］. Journal of sedimentary research, 86: 1008-1033.

Holbourn A, Kuhnt W, Lyle M, et al., 2014. Middle Miocene climate cooling linked to intensification of eastern equatorial pacific upwelling［J］. Geology, 42: 19-22.

Jerolmack D J, Paola C, 2010. Shredding of environmental signals by sediment transport［J］. Geophysical Research Letters, 37: L19401.

Jobe Z R, Sylvester Z, Parker A O, et al., 2015. Rapid adjustment of submarine channel architecture to changes in sediment supply［J］. Journal of Sedimentary Research, v. 85, p. 729-753.

Khripounoff A, Vangriesheim A, Crassous P, et al., 2007. High frequency of sediment gravity flow events in the Var submarine canyon (Mediterranean Sea)［J］. Marine Geology, 263: 1-6.

Liu X, Rendle-Bühring R, Henrich R, 2016. Climate and sea-level controls on turbidity current activity on the Tanzanian upper slope during the last deglaciation and the Holocene [J]. Quaternary Science Reviews, 133: 15-27.

Michels K H, Suckow A, Breitzke M, et al., 2003. Sediment transport in the shelf canyon "Swatch of No Ground" (Bay of Bengal) [J]. Deep Sea Research Part II: Topical Studies in Oceanography, 50: 1003-1022.

Nance R D, Murphy J B, Santosh M, 2014. The supercontinent cycle: a retrospective essay [J]. Gondwana Research, 25 (1): 803-816.

Normandeau A, Bourgault D, Neumeier U, et al., 2020. Storm-induced turbidity currents on a sediment-starved shelf: insight from direct monitoring and repeat seabed mapping of upslope migrating bedforms. Sedimentology, 67: 1045-1068.

Raitzsch M, Bijma J, Bickert T, et al., 2021. Atmospheric carbon dioxide variations across the middle Miocene climate transition: climate of the Past, 17: 703-719.

Romans B W, Castelltort S, Covault J A, et al., 2016. Environmental signal propagation in sedimentary systems across timescales [J]. Earth-Science Reviews, 153: 7-27.

Sequeiros O E, Pittaluga M B, Frascati A, et al., 2017. How typhoons trigger turbidity currents in submarine canyons [J]. Scientific Reports, 9: 9220.

Sømme T O, Helland-Hansen W, Martinsen O J, et al., 2009. Relationships between morphological and sedimentological parameters in source-to-sink systems: a basis for predicting semi-quantitative characteristics in subsurface systems [J]. Basin Research, 21: 361-387.

Takashima R, Nishi H, Huber B, et al., 2006. Greenhouse World and the Mesozoic Ocean [J]. Oceanography, 19: 82-92.

Vandekerkhove E, Daele M V, Praet N, et al., 2020. Flood-triggered versus earthquake-triggered turbidites: a sedimentological study in clastic lake sediments (Eklutna Lake, Alaska) [J]. Sedimentology, 67: 364-387.

Zachos J, Pagani M, Sloan L, et al., 2001. Trends, rhythms, and aberrations in global climate 65Ma to present [J]. Science, v. 27, p. 686-693.

Zhang F, Jin Z, West A J, et al., 2019. Monsoonal control on a delayed response of sedimentation to the 2008 Wenchuan earthquake [J]. Science Advance, 5: eaav7110.

Zhang Y, Liu Z, Zhao Y, et al., 2018. Long-term in situ observations on typhoon-triggered turbidity currents in the deep sea [J]. Geology, 46: 675-678.

第 8 章 源汇系统控砂模式与控储机制

8.1 陆洋源汇系统控砂模式

8.1.1 基于锆石测年重建陆洋源汇系统宏观沉积背景

从 21 世纪初开始，地质学家强调对物源区和沉积物分散路径的研究，将源汇系统方法原理［如基于碎屑锆石 U/Pb 测年和 U–Pb 和（U–Th）/He 双测年］运用到沉积盆地古水系重建中来，从而达到为油气聚集区带和勘探战略选区等提供宏观源汇沉积背景的目的。

8.1.1.1 碎屑锆石测年方法原理

近年来，碎屑锆石 U/Pb 测年被广泛地应用到作为沟通汇水区与造山带之间的纽带（沉积物分散路径）的恢复重建中来（图 8.1.1 和图 8.1.2）（徐杰和姜在兴，2019）。

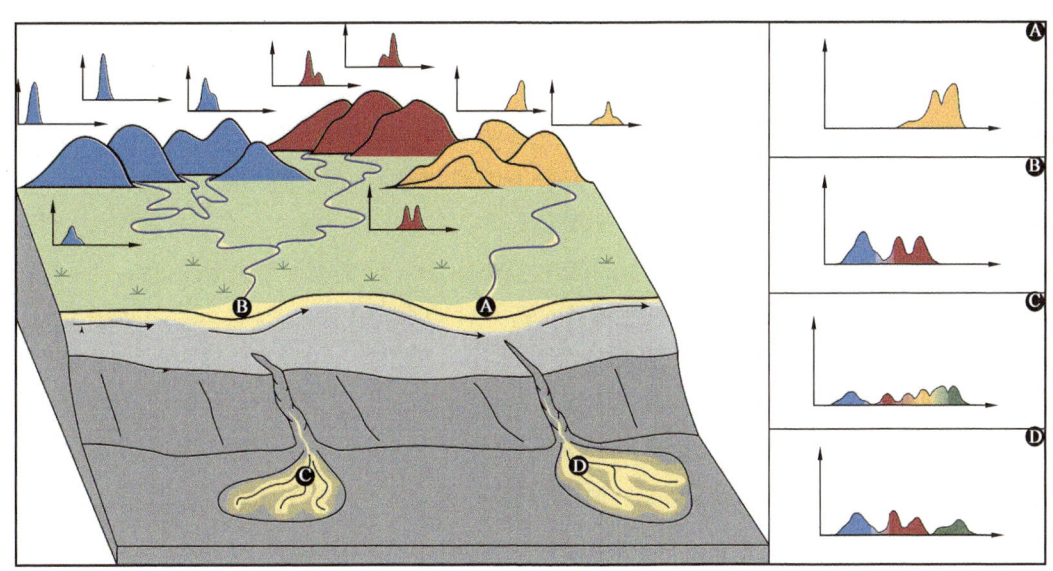

图 8.1.1　通过比对"碎屑锆石 U/Pb 年龄谱峰特征进行物源示踪分析"方法原理示意图（据 Sharman et al., 2017，有修改）

1）碎屑锆石 U/Pb 测年

在整个源汇系统内部，通过比对碎屑锆石 U/Pb 年龄谱峰值分布情况与潜在物源区特征年龄谱，可以锁定潜在的物源区（图 8.1.1）（Lawton，2014）。值得注意的是，在使用碎屑锆石测年恢复物源再造沉积盆地古水系时，需要在"年龄谱特征比对"的基础上，结合区域地质背景、沉积背景与源区的构造演化，否则简单地根据碎屑锆石年龄进行比对犹如"按图索骥"（徐杰和姜在兴，2019）。

在进行碎屑锆石 U/Pb 年龄谱时，地质学家提出利用柯尔莫哥洛夫（Kolmogorov）—斯米洛夫（Smirnoff）测试（简称 K-S 测试）进行数据体之间的对比，以解决"因碎屑锆石年代数据量巨大，从而造成难以进行人工对比"的"窘境"。该方法可以通过两两数据体之间的统计分析，给出一个 P 值：（1）如若 P 等于 0，则说明 2 个样品受到完全不同的物源区影响；（2）P 值大于 0.05，则说明 2 个样品有 95% 的可能受到同一物源区影响；（3）若 P 等于 1 则说明 2 个样品来自完全一样的源区（徐杰和姜在兴，2019）。

基于 K-S 测试，伦敦大学 Pieter Vermeesch 于 2013 年提出"多维定标分析（Multi-dimensional Scaling，MDS）"（Vermeesch，2013）。多维定标分析可以快速地比较多个样品之间的异同：如果两个样品的碎屑锆石 U/Pb 年龄谱高度相似，则说明两个样品会在成图中投在相邻区域；反之如果两个样品的碎屑锆石 U/Pb 年龄谱存在较大差异，则说明两个样品在成图中会被远远分开（图 8.1.2）。K-S 测试则只能展示两两之间的异同，当样品数量足够多的时候，K-S 测试则会带来分析工作量的急剧增加；而多维定标分析可以可视化地展示多组数据之间的异同，故而被认为是一种"使用上更为便捷和视觉上更为友好"的物源示踪技术（徐杰和姜在兴，2019）。

2）锆石 U/Pb 和（U-Th）/He 双测年

利用碎屑锆石进行物源示踪分析的时候，是基于"所有的碎屑锆石均直接来自先前产生锆石的岩浆岩或变质岩体"这一假设（图 8.1.1）。由于锆石抗物理和化学风化能力极强，可以被反复埋藏、剥蚀，导致碎屑锆石可能来自于早期的沉积岩，而不是源自其年龄数据所指示的结晶基底。这些来自沉积岩中的碎屑锆石发生再剥蚀，沉积到研究的盆地中就被称为碎屑锆石的"多旋回"（徐杰和姜在兴，2019）。因此，在进行源汇系统物源示踪研究时，常常碰到"在碎屑锆石的年龄分布中无法识别出阶段剥露信息，难以区分来自沉积岩（多旋回）或基底（单旋回）的锆石"的难题（Reiners et al.，2005；徐杰和姜在兴，2019）。针对这一难题，地质学家提出了"单锆石 U/Pb 和（U-Th）/He 双测年技术"，来获取同一颗锆石的剥蚀年龄［即（U-Th）/He 年龄］和结晶年龄（U/Pb 年龄）。所谓"单锆石的 U/Pb 和（U-Th）/He 双测年技术"是指：对同一颗碎屑锆石获取 U/Pb 和（U-Th）/He 年龄，从而达到双重的年龄约束（图 8.1.2）（Reiners et al.，2005）。美国耶鲁大学博士 Jeffrey M. Rahl 发表了第一篇应用单颗粒碎屑锆石 U/Pb 和（U-Th）/He 双测年技术进行物源分析的文章（Rahl et al.，2003）。Xu 等（2017a，2017b）采用单锆石的 U/Pb 和（U-Th）/He 双定年技术对墨西哥湾中新统地层进行物源分析，发现存在源自 Grenville 造山期的锆石具有 4 种不同的 U/Pb 和（U-Th）/He 年龄组合，代表了 4 种不同的源区（图 8.1.3），而仅仅使用 U/Pb 数据只能识别出一种源区且存在误判的可能。

结合锆石的剥露年龄和沉积年龄，可计算物源区与沉积区之间的滞留时间（lag time）：

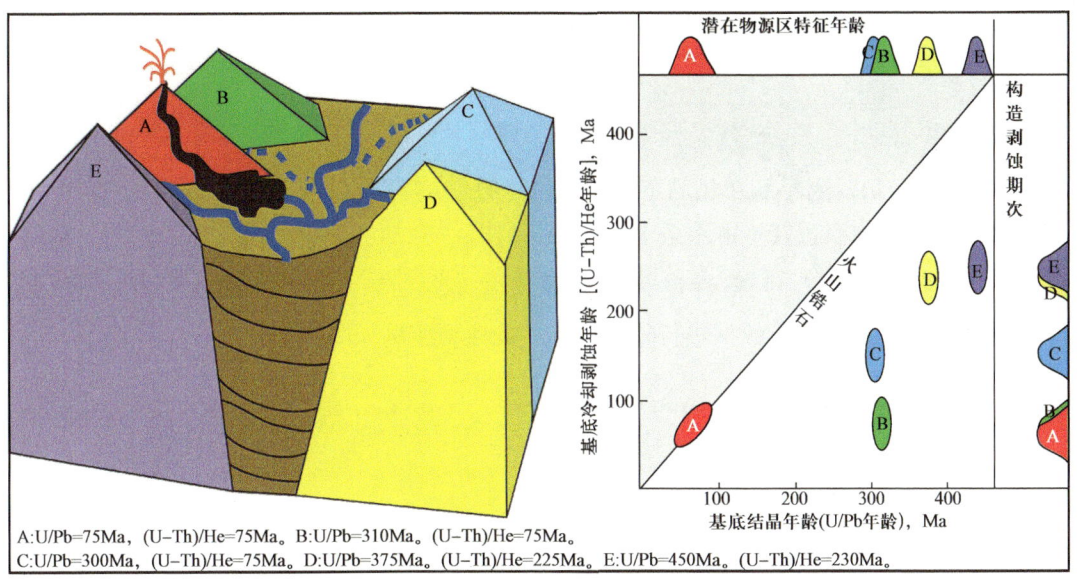

图 8.1.2 碎屑锆石 U/Pb 和（U–Th）/He 双测年技术分析物源原理示意图（据 Reiners et al., 2005）

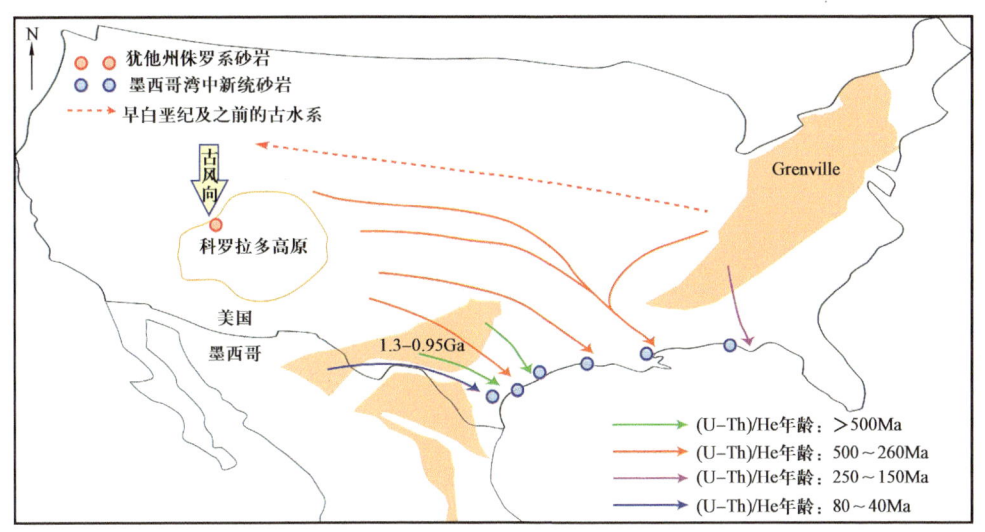

图 8.1.3 北美大陆古水系迁移演化图（据 Xu et al., 2017a, 2017b；徐杰和姜在兴, 2019）

$$L_t = T_c - T_d$$

式中，L_t 为物源区与沉积区之间的滞留时间；T_c 为锆石记录的冷却/剥蚀年龄；T_d 为锆石的沉积年龄。如若"$L_t \approx 0$"（即拟定年锆石的（U–Th）/He 年龄与该样品所在的地层沉积年龄接近），则说明从源区剥蚀开始到进入沉积区堆积的时间间隔很短，所测年的碎屑锆石则可以确定为单旋回锆石。如若"$L_t \neq 0$"（亦即拟定年锆石的（U–Th）/He 年龄与该样品所在的地层沉积年龄相差较大），则说明该测年锆石于古老造山期（构造活动时期远老于沉积地层年龄）剥蚀，然后被埋藏，最终再次剥蚀进入现今研究的沉积地层。如若锆石的（U-Th）/He 年龄与 U/Pb 年龄接近，则可基本判断是直接源自火山岩（图 8.1.2）。

8.1.1.2　陆洋源汇系统宏观沉积背景重建

碎屑锆石 U/Pb 测年和单锆石 U/Pb 和（U-Th）/He 双测年技术也被广泛地运用到沉积盆地宏观源汇沉积背景（古水系）恢复中来。

1）基于碎屑锆石 U/Pb 年龄的古水系重建

"利用锆石 U/Pb 年龄数据进行物源示踪"的典型实例如图 8.1.4 所示。

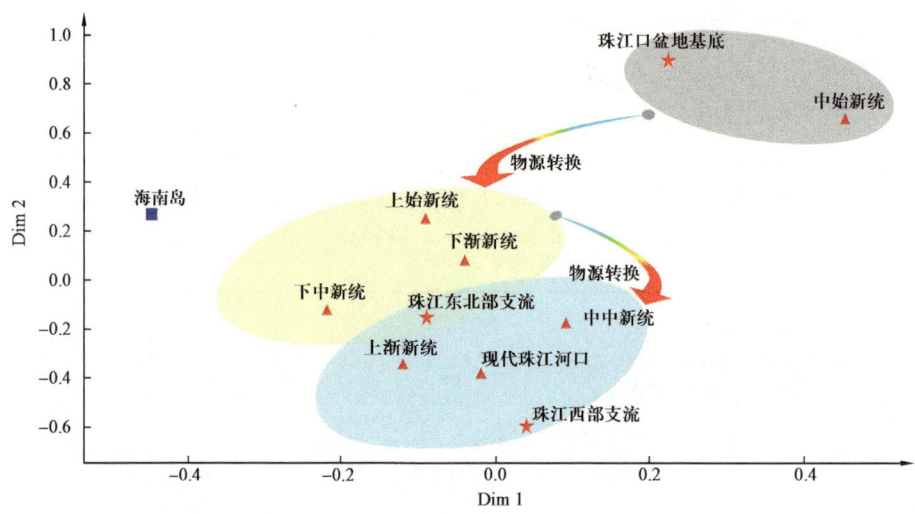

图 8.1.4　南海北部珠江口盆地北部中始新统—现代沉积物及其潜在物源区锆石 U/Pb 年龄多维定标分析（MDS）图

在测试获得"南海北部珠江口盆地中始新统—现代沉积物及其潜在物源区锆石 U/Pb 年龄数据"的基础上，将基于 Kuiper 检验的 V_{max} 值、通过一定的算法、以点的形式投射在多维空间，即可得到锆石 U/Pb 年龄的多维定标图，以指示不同样品间年龄组分的差异、进行沉积物物源示踪。在多维定标分析图上，样品间的距离越小，指示样品间的年龄组分差异越小。南海北部珠江口盆地北部中始新统—现代沉积物及其潜在物源区锆石 U/Pb 年龄多维定标分析图（图 8.1.4）中显示：中始新统与珠江口盆地基底距离近，指示了盆内基底对盆地的供源作用；上始新统—上渐新统与珠江东北部支流距离较近，指示了盆外华南珠江东北部支流对盆地的供源作用；下中新统—现代沉积物位于珠江东北部支流和西部支流之间，指示盆地受到珠江东北部和西部支流的混合供源作用。分析认为：新生代以来，珠江口盆地的供给水系经历了晚始新世"盆内基底→盆外珠江东北部支流"的物源转换和早中新世"盆外珠江东北部支流→东北部支流与西部支流混合"的古水系转换（图 8.1.4）。

2）基于锆石 U/Pb 和（U-Th）/He 年龄的古水系重建

基于"物源示踪的盆地古水系重建"典型实例来自如图 8.1.3 所示的"北美大陆古水

系迁移演化图"（Rahl et al.，2003；Xu et al.，2017b）。

徐杰等人采用"锆石 U/Pb 和（U-Th）/He 测年技术"对墨西哥湾中新世地层进行物源分析，重建了北美大陆古水系（图 8.1.3）（Xu et al.，2017a and 2017b）。锆石 U/Pb 和（U-Th）/He 测年结果显示：在北美大陆，源自 Grenville 造山期（中元古代晚期至新元古代早期，距今约 10 亿年）的碎屑锆石具有 4 种不同的 U/Pb 和（U-Th）/He 年龄组合（>500Ma，500~260Ma，250~250Ma 和 80~40Ma）（图 8.1.3）。这 4 种不同的 U/Pb 和（U-Th）/He 年龄组合代表了 4 种不同的源区（图 8.1.3），而仅仅使用 U/Pb 数据只能识别出一种源区且存在误判的可能。根据碎屑锆石（U-Th）/He 所反映的剥蚀年龄的不同，可以分辨出经过多期沉积—搬运—再旋回的碎屑锆石和受最近一次造山运动遭受剥蚀进入沉积物搬运体系中的碎屑锆石（Xu et al.，2017a，2017b）。

在美国西部科罗拉多高原犹他州，侏罗系 Navajo 砂岩中碎屑锆石既具有记录来自新元古格林威尔基底的碎屑锆石 U/Pb 年龄（1300~950Ma），又具有记录古生代 Appalachian 基底构造剥蚀事件的（U-Th）/He 年龄（500~300Ma）（Rahl et al. 2003）。美国东部的 Appalachian 山脉的很大一部分基底即是 Grenville 时期形成的结晶基底，并在 500~300Ma Appalachian-Ouachita 造山期间遭受构造隆起。这表明科罗拉多高原的沉积物可能来自东部的 Grenville 造山带和 Appalachian 造山带，从而发现了横贯美国的自东向西的大型古水系（图 8.1.3 中的红色虚线）（Rahl et al. 2003）。

在墨西哥湾西部，中新统地层内发现存在大量碎屑锆石表现为格林威尔造山期的结晶年龄（U/Pb 年龄为 1300~950Ma）和阿巴拉契亚（Appalachian）造山期的冷却剥蚀年龄［(U-Th)/He］年龄为 500~300Ma］（Xu et al.，2017a and 2017b）。由于古新世以来密西西比河已经存在，这些最初源自阿巴拉契亚造山带和格林威尔造山带碎屑锆石不可能跨过密西西比河进入墨西哥湾西部（Xu et al.，2017a and 2017b）。

结合前人基于犹他州侏罗系 Navajo 砂岩碎屑锆石的古水系重建结果（Rahl et al. 2003），Xu 等（2017a and 2017b）再造了北美大陆古水系的演化历史：

（1）在三叠纪—早白垩世期间源自美国东部的阿巴拉契亚造山带经由"晚古生代至早白垩世横贯美国的自东向西的大型古水系（图 8.1.3 中的红色虚线）"搬运至美国西部科罗拉多高原一带（首次搬运）（图 8.1.3）；

（2）被搬运至科罗拉多高原的沉积物在科罗拉多高原一带停留约 100~300Ma（中途存储）（图 8.1.3）；

（3）在早中新世时期，被搬运至美国西部科罗拉多高原一带的沉积物再次被风化剥蚀形成沉积颗粒，进而通过"横贯美国的自北向南的大型古水系"搬运分散至墨西哥湾西部（图 8.1.3）。

8.1.2 陆洋源汇系统沉积体尺寸规模预测

"源汇要素地貌比例关系法"和"源汇水力参数比例关系法"是两种常见的预测沉积

体（如三角洲和海底扇）的尺寸规模的源汇方法。

8.1.2.1 源汇要素地貌比例关系法

近年来，基于源汇要素地貌比例关系预测汇水区沉积体系的尺寸规模越来越受到关注（Sømme et al.，2009；Xu et al.，2017；Snedden，et al.，2018；Nyberg，et al.，2018a，2018b）。该方法旨在利用源汇地貌比例关系，通过对已知源汇要素（如剥蚀区面积等）的地貌参数进行定量测定，来预测未知源汇要素（如海底扇等）的尺寸规模（图 5.2.1）（Sømme et al.，2009；Xu et al.，2017；Snedden，et al.，2018；Nyberg，et al.，2018a，2018b）。

早在 20 世纪 60 至 70 年代，地质学家便统计发现冲积扇的面积与剥蚀区面积成幂函数的地貌比例关系。当源汇系统这一学术思想融入到盆地分析的研究中来，Sømme et al.（2009）统计了全球 29 个不同构造背景条件下的陆—洋源汇系统的剥蚀区、搬运区和沉积区的各类地貌要素，并建立了各类源汇要素之间的地貌比例关系。

通过对源汇地貌参数的统计分析发现，全球典型源汇系统可以依据"剥蚀区的面积和古水系参数"区分为"小型、中型和大型源汇系统"（Sømme et al.，2009；Blum et al.，2013）。

地貌学研究证实地貌形态参数之间的内部比例关系相对较为稳定，一般不随地表过程的变化而变化（详见 5.2 源汇参数与比例关系）。因此，可以依据如图 5.2.5（b）、图 5.2.6（b）和图 5.2.7（b）所示的源汇要素地貌比例关系来半定量地预测海底扇的尺寸规模（Sømme et al.，2009；Blum et al.，2013）。

8.1.2.2 源汇水力参数比例关系法

在本书第 5 章已述及，过渡区搬运体系（如河道满岸深度与河道宽度等）往往受径流量的影响；而径流量往往与流域面积大小呈线性（即流域面积越广阔则河道往往具有较大的径流量和较大的尺寸）。基于这一基本认知，地质学家提出了"源汇水力参数收支计算"以及"基于点沙坝形态的源汇水力参数估算"两种方法，来定量或半定量计算源汇水力参数（图 8.1.5）（Blum et al.，2013；Xu et al.，2017；刘炳强等，2022）。

源汇水力参数收支计算将"拟研究的河道"视为沉积物由源到汇的"支点"，将"支点上游物源区剥蚀量"视为"收"；将"支点下游沉积区堆积量"视为"支"（详见刘炳强等，2022）。"基于点沙坝形态的源汇水力参数估算"适用于当河道满岸深度无法直接测量获得，可以通过单期点沙坝厚度来恢复当时的河道深度，进而反推当时的古流域面积大小（Blum et al.，2013；Xu et al.，2017；刘炳强等，2022）（图 8.1.5）。具体来说，当已知单期点沙坝厚度时，可依据如图 8.1.5（a）所示的地貌比例关系来估算点沙坝的宽度，依据如图 8.1.5（b）所示的地貌比例关系来估算满岸流量。因此，源汇要素形态尺寸与源汇古水力学参数之间的比例关系可作为通过地层记录恢复深时古河流系统的重要工具（Blum et al.，2013；Xu et al.，2017；刘炳强等，2022）（图 8.1.5）。

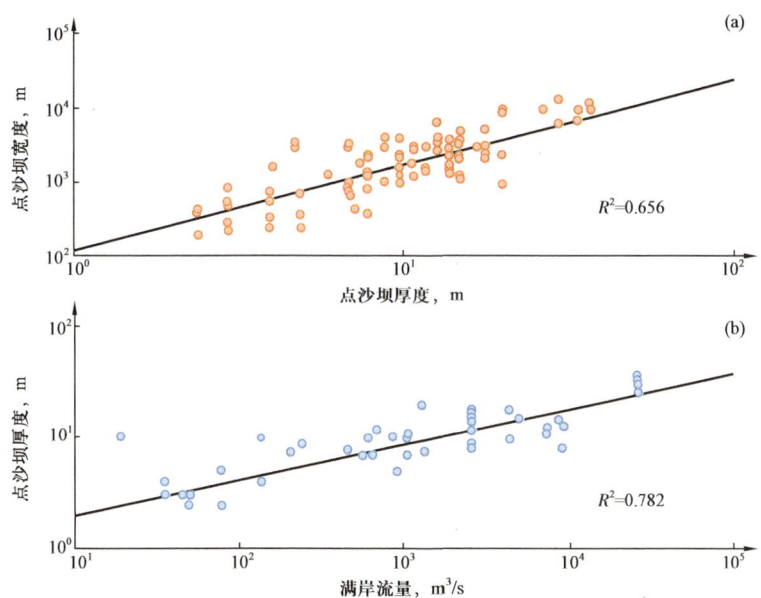

图 8.1.5　点沙坝厚度与点沙坝宽度散点交会图（a）以及满岸流量与点沙坝厚度散点交会图（b）
（数据点据 Blum et al., 2013）

"源汇要素形态尺寸—源汇古水力学参数比例关系"还可进一步扩展到利用其他地貌要素形态尺寸来估算源汇古水力学参数；譬如，地质学家提出了基于"河道宽/深比，河流沙丘厚度，区域水力几何曲线和沉积物碎屑粒径以及河床坡度等"来估算源汇古水力学参数（如流域面积、径流量和沉积通量等）。值得注意的是，这些古水力学参数之间并非简单的对应关系，在深时源汇系统古水力参数研究时不仅要明确古气候、基岩类型和水文过程的差异，还应排除叠置河道砂体对单层砂体厚度统计的影响等（Xu et al., 2017）。

8.1.2.3　陆洋源汇系统沉积体尺寸规模预测

通过实例分析，重点介绍如何利用"源汇要素地貌比例关系法"和"源汇水力参数比例关系法"来估算沉积体尺寸规模和古水力参数。

<u>1）基于"源汇要素地貌比例关系法"估算沉积体规模</u>

在本书 5.2 源汇参数与比例关系"中已介绍了多种类型的源汇要素地貌比例关系（Sømme et al., 2009）；它们可用于估算沉积体规模：

（1）如图 5.2.5（a）所示，在已知峡谷宽度（C_w）的前提下，可以利用"$C_l=8.97C_w^{0.81}$"来估算峡谷的长度（C_l）；

（2）如图 5.2.5（b）所示，在已知峡谷宽度（C_w）的前提下，可以利用"$F_v=0.08C_w^{2.77}$（$R^2=0.95$，$n=29$）"来估算海底扇的体积（F_v）；

（3）如图 5.2.6（a）所示，在已知扇体长度（F_l）的前提下，可以利用"$F_w=0.52F_l^{1.02}$"来估算扇体宽度（F_w）；

（4）如图 5.2.6（b）所示，在已知扇体长度（F_l）的前提下，可以利用"$F_v=0.0003F_l^{2.11}$"来估算扇体体积（F_v）；

（5）如图 5.2.6（b）所示，在已知扇体长度（F_l）的前提下，可以利用"$F_a=0.0012F_l^{1.89}$"来估算扇体面积（F_a）。

此外，对"汇水区面积（C_a）、最大河道长度（L_r）、三角洲面积（D_a）和海底扇面积（F_l）"进行交汇统计发现，这 4 个源汇参数之间呈幂函数拟合关系［式（8.1.1）至式（8.1.4）］：

$$C_a=19.81L_r^{1.42}（R^2=0.82，n=58）［图 8.1.6（a）］ \quad (8.1.1)$$

$$D_a=0.27L_r^{1.46}（R^2=0.64，n=44）［图 8.1.6（b）］ \quad (8.1.2)$$

$$D_a=0.65C_a^{0.741.46}（R^2=0.60，n=44）［图 8.1.7（a）］ \quad (8.1.3)$$

$$F_l=0.052C_a^{0.62}（R^2=0.61，n=44）［图 8.1.7（b）］ \quad (8.1.4)$$

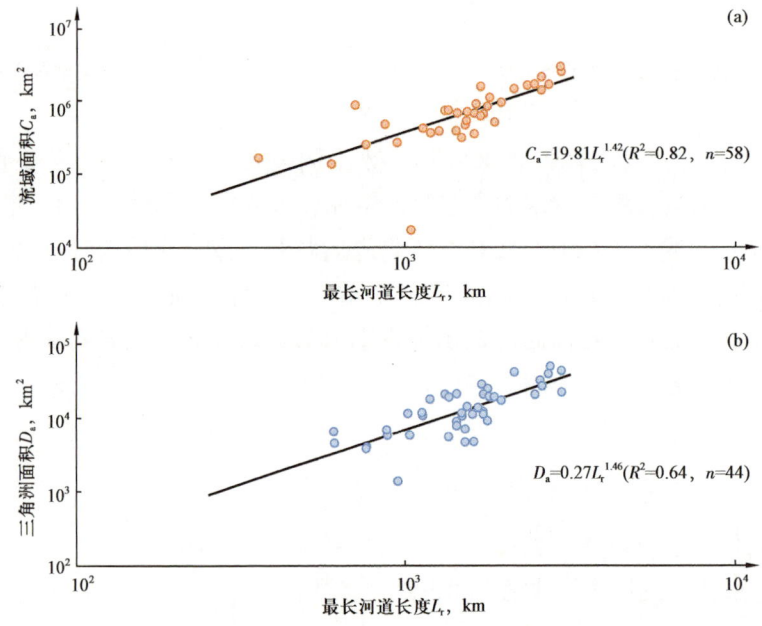

图 8.1.6　最长河道长度与流域面积散点交会图（a）和最长河道长度三角洲面积散点交会图（b）
（数据点引自 Snedden，et al.，2018）

源汇要素地貌比例关系拟合式（8.1.1）至式（8.1.4）可用于分析估算源汇系统中沉积体的尺寸规模。以墨西哥湾早始新世上 Wilcox 组为例，其主要发育 Bejuco 和 Chicontepec 两个主要的汇水体系；这两个汇水体系的水系长度（L_r）分别约为 703 km 和 369km。依据式（8.1.1）可以估算出 Bejuco 和 Chicontepec 汇水体系所对应的流域面积（C_a）分别为 219600 km² 和 87890km²。在此基础上，根据公式（8.1.4）依据流域面积可以估算出他们所对应的海底扇延伸长度（F_l）分别约为 351.5km 和 184.5km。

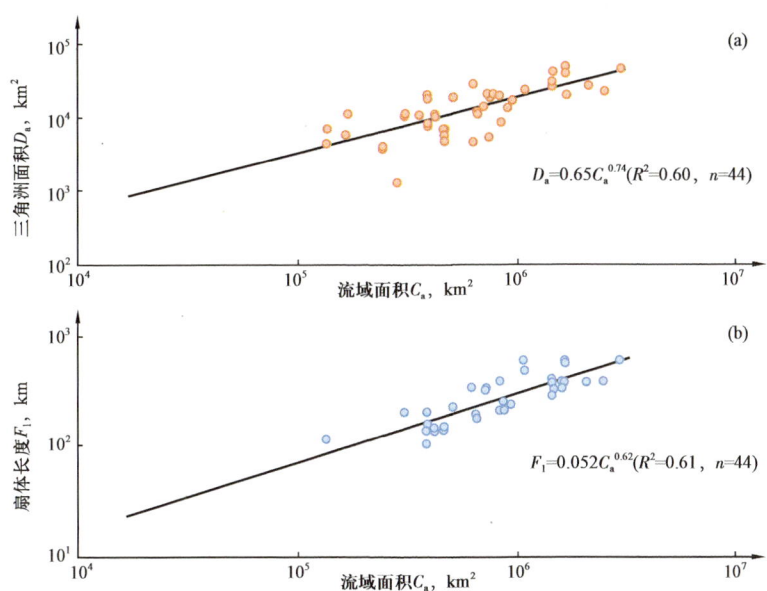

图 8.1.7　流域面积与三角洲面积散点交会图（a）和流域面积与扇体长度散点交会图（b）（数据点引自 Snedden，et al.，2018）

在计算获得海底扇延伸长度（F_l）的基础上，依据 Sømme et al.（2009）所提出的海底扇长度（F_l）与海底扇宽度（F_w）地貌比例关系经验公式 $F_w=0.52F_l^{1.02}$ 可以估算出汇水体系 Bejuco 和 Chicontepec 所孕育的海底扇宽度分别为 201.7km 和 108.0km。

2）基于"源汇水力参数比例关系法"估算古水力参数

源汇水力参数比例关系法广泛应用于源汇水力参数（如流域面积、径流量等）的研究中来，代表性成果有 Xu 等（2017）、Liu 等（2019）和 Li 等（2020）的成果。下面以 Liu 等（2019）的成果为例，简要介绍一下如何利用"源汇水力参数比例关系法"进行古水力参数（流域面积）估算。

Liu 等（2019）以柴北缘赛什腾地区中侏罗统为例，识别了"下部发育交错层理的中—粗粒砂岩和上部细砂岩、粉砂岩及泥岩的互层沉积"构成的河道沉积。共区分了"上游河道、下游河道和废弃河道充填"3 种类型的河道沉积。其中，上游河道主要形成于侧向加积，砂质含量相对较高，下部单元相对较厚；下游河道泥质含量有所增加，其上部砂泥互层段相对较厚；而废弃河道充填的泥质沉积厚度较大，GR 测井曲线在下部表现为箱型或钟型，在上部突变并整体处于泥质岩高值区。Liu 等（2019）利用 GR 测井曲线，累计选取了 80 余个河道沉积序列进行河道厚度测量，测量结果显示西区河道、中部河道和东区河道，在大煤沟组沉积期的平均河道厚度分别约为 9.8m、8.9m 和 7.9m，在石门沟组沉积时期的平均河道厚度分别约为 7.4m、6.2m 和 5.4m。基于如图 8.1.5 和图 8.1.6 所对应的源汇水力参数比例关系法估算出：西区河道、中部河道和东区河道，在大煤沟组沉积期所对应的流域面积分别约为 $63.0\times10^3 km^2$、$50.1\times10^3 km^2$ 和 $37.3\times10^3 km^2$，在石门沟组沉积时期所对应的流域面积分别约为 $32.3\times10^3 km^2$、$21.2\times10^3 km^2$ 和 $15.3\times10^3 km^2$。

8.2 陆湖源汇系统控砂模式

8.2.1 陆湖源汇系统转换带控砂

在陆湖源汇系统的沉积区，构造转换带不仅可以调节主干边界断层的局部变形，还可以起到沟通物源区和沉积盆地内部汇聚区的作用（图 8.2.1 和图 8.2.2）。

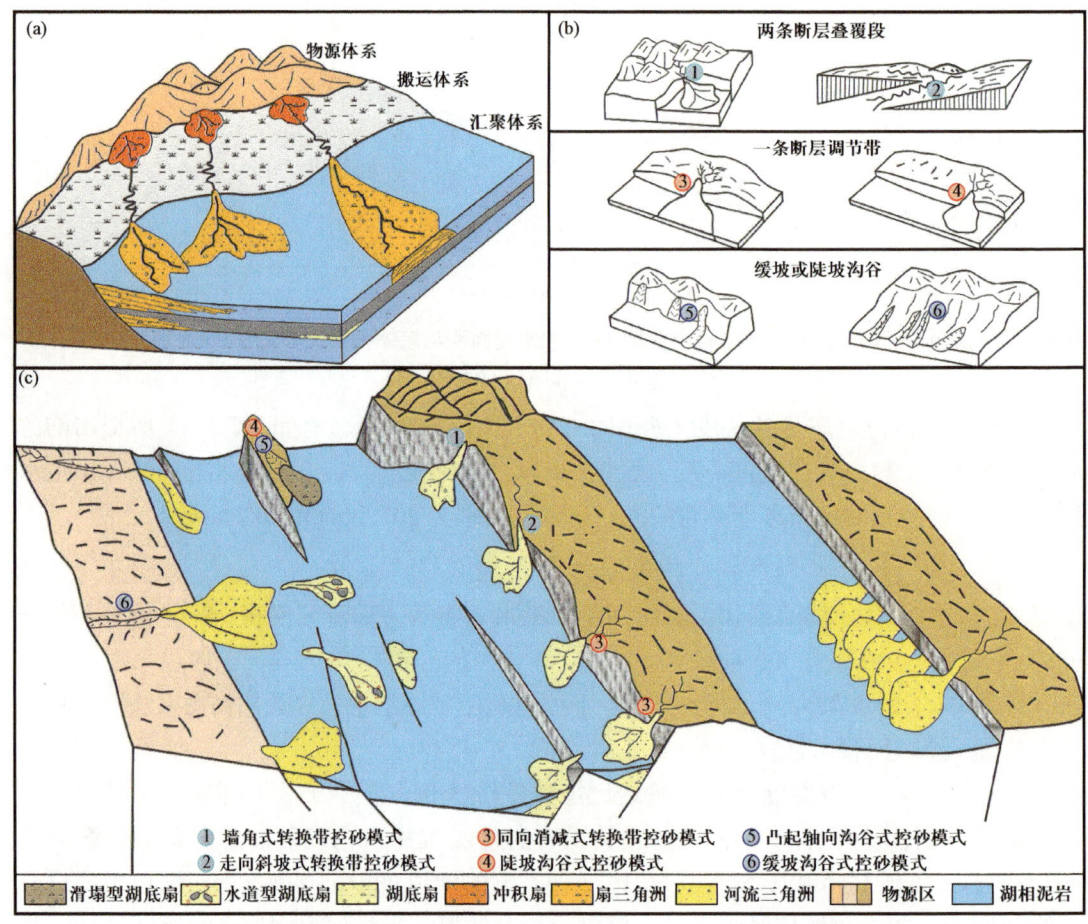

图 8.2.1　源汇时空耦合控砂系统概念示意图（a）、陆—湖源汇系统搬运通道类型示意图（b）（修改自徐长贵，2013）与源汇时空耦合控砂模式图（c）（据徐长贵，2013；徐长贵和龚承林，2023；有修改）

8.2.1.1　转换带控砂模式

构造转换带常常作为沉积物从物源区进入汇聚区的通道，转换带不仅控制着砂体的汇聚场所，同时其构造样式还影响着沉积砂体的平面展布形态（图 8.2.1 和图 8.2.2）（杨明慧，2009；Fossen et al. 2016；徐长贵等，2020；李峻颉等，2021；Yu et al., 2023）。

1）墙角式构造转换带控砂模式

墙角式构造转换带是指：当两条断裂相交时，形成一类呈墙角状的软连接断裂组合

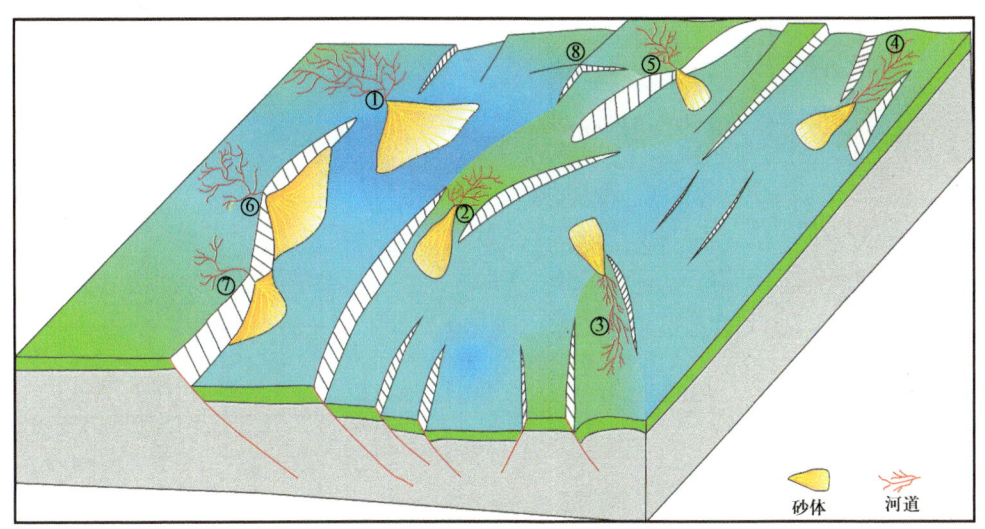

图 8.2.2　不同类型构造转换带砂控模式图
①、②、③、④—走向斜坡式转换带；⑤、⑥、⑦—同向消减式转换带（调节带）；⑧—墙角式转换带

（图 8.2.1 中的①和图 8.2.2 中的⑧）（徐长贵等，2020；Yu et al.，2023）。

如果早期分段生长的正断层在后期发生直接相连，在断距相对较小的连接处就会形成横向褶皱型转换带（图 8.2.1 的⑥部位），该部位也是砂体从物源区进入汇聚区的主要通道，但与变换斜坡相比，其砂体规模一般要相对较小一些（对比图 8.2.2 中的②和⑦部位）。

在盆内大凸起与局部物源发育的盆地陡坡型往往发育盆缘边界大断裂，这些盆缘边界大断裂多表现为张性与剪张性复合、平直形与弧形交互、活动时间也存在差异；从而形成墙角式构造转换带 [图 8.2.1、图 8.2.2 和图 8.2.3（a）]。墙角式构造转换带也被称为"横向褶皱型转换带"，该部位也是砂体从物源区进入汇聚区的主要通道（图 8.2.2 中的⑧），但与变换斜坡相比（图 8.2.2 中的②和⑤），其砂体规模一般要相对较小一些。在陆湖源汇系统中，墙角式构造转换带对砂体的控制作用主要表现在如下三个方面。

首先，由于受断裂活动性和应力的转换，两条相交断裂的拐角处母岩更容易破碎遭受风化剥蚀，往往形成多种类型的沟谷，为更远处的物源提供了输送通道 [图 8.2.1 中的①和图 8.2.2 中的⑧；图 8.2.3（a）]（李峻颉等，2021；Yu et al.，2023）。其次，墙角式构造转换带前方，湖面相对开阔，可容纳空间变大，水流变缓，牵引力减弱，大量的沉积物在此卸载；为富砂沉积体（如近源多期的扇三角洲或者辫状河三角洲）的发育奠定了良好的地势基础，且由于搬运距离相对较近，岩性主要以砂砾岩为主（图 8.2.2）。最后，由于大量的沉积物在很短的时间内得以卸载沉积，沉积物在没有充分压实的情况下就已经成岩，因此即使在埋藏深度较深的情况下，储层物性仍然很好，具有较高的孔隙度和渗透率，为油气成藏提供了良好的储层条件（图 8.2.2）。

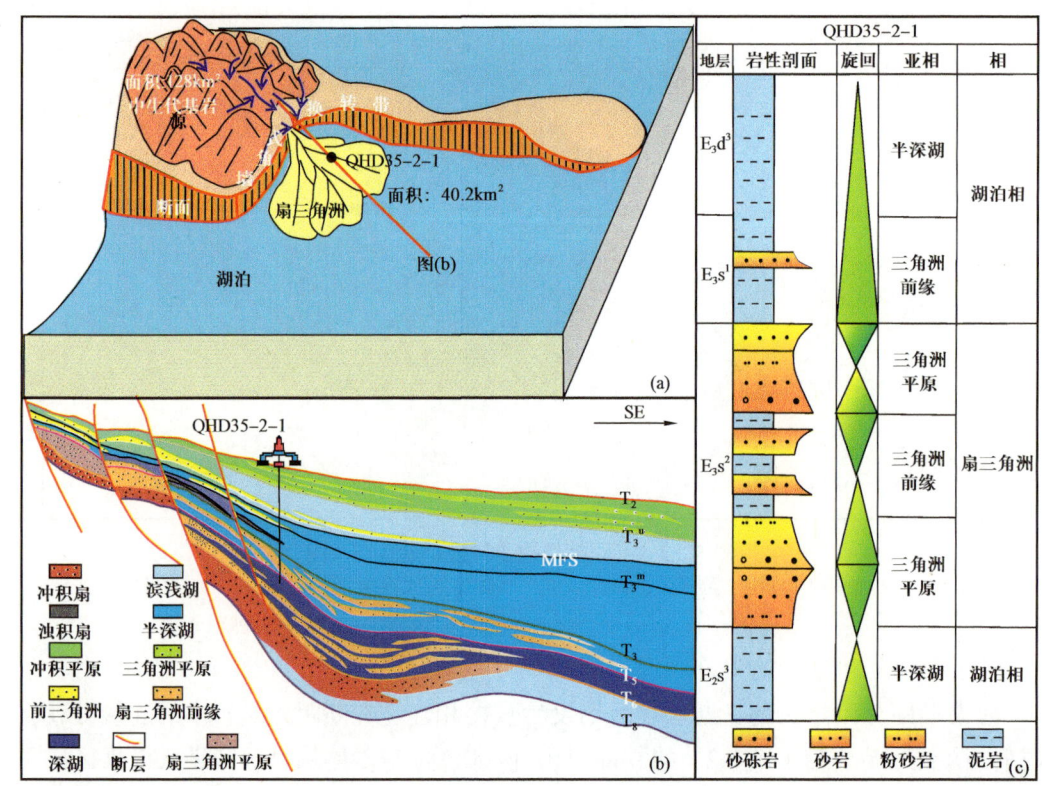

图 8.2.3 墙角式转换带控砂模式（a）、典型过井格架剖面（b）及 QHD35-2-1 井古近系地层柱状图（c）

2）走向斜坡式转换带控砂模式

走向斜坡式转换带是指存在于两条侧列断层之间以实现位移量、缩短量和变形量守恒，并起到调节作用的一类软连接断裂组合（图 8.2.1 中的②和图 8.2.2 中的①、②、③和④）（徐长贵等，2020；Yu et al.，2023）。

在盆内大凸起与局部物源发育的盆地陡坡型往往发育盆缘边界大断裂，这些盆缘边界大断裂多表现为张性与剪张性复合、平直形与弧形交互，活动时间也存在差异，从而形成墙角式构造转换带走向斜坡式转换带 [图 8.2.1、图 8.2.2 和图 8.2.4（a）]。在陆湖源汇系统中，走向斜坡式转换带对物源的导入及其向凹陷中心多级分散具有明显的控制作用；其对砂体的控制作用主要表现在如下三个方面。

首先，走向斜坡型转换带的主断层表现为强烈的活动，一方面可以导致断层上盘强烈沉降形成深洼；另一方面导致下盘均衡抬升，形成幅度较大的局部凸起。当断层活动性沿走向减弱直至消失时，下盘隆起逐渐消失，形成相对低地或缓坡；上盘则呈相对凸起 [图 8.2.1、图 8.2.2 和图 8.2.4（a）]。因此，在发育走向斜坡型转换带时，多以局部物源为主。在主断层断距较大的部位，其下盘的凸起阻碍了物源的导入；而在主断层断距较小的部位，其下盘形成漏斗状的相对低地或缓坡，对物源水系汇聚，并成为水系进入盆地的入口，之后在上盘凸起上向四周分散。

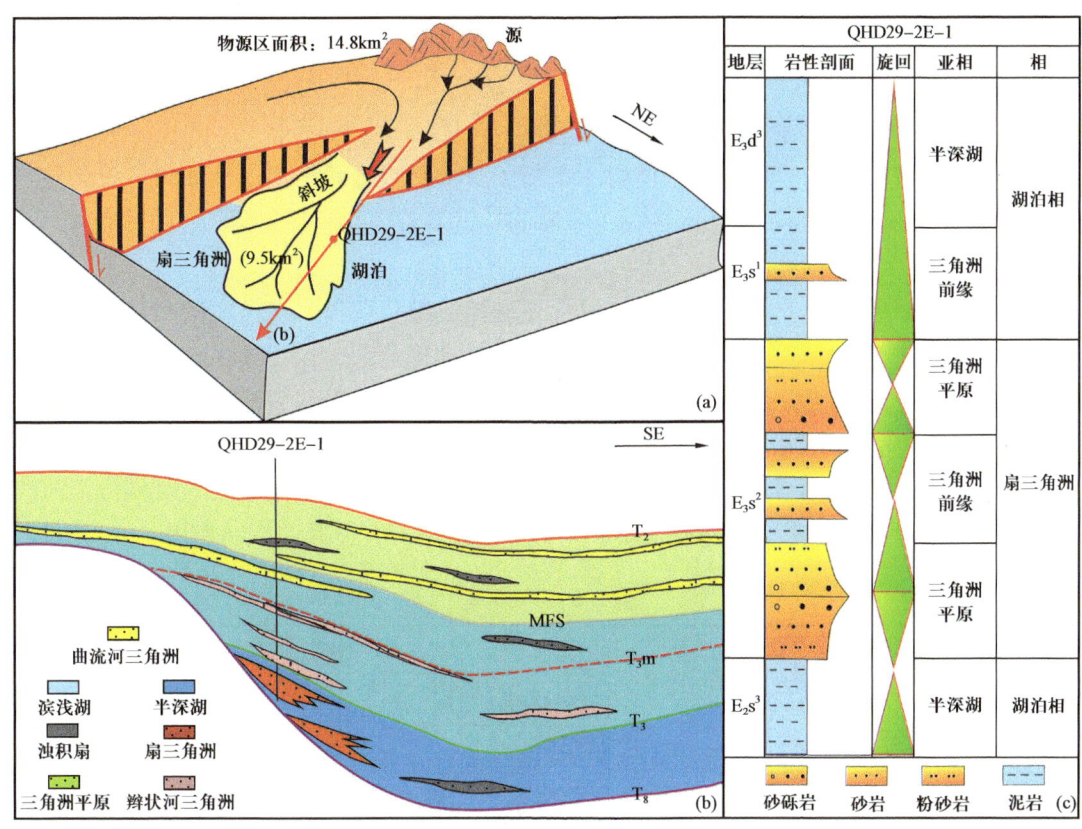

图 8.2.4 走向斜坡式转换带控砂模式（a）、典型过井格架剖面（b）与 QHD29-2E-1 井古近系地层柱状图（c）

其次，转换带控砂作用表现为同沉积正断层活动引起的转换带与邻区古地貌差异，尤其是转换带部位断层下盘的相对低地、沟槽对物源水系起着引导、汇聚作用，而转换带部位断层上盘的高地、凸起则影响储层砂体的分散［图 8.2.1、图 8.2.2 和图 8.2.4（a）］。反之，一些转换带表现为地形高地或凸起，则会阻碍或限制物源供给。最终，结合不同级别、不同类型转换带及转换带组合，分析转换带及周缘的古地貌特征，就能分析沉积物供给和分散的优势路径，由此对储层砂体的展布进行合理的预测。转换带造成了拗陷内部分带、分块和分段现象。不同级别、不同类型的转换带或转换带叠加组合的控砂作用大小和作用方式不同，其控砂作用的根本原因在于同沉积断裂活动导致断层上、下盘古地貌差异，并由此对沉积物供给水系及其在盆内的分散起汇聚、引导或阻碍作用［图 8.2.1、图 8.2.2 和图 8.2.4（a）］。

此外，研究发现当两条正断层未发生叠接时，砂体由两条断层末端之间的区域进入湖盆，主河道发育数量多，扇体面积较大［图 8.2.2 中的①部位］；而当正断层发生叠接后，位于叠接部位的变换斜坡一般都具有宽缓的古地貌特征，砂体由此进入湖盆，主河道发育数量少，扇体面积与正断层未叠接时相比要相对较小一些［图 8.2.2 中的②部位］（Yu et al.，2023）。例如，北海北部 Cladhan 油田，断层在下部层序内未发生叠接，形成厚度薄而面积大的砂体,而上部层序内断层发生叠接,砂体被限制在变换斜坡附近(Williams et al.,2020)。

3)同向消减式转换带控砂模式

同向消减式转换带(调节带)是指一条断层因位移明显减小活动性减弱形成的硬连接断裂组合(图 8.2.1 中的③和图 8.2.2 中的⑤、⑥和⑦)(徐长贵等,2020;Yu et al.,2023)。

同向消减式转换带(调节带)往往发育在盆地边缘陡坡带,在横向低凸起和凸起边缘比较常见[图 8.2.1、图 8.2.2 和图 8.2.5(a)]。横向低凸起,由于其残存面积小,主要起着遮挡和分配盆外物源的作用,其对物源的供给能力很少引起关注。横向低凸起往往呈孤立线性分布,边界主干断裂并非同一断层,只是由于后期断裂活动将其改造为现今的一条断层,表现出一定的分段性;形成同向消减式转换带[图 8.2.5(a)]。同向消减式转换带是断陷盆地一种重要的输砂类型,对砂体的汇聚具有显著的控制作用(徐长贵等,2020;李峻颉等,2021;Yu et al.,2023)。

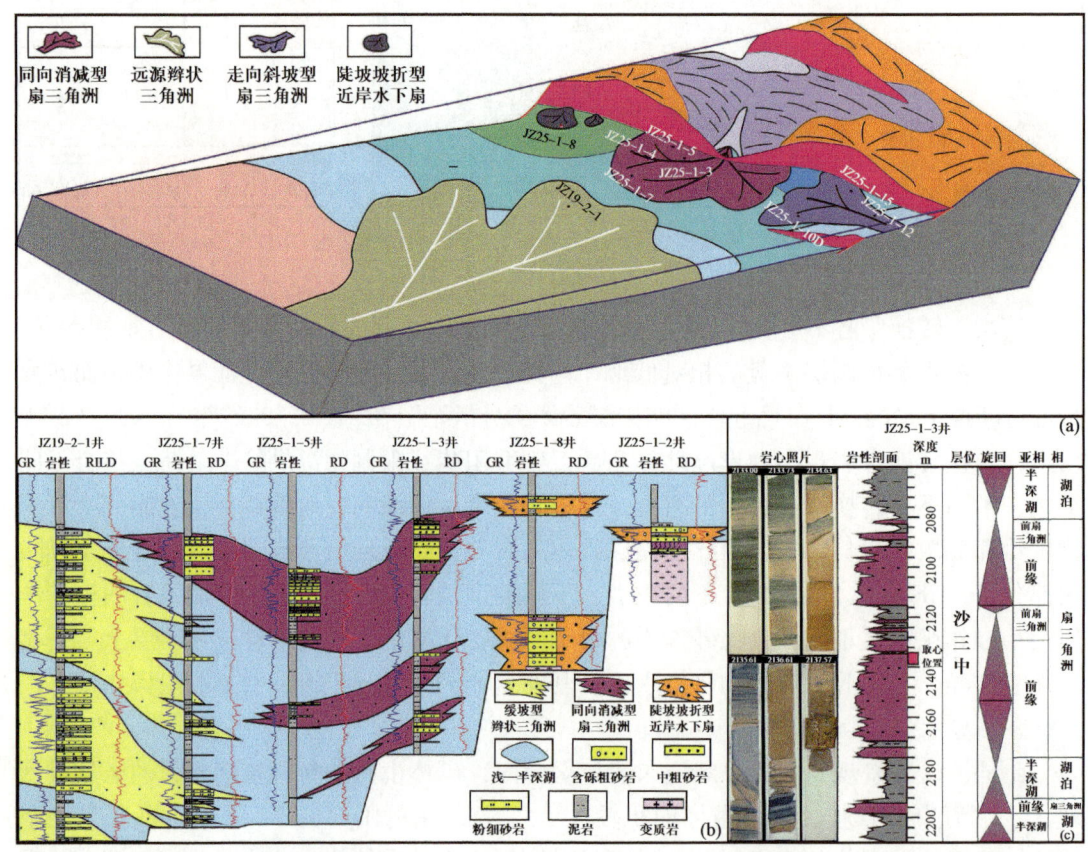

图 8.2.5　同向消减式转换带控砂模式(a)、典型连井格架剖面(b)与 JZ25-1-3 井沙三中段地层柱状图

与走向斜坡型转换带的形成机制和发育特征存在明显的不同,同向消减型转换带主要是由两条或多条趋向直线的断层,受构造应力或活动性的变化而形成。通过精细的断

裂解释和活动性分析，可以发现其具有明显的消减趋近的位置，并且在垂向位移和上下盘地层厚度呈现明显的"镜像"关系，即：垂向位移最大的位置，沉积地层在上升盘最薄，下降盘最厚；垂向位移最小的位置，沉积地层在上升盘较厚，下降盘较薄。这一沉积特征反映了边界断层活动的差异翘倾作用，也说明了在同向消减的低洼处对应着输砂的有利方向［图 8.2.5（a）］。

此外，当正断层发生硬连接时，构造转换带控制的砂体主要受断层连接点控制，凸面型断层连接点控制的扇三角洲规模较小［图 8.2.2 中的⑦］，而凹面型断层连接点控制的扇三角洲规模较大［图 8.2.2 中的⑧］，如红海—苏伊士湾裂谷系统发育众多变换断层及锯齿状断层，不同类型变换构造及断层弯曲处的排水渠侵蚀强度、扇体面积及输砂量都存在差异（Moustafa et al.，2017）。

8.2.1.2 转换带控砂实例

1）墙角式转换带控砂实例

墙角式转换带控砂模式实例来自如图 8.2.3 所示的渤海海域秦皇岛 35-2 油田和渤中 2-1 油田。

秦皇岛 35-2 油田在古近系的沙河街组一段和沙河街组二段沉积期，石臼坨凸起区出露地表，凸起岩性以花岗岩为主，来自凸起上的大量沉积物卸载，在位于"墙角处"的秦皇岛 35-2 构造周围沉积了大范围的扇三角洲沉积。而处于墙角处的下降盘的 QHD35-2-1 井揭示在东营组时期发育大规模三角洲，其与湖相泥岩形成良好的储盖组合［图 8.2.3（b）和图 8.2.3（c）］。在"墙角式转换带控砂模式"的指导下，秦皇岛 35-2 构造和渤中 2-1 构造分别在沙一、二段和东二下段取得了良好的勘探效果，证实了墙角式转换带控砂模式的正确性。

2）走向斜坡式转换带控砂实例

走向斜坡式转换带控砂模式的典型实例来自如图 8.2.4 所示的渤海海域秦皇岛 29-2 东构造区。

秦皇岛 29-2 东构造区处于 428 构造东西两个次凸两组断裂的应力转换带上，在这种转换带的控制下该区发育了走向斜坡型的坡折带类型［图 8.2.4（a）］。428 构造东西两侧以局部物源为主，由于该区处于一个明显的应力转换区，导致该处地层相对东西两侧明显下沉，同时岩性受应力作用更易破碎遭受剥蚀，提供的碎屑物质经过搬运，在走向斜坡型的转换带处汇聚并进入盆地［图 8.2.4（a）］。

受局部物源与走向斜坡型转换带类型对沉积物的控制作用，秦皇岛 29-2 东构造在沙一、二段层序主要发育辫状河三角洲沉积体系，与湖相泥岩构成了良好的储盖组合，为斜坡区形成优质的规模油气藏提供了良好的保存条件［图 8.2.4（b）和图 8.2.4（c）］。该富砂模式指导秦皇岛 29 构造带勘探均获得成功，证实了局部物源主导下走向斜坡型转换带对砂体的富集和控制作用［图 8.2.4（b）和图 8.2.4（c）］。

3）同向消减式转换带控砂实例

同向消减式转换带控砂模式的典型实例来自图 8.2.5 所示的渤海海域辽西低凸起中北段。

在辽西低凸起中北段，前人主要根据辽西中洼西部的钻井资料和地震相分析，认为辽西中洼仅有西部古兴城水系的物源补给，砂体局限性分布在中洼的西部，辽西低凸起基本没有物源贡献。据新钻井的地质资料和三维地震的解释成果，以物源为出发点，引入隐性物源概念（徐长贵，2013；宋章强等，2017），以汇聚体系分析进行约束，识别出物源方向及砂体分配模式。认为横向低凸起在特定的时间范围内也具有较好的供源能力，即辽西低凸起在沙二沉积时期，受层序时间的影响，早期低位域物源区部分出露水面，可以提供物源。而在锦州 25−1 油田的 3 井区，两个局部物源区之间发育了同向消减式转换带类型，来自辽西低凸起的局部物源，通过强烈的风化剥蚀，在同向消减式转换带下方形成了厚层的扇三角洲沉积。

在局部物源—同向消减式源汇系统控砂模式的指导下（图 8.2.5），地质人员明确了该地区控砂机制及砂体富集规律，解决了制约该地区勘探的关键性难题，并在多个井区取得了较好的油气发现。

8.2.2 陆湖源汇系统沟谷控砂

在陆湖源汇系统的沉积区，除了构造转换带，各类沟谷也起到沟通物源区和沉积盆地内部汇聚区的作用；对砂体的汇聚具有明显的控制作用（图 8.2.1 中的④、⑤和⑥）（徐长贵，2013；徐长贵等，2020）。

8.2.2.1 沟谷控砂模式

1）陡坡沟谷式控砂模式

在盆地陡坡带，除了各类转换带之外，往往还发育各种类型的沟谷（如 U 形沟谷、V 形沟谷、W 形沟谷，单断槽和双断槽等）（徐长贵，2013；徐长贵等，2020）。在陆湖源汇系统中，这些陡坡沟谷易于识别描述，一般呈简单的"沟扇对应"关系；对应形成陡坡沟谷式控砂模式［图 8.2.1 中的④］。值得注意的是在短时期发育局部（隐性）物源区（如莱北断裂带沙三段沉积期），其物源和沟谷发育都具有隐性特征，其识别相对比较困难［图 8.2.6（a）］。在这种条件下，一般基于精确的古地貌恢复来准确识别隐性物源区的陡坡沟谷（徐长贵等，2020）。

2）缓坡沟谷式控砂模式

盆外水系大多以缓坡带形式与凹陷过渡，与陡坡带不同的是，在盆地过渡带发育较少的断层，断裂的活动性也较弱，形成的坡折类型较为简单。例如，在盆地缓坡过渡带往往发育低角度的单一坡折型缓坡带和多级坡折型缓坡带，前者主要以沉积坡折为主，后者主要是由多条同倾断层组成的断阶带。

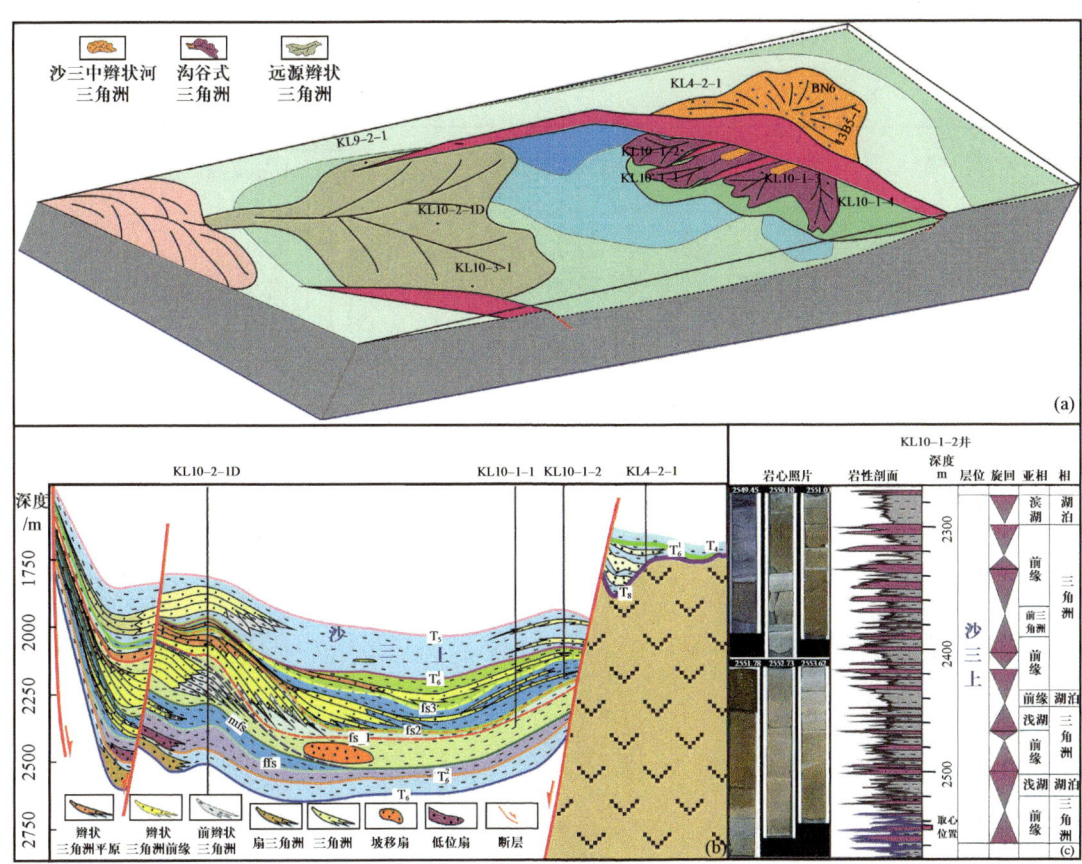

图 8.2.6 陡坡沟谷式控砂模式（a）、典型连井格架剖面（b）与 KL10-1-2 井沙三中段地层柱状图（c）

在盆地缓坡带，往往发育多种类型的沟谷；这些沟谷是盆外水系进入湖盆的主要通道［图 8.2.1 中⑥］。受盆外大水系的注入，缓坡带具有"平盆浅湖"的沉积特点，碎屑物质供应充足，经过长距离的搬运，在低位体系域主要以曲流河（辫状河）三角洲、滨浅湖相、滩坝等为主，少量发育低位扇体；湖侵体系域以深—半深湖、碳酸盐岩沉积为主，高位体系域则以滨浅湖砂泥岩或三角洲沉积为主，形成曲流河（辫状河）三角洲向盆地的进积或加积。

3）凸起沟谷式控砂模式

在盆内大型凸起区，往往也会发育出现多种类型的轴向沟谷［图 8.2.1 中的⑤］，例如，如图 8.2.7（a）所示的辽西低凸起沙三中—沙二段沉积期发育轴向沟谷。这些凸起沟谷是邻居盆地物源区剥蚀形成的粗碎屑颗粒的有效搬运通道，其前方往往是各类近源粗粒沉积体的有利汇聚区（徐长贵，2013；徐长贵等，2020）。

传统陆相沉积学观点认为，物源区的短轴方向是碎屑岩储层发育的优势方向，而长轴方向碎屑岩储层发育程度差。如石臼坨凸起东倾末端，在南北两侧的短轴方向发育了多个近源的扇三角洲沉积，而在长轴方向不利于砂体的发育。凸起沟谷式控砂模式的提出改变了传统沉积学的观点，认为要存在有效物源体系和高效汇聚通道在时空上的耦合，就一定能找到砂岩富集区；而有利砂体聚集区与长轴和短轴并无明显的关系［图8.2.1中的⑤和图8.2.6（a）］。

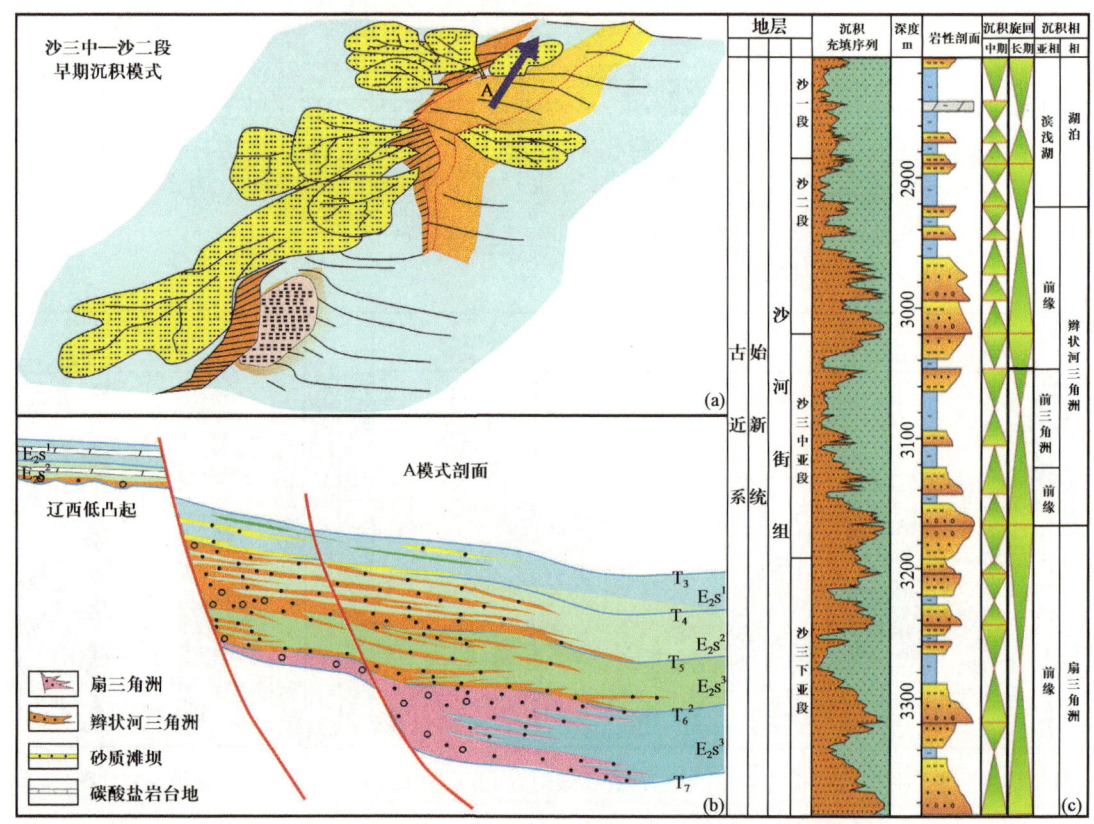

图8.2.7　凸起轴向沟谷式控砂模式（a）、典型沉积充填格架剖面（b）与辽西低凸起沙河街组地层柱状图（c）

8.2.2.2　沟谷控砂实例

1）陡坡沟谷式控砂实例

陡坡沟谷式控砂模式的典型实例来自渤海海域莱北断裂带。

莱北断裂带位于莱州湾凹陷北部，北临莱北低凸起，南接莱州湾凹陷。沿莱北断裂带断根向斜坡发育多种类型的沟道体系，如双断式"U"形、单断式"U"形和"V"形沟道等，构建了北部物源的主要汇聚通道；这些沟谷体系前方为三角洲沉积体的加厚区和优质相带的赋存区。在这一认识的指导下，成功预测了垦利10-1构造沙三上亚段三角洲砂体发育位置，很好地证实了陡坡沟谷式控砂对沉积体系的控制作用。

2）缓坡沟谷式控砂实例

缓坡沟谷式控砂模式的典型实例来自渤海海域的莱州湾凹陷垦利10-4构造区，莱州湾凹陷表现为典型的缓坡带特征。

通过重矿物对比、岩石矿物分析、地震前积方向及古地貌分析，认为莱州湾凹陷区域物源方向主要来自西侧的垦东凸起方向。在沙三中层序沉积时期，莱州湾次洼为局部的沉积中心，来自垦东凸起方向的物源，发育了大型的前积型辫状河三角洲沉积，延伸至垦利 10-1 油田，三角洲呈北东南西方向展布；受南部斜坡带东西向脊梁的分割，在沙三上层序低位到湖侵体系域，辫状河三角洲自西向东展布，垦利 10-4 构造区砂体发育；到高位域时期，主物源向东北迁移，垦利 10-4 构造区北侧砂体相对发育。在这一认识的指导下，成功预测了垦利 10-4 构造区沙三中沉积期砂体发育位置，很好地证实了缓坡沟谷式控砂模式的合理性。

3) 凸起沟谷式控砂实例

凸起沟谷式源汇系统控砂模式的典型实例来自如图 8.2.7 所示的渤海海域辽西低凸起锦州 20-2 气田地区。

通过对沙河街组不同时期进行的精细古地貌恢复，查明了沙三下亚段、沙三中亚段、沙二段早期、沙二段晚期—沙一段不同时期的古地貌特征。同时据辽西低凸起北倾末端已钻井信息及地震剖面追踪，勾勒出辽西低凸起沟谷的平面发育范围，这些沟谷作为砂体输运通道的沟谷。锦州 20-2 气田 JZ20-2-5 井沙二段岩心发现分选很差的细砾岩，为明显沟道滞留沉积 [图 8.2.7（c）]。古输砂通道是沉积物搬运的直接证据，良好的沟道保证沉积区砂体通畅并持续的供应，从沙三段至沙二段早期持续发育作为古输砂通道的沟谷，保证砂体从物源区搬运至凸起陡坡带沉积下来 [图 8.2.7（a）和图 8.2.7（b）]。

通过对该区进行精细砂岩分散体系（沟谷）分析，建立了局部物源—轴向沟谷式源汇控砂模式（图 8.2.7），进而在研究区锦州 20-2 北、锦州 20-5 等构造找到优质储层发育区，解决了勘探面临的关键问题，发现了一系列大中型油气田及潜在目标，有效地推动了辽西凹陷的勘探进程。

8.3 源汇系统控储机制

8.3.1 "源—渠—汇—岩"概念的提出

8.3.1.1 "源—渠—汇—岩"的涵义

源汇控砂方法原理应用于有利砂体（储层）预测时，又碰到了"源汇控砂、但不一定控储"的挑战（徐长贵和龚承林，2023）。正如姚光庆和姜平（2021）所指出的那样：储层研究需要打破"一孔之见"的做法，强调"追根溯源"；应改变"孤立描述"的思维，强调"有机成因联系"。换言之，储层研究需要考虑从物质产生、搬运、汇集到规模聚集，再到埋藏成岩这一完整过程的系统化研究，每个环节都会对最终储层宏观和微观非均质性产生重要影响，储层类型和质量千变万化的差异性及非均质性也由此产生（姚光庆和姜平，2021）。

为了应对这一储层进行预测新挑战,将源汇系统的方法理念引入到沉积盆地规模优质储层的预测中来(Allen,2008a,2008b;林畅松等,2015),徐长贵和龚承林(2023)提出了基于源—渠—汇—岩耦合的优质储层预测技术。所谓"源—渠—汇—岩系统"是指:剥蚀区形成的沉积颗粒经搬运通道输送分散到汇水盆地沉积下来,并经过成岩埋藏形成岩石的系统(图8.3.1)(徐长贵和龚承林,2023)。

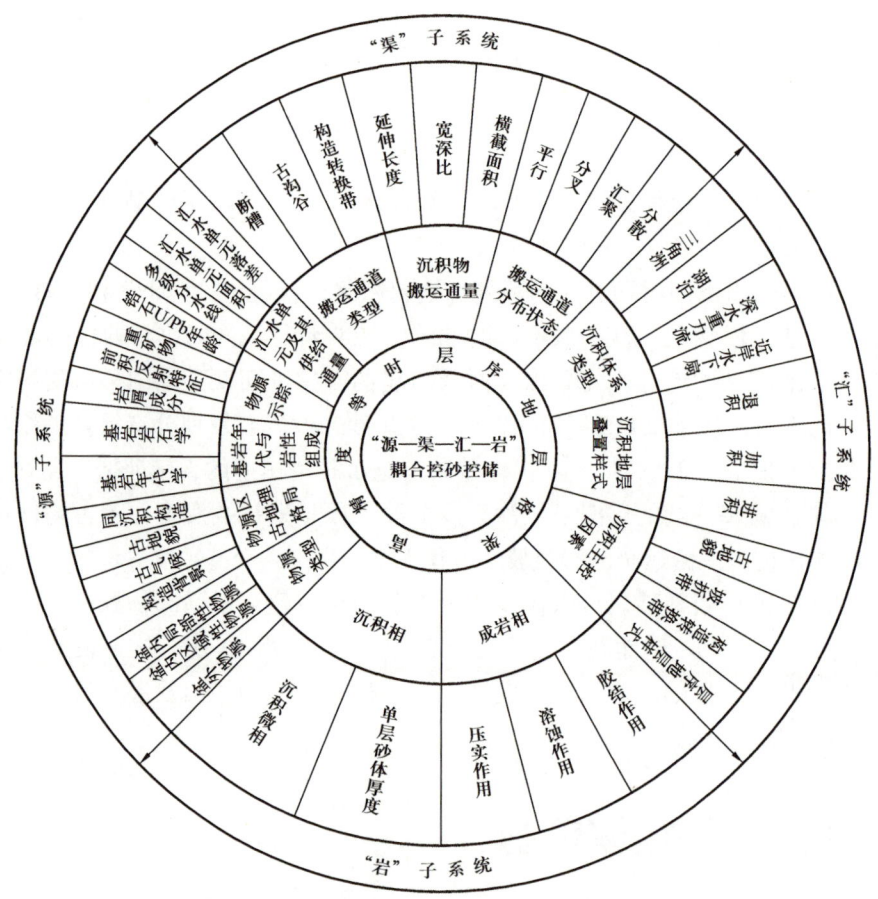

图 8.3.1 源—渠—汇—岩系统构成要素结构图

8.3.1.2 "源—渠—汇—岩"的构成要素

一个完整的"源—渠—汇—岩系统"由"物源子系统"、"搬运子系统"、"汇聚子系统"和"成岩子系统"构成,具体来说(图8.3.1):

"源"是指沉积物的物质组成与物质来源,是"物源子系统"的简称。从宏观上看,物源方向、物源区面积、最大高差等要素控制着沉积相带与砂体的空间展布特征;从微观上看,源区通过控制不同母岩岩石类型及分布,决定了沉积区沉积物的基本物质组成以及原生孔隙含量(图8.3.1)(姚光庆和姜平,2021;徐长贵和龚承林,2023)。

"渠"是指沉积物的搬运路径与过程,是"搬运子系统"的简称。"渠"又被称为沉积物分散路径（sediment-routing system），"源区"和"汇区"通过搬运"渠"紧密联系在一起；其决定了有利聚砂区的发育位置（图 8.3.1）（Allen，2017；Szymanskia et al.，2022）。

"汇"是指沉积物的汇聚堆积的环境与产物，是"汇聚子系统"的简称。不同的汇区古地貌条件影响了砂体分散体系的分布，进而影响了沉积相带内砂泥岩相对含量，由此调节了储层的原始物性及孔隙结构（图 8.3.1）（姚光庆和姜平，2021；徐长贵和龚承林，2023）。

"岩"是指沉积物的埋藏成岩过程与成岩相，是"成岩子系统"的简称。不同成岩作用造成储层中胶结物成分及其产状、孔隙类型及其发育程度、孔喉组合与微观孔隙结构特征等存在差异，是储层物性差异及非均质性发育的重要影响机制（图 8.3.1）（姚光庆和姜平，2021；徐长贵和龚承林，2023）。

8.3.2 基于"源—渠—汇—岩"的优质储层预测技术

"源—渠—汇—岩"各子系统对优质储层具有差异的控制机制，而基于"源—渠—汇—岩"耦合的优质储层预测技术包括六个核心步骤（图 8.3.1）。

8.3.2.1 "源—渠—汇—岩"耦合控砂控储机制

"源—渠—汇—岩"耦合控砂控储机制需要考虑沉积物从剥蚀沉积沉淀，经历埋藏成岩过程，最终形成现今储层特征的完整过程，即分析"源""渠""汇"三个子系统对"岩（储）"的控制作用（图 8.3.1）。

1）物源区母岩类型控制了沉积体的规模和数量

陆相盆地母岩类型主要包括碎屑岩类、碳酸盐岩类、变质岩类及岩浆岩类（花岗岩类）。其中母岩的机械性质、坚实性、渗透性、矿物组成和化学性质等，会直接影响成土过程的速度和方向（赖发叶，1989）（图 8.3.2）。母岩种类不同，风化程度、成土过程的速度和方向、侵蚀方式、侵蚀强度及侵蚀速率也不一样。同时，母岩类型还控制侵蚀区流域单元的空间分布（杨春艳等，2016），即影响地形、地貌、水系及植被分布，进而影响沉积体规模、数量。

一般来说，花岗岩类对应风化壳深厚且抗侵蚀力相对较弱，侵蚀方式以面蚀、沟蚀和崩塌侵蚀为主，母岩表层砂砾含量高，供源有效性较强（图 8.3.3）。相比之下，碳酸盐岩母岩区具有（1）岩石分布区多为基岩裸露区，表土（沉积物和溶解物）以少量风化残积红壤或红壤夹碎石的形式存在于落穴或溶沟中；（2）母岩成土过程缓慢，侵蚀强度低、侵蚀速率大，以喀斯特作用为主（王世杰，2002；莫源富和悉小双，2010）；（3）可溶性强，碳酸盐岩中酸不溶物含量极低，碳酸盐类矿物易被溶解（冯志刚等，2009），加之地下河和岩溶大泉发育，富水性强，碳酸盐岩风化物往往以溶解物的方式被地下水带走（杨立铮，1985；裴建国等，2008），只有少量难溶黏土矿物和石英等残留下来。

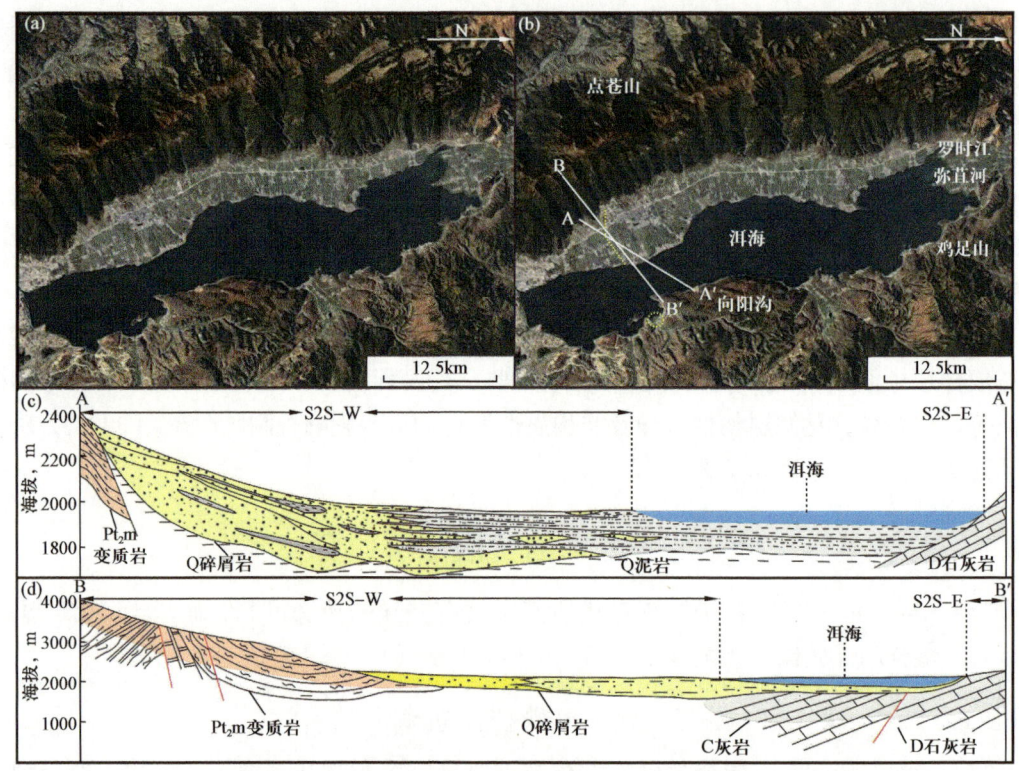

图 8.3.2　洱海现代湖盆西岸和东岸源汇系统特征

一般而言,在同等源汇背景条件下碳酸盐岩母岩的物源供给量小,形成沉积体规模小、数量少;这一结论被如图 8.3.2 所示的卫星图像清晰展示了一典型的、由"我国云南洱海及围区山脉构成"的"源—渠—汇—岩"系统所证实。在洱海东岸"源—渠—汇—岩"系统中,以"古生界灰岩及白云岩"为"源";以"物源区山峰之间稳定分布大量山间溪流"为"渠";以"大理洪冲积扇裙与洱海东岸滨浅湖—深湖半深湖沉积"为"汇"(图 8.3.2)。在洱海西岸"源—渠—汇—岩"系统中,以"变质岩与花岗岩"为"源";以"物源区山间溪流"为"渠";以"洪冲积扇和洱海近岸发育小型孤立的沉积体"为"汇"(图 8.3.2)。卫星图像显示洱海东岸"源—渠—汇—岩"系统,在湖泊近岸发育小型孤立的沉积体,缺少洱海东岸"源—渠—汇—岩"系统中的大型冲积扇裙(图 8.3.2)。

2)搬运通道的配置关系决定了储层的成岩环境

物源区不同母岩类型及出露规模对沉积区内的成岩物质组成,尤其是岩屑组成起到重要控制作用(图 8.3.3)。不同类型岩屑在后期成岩过程中具有差异性特征,一方面表现为抗压实能力上,刚性岩屑颗粒(如花岗变质岩岩屑)抗压实能力强,在较大埋深深度下仍能够保留一部分粒间孔隙,而塑性岩屑颗粒(如火山岩岩屑)抗压实能力较弱,受埋深压力容易发生塑性变形,对粒间孔隙形成堵塞作用。另一方面表现在抗溶解能力上,易溶岩屑颗粒在后期酸性流体充注过程中,可以被部分溶解形成次生粒内溶孔,提升深部储层物性,难溶岩屑颗粒则难以被酸性流体充注。

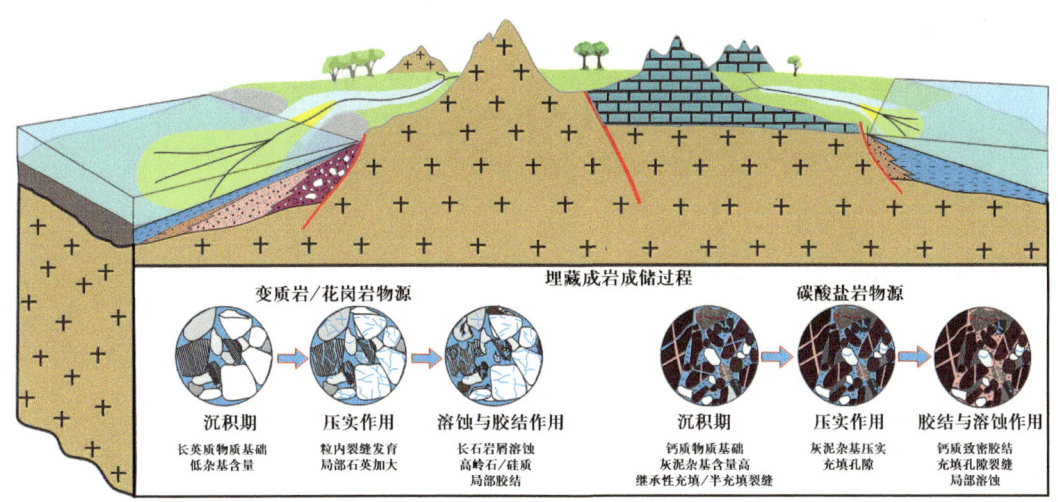

图 8.3.3 "源—渠—汇—岩"综合耦合模式

陆相盆地物源区不同母岩类型的抗风化剥蚀能力、成土能力具有显著差异，这种差异也深刻影响着沉积区内的成岩环境（图 8.3.3）。其中，花岗岩类、变质岩类母岩受风化剥蚀作用后成土能力较强，形成不同粒径碎屑颗粒并以物理颗粒的形式注入湖盆，在湖盆内水体存在时期较为短暂，对湖盆内成岩环境影响相对较小。相比之下，碳酸盐岩母岩受大气淡水等淋滤作用可溶性较强，优先以化学离子的形式注入湖盆，并对湖盆内成岩环境产生长期影响。

3）搬运通道的配置关系控制了储层的成岩物质组成

储层发育位置与物源通道的空间配置包括正对物源通道、位于通道侧翼、不连通三种关系；这种搬运通道的空间配置关系对储层成岩物质组成也起到重要影响作用（图 8.3.3）。

储层发育位置正对物源通道，受物源区陆源碎屑持续注入影响，储层成岩物质组成以陆缘碎屑矿物为主，颗粒粒径相对较大，分选磨圆相对较差（图 8.3.3）。相比之下，位于物源通道侧翼则受陆缘碎屑间歇性注入，颗粒粒径相对较小，分选磨圆相对较好，在陆缘碎屑停止注入的间歇期接收湖盆水体沉淀沉积。储层发育位置与物源通道不连通条件下，受陆缘碎屑影响较小，仅受一定悬浮质影响，以接受湖盆水体沉淀沉积作用为主。

4）沉积区的相带差异影响了储层物性

沉积物转变为岩石的成岩作用过程中，其所处的地貌单元与沉积物被埋藏的相对位置对储层物性与结构的改造同样具有重要影响作用（图 8.3.3）。沉积相带对储层的影响机理在于其控制着岩石的岩性、结构和沉积构造。原始物质组成和结构在很大程度上决定着储层孔隙结构演化的走向和压实作用的强弱。

成熟度越高，石英含量越高，砂岩骨架抗压实能力越强；相反，岩石中塑性矿物及岩屑等组分含量高时，容易受到压实作用的影响。另外，长石及岩屑等不稳定成分是溶解作用的主要载体，尤其是长石存在节理，容易产生节理缝，促进溶蚀作用的进行。当岩石中石英组分的含量超过 50%，岩屑等塑性组分降低孔隙度的能力就非常弱。在岩石孔隙体积相同的条件下，岩屑砂岩的渗透率要比石英砂岩的大，且岩屑含量越高渗透率越大。

5）"源—渠—汇—岩"综合耦合模式

源汇系统对储层形成过程中的成岩物质、成岩环境均具有重要影响及控制作用。其中，源区母岩类型及分布是控制形成储层的物质基础，搬运区物源通道与沉积体系的空间配置关系、沉积区相带差异均能影响并调节储层的物质组成及结构；同时，物源区溶解性较强的母岩能够以大气淡水淋滤向湖盆注入离子，沉积区地貌差异对储层成岩环境也能起到重要的影响及控制作用（图 8.3.3）。

对具有较强成土性母岩特征（如花岗质母岩）的"源汇"系统来说，通过剥蚀搬运在沉积区能够形成大规模沉积体系，其成岩物质具有长英质物质基础以及低杂基含量的特点，成岩过程中压实作用导致粒内裂缝发育以及局部石英次生加大，晚期溶蚀与胶结作用表现为长石岩屑溶蚀、高岭石/硅质的局部胶结作用。

"源—渠—汇—岩"耦合控砂控储机制研究的典型实例来自珠江口盆地惠州凹陷惠州 27 转换带文昌组—恩平组（图 8.3.4）。利用重矿物（图 5.1.2 和图 5.1.3）和锆石 U/Pb 年龄对（图 5.1.7 和图 5.1.8）珠江口盆地惠州凹陷惠州 27 转换带进行物源示踪、定量恢复

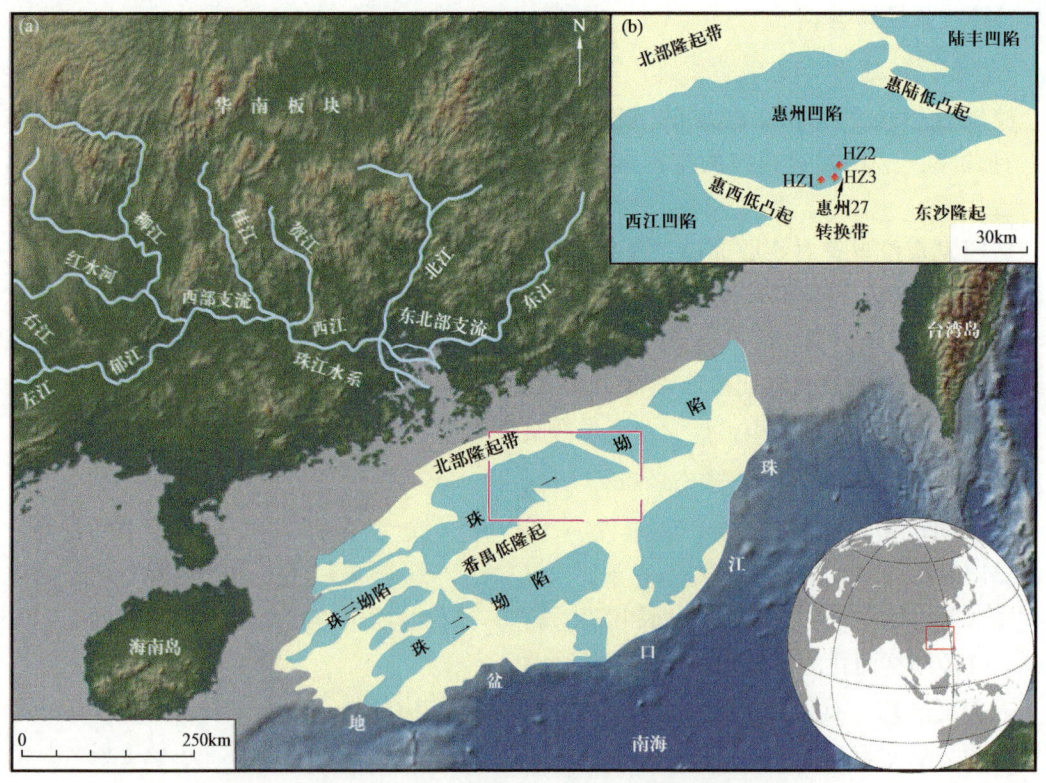

图 8.3.4 珠江口盆地及其周缘构造区划图

源区沉积物相对贡献，进而重构古近纪源汇过程（图8.3.4 和图8.3.5），探讨源汇控砂控储机制作用。

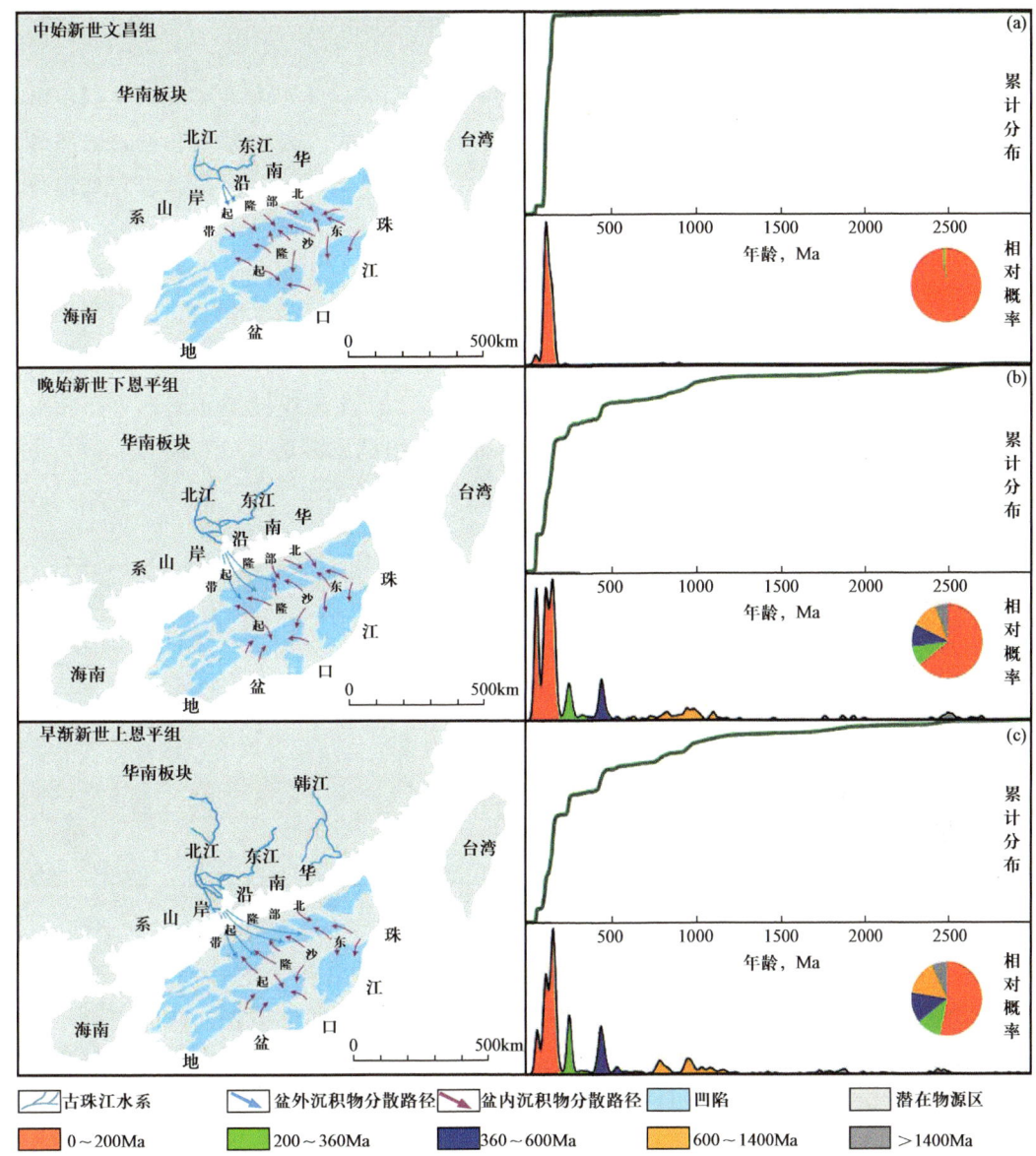

图 8.3.5 珠江口盆地惠州凹陷珠一坳陷和珠二坳陷在中始新世文昌组、晚始新世下恩平组和早渐新世上恩平组锆石 U/Pb 年龄核密度估计（KDE）图、累计 U/Pb 年龄分布图和沉积物分散路径图

惠州27转换带文昌组重矿物类型复杂、ZTR指数小，恩平组重矿物类型简单、ZTR指数大，二者重矿物特征差异明显，指示了恩平组沉积期发生了物源转换（图5.1.2 和图5.1.3）。基于锆石 U/Pb 年龄的定量源汇分析表明，文昌组沉积期98%沉积物来自于盆内中生界岩浆岩基底 [图5.1.11（b）和图8.3.5（a）]；下恩平组沉积期，盆地裂陷作用逐渐减弱、华夏地块古珠江汇入盆地，导致了"盆内近源—盆外、盆内混源"的源

汇转换，古珠江的沉积物相对贡献量为58.4%，盆内中生界岩浆岩基底的沉积物相对贡献量为36.5%［图5.1.11（b）和图8.3.5（b）］；上恩平组沉积期，古珠江供源作用增强，其沉积物相对贡献量达73.7%，盆内中生界岩浆岩基底的沉积物相对贡献量为22.2%［图5.1.11（c）和图8.3.5（b）］。

惠州27转换带岩石薄片鉴定表明，文昌组与恩平组砂岩类型存在差异。文昌组砂岩为长石岩屑砂岩；恩平组砂岩包括岩屑砂岩、长石石英砂岩、长石砂岩和长石岩屑砂岩［图8.3.6（a）］。文昌组与恩平组砂岩岩屑组分也存在明显差异，文昌组砂岩岩屑组分主要为岩浆岩，而恩平组岩屑组分除了岩浆岩，还包括变质岩和沉积岩［图8.3.6（b）］。惠州27转换带文昌组和恩平组的储层物性数据表明，文昌组与恩平组储层孔隙度和渗透率存在明显差异。文昌组储层孔隙度分布较为集中，主要分布于5%～10%之间，其次分布于10%～15%之间；而恩平组储层孔隙度分布较为分散，在0～5%、15%～20%之间均有分布，但主要分布于10%～15%之间［图8.3.7（a）］。文昌组储层渗透率分布相对集中，主要分布于0～0.1mD和0.1～1mD之间；而恩平组储层渗透率分布相对分散，主要分布于0.1～1mD之间［图8.3.7（b）］。

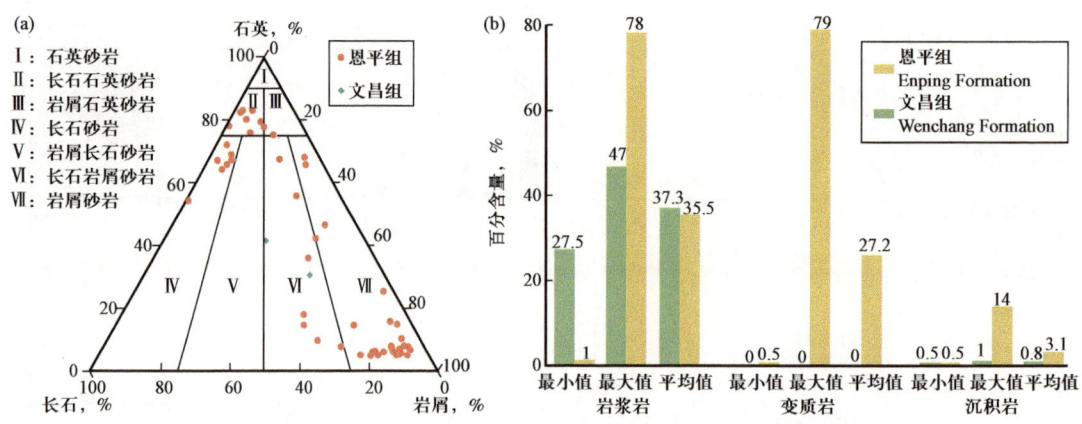

图8.3.6　珠江口盆地惠州27转换带文昌组至恩平组砂岩岩石类型（a）及岩屑类型（b）

总体来看，恩平组储层物性较文昌组更优，但储层非均质性更强；造成这一"储层的岩石组分和储层物性差异"的根本原因是"盆内近源—盆外、盆内混源"的源汇转换（图8.3.5）。惠州27转换带"文昌期盆内近源—恩平期盆外、盆内混源"的源汇转换过程导致了文昌组与恩平组储层的岩石组分差异，改善了恩平组储层物性，也导致了其非均质性变强。

文昌组物源为研究区南部的东沙隆起，母岩类型以花岗岩为主［图8.3.5（a）］。近源条件下，碎屑物质搬运距离短，岩石分选磨圆差，但岩石组分中石英含量相对较高，抗压实能力强，成岩演化中受压实作用影响小，导致了文昌组储层物性差，孔隙度主要分布于5%～10%、渗透率主要分布于0～0.1mD和0.1～1mD之间，但储层均质程度好，孔隙度、渗透率分布较为集中（图8.3.7）。

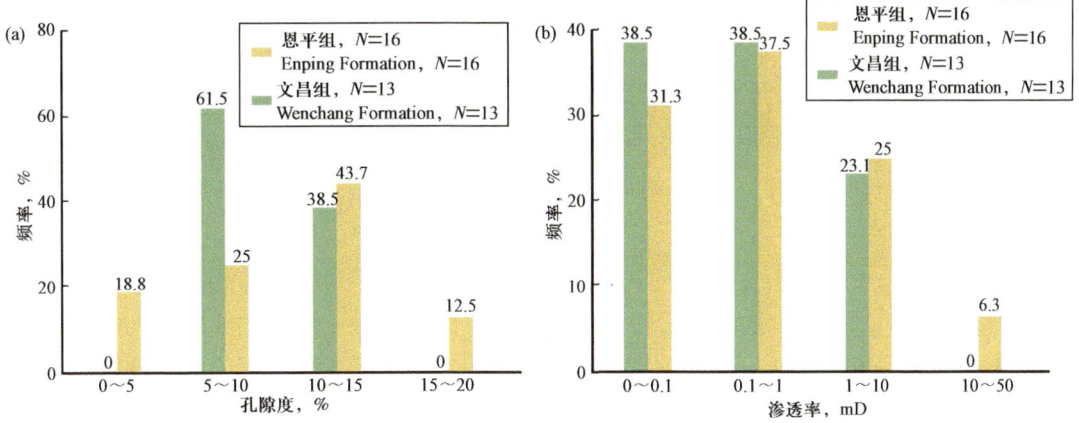

图 8.3.7　珠江口盆地惠州 27 转换带文昌组至恩平组储层孔隙度（a）及渗透率（b）

恩平组物源以盆外华南古珠江为主，同时包括盆内东沙隆起，表现为盆外、盆内物源混合供源的特征［图 8.3.5（b）和图 8.3.5（c）］。岩石组分也表现出截然不同的特征，一部分以高石英、低长石、低岩屑为特征，一部分则表现为高岩屑、低石英、低长石的特征。以高石英、低长石、低岩屑为特征的岩石刚性颗粒含量高、抗压实能力强、易于形成优质储层，而以高岩屑、低石英、低长石的岩石刚性颗粒含量低、抗压实能力差。另一方面，受混合物源供源作用，恩平组岩屑类型更为复杂，除了火山岩岩屑外，还包括大量的变质岩岩屑和沉积岩岩屑（图 8.3.7），在刚性颗粒含量高的岩石中，岩屑溶蚀增孔可以改善储层物性，恩平组储层孔隙度主要分布于 10%～15% 之间、渗透率主要分布于 0.1～1mD 之间；而在刚性颗粒含量低的岩石中，强压实作用下岩屑易塑性变形或溶蚀充填孔隙，导致储层致密化和非均质性，整体上孔隙度和渗透率分布较为分散（图 8.3.7）。

8.3.2.2　基于"源—渠—汇—岩"耦合的优质储层预测技术

"源—渠—汇—岩"耦合控储的核心内涵是源汇系统控域，源汇沉积控砂，成岩作用控性，"源—渠—汇—岩"耦合控储，包括如下核心步骤（图 8.3.1）。

（1）层序地层格架建立：区域可对比的等时层序地层格架，是"源—渠—汇—岩"系统研究的基础。通过地震资料和钻测井资料，识别地质界面（不整合面与重要的整合面），多种资料相互验证对比井震结合，建立区域可对比的层序地层格架（图 8.3.1）。

（2）物源子系统分析：沉积物源是储集砂体存在的物质基础，物源子系统分析是"源—渠—汇—岩"系统研究的关键。物源子系统分析主要包括物源类型识别、古地理格局厘定、基岩地质年代与岩性组成分析、汇水单元划分以及物源供给通量计算等（图 8.3.1）。

（3）搬运子系统刻画：搬运通道是连接物源子系统和汇聚子系统之间的纽带，它的类型、特征与展布控制了沉积体系的分布和规模，是"源—渠—汇—岩"系统研究的重点。搬运子系统刻画主要包括搬运通道类型（断槽、沟谷和构造转换带等）识别、展布

（平行、分叉、汇聚和分散等）分析、搬运通量（延伸长度、宽度、下切深度和截面积等）表征以及沉积物分散路径重建等（图 8.3.1）。

（4）汇聚子系统刻画：汇聚体系是剥蚀区沉积颗粒经过搬运通道输送分散并最终沉积下来的产物，是"源—渠—汇—岩"系统研究的核心。汇聚子系统刻画主要包括在等时层序地层格架约束下开展汇聚场所（构造古地貌、坡折带和微古地貌等）刻画和沉积体系解剖等。

（5）成岩子系统分析：成岩过程是经由"源—渠—汇"形成的沉积产物埋藏后最终变为岩石的作用过程，其控制着岩石的储层物性。成岩子系统研究主要包括沉积相分析、成岩相（压实作用、溶蚀作用和胶结作用等）分析、成岩演化（成岩阶段划分等）研究、储层物性特征（孔隙结构、储层评价和储层分类等）分析以及成岩相与孔隙演化研究（图 8.3.1）。

（6）"源—渠—汇—岩"耦合控储研究：在上述研究的基础上，明确"源—渠—汇"体系时空配置关系及其与规模砂体的控制作用，揭示"源—渠—汇"体系对成岩作用和储层质量的控制作用。最终从"源—渠—汇—岩"系统的角度落实优质储层的时空展布（图 8.3.1）。

参 考 文 献

冯志刚，王世杰，刘秀明，等，2009. 酸不溶物对碳酸盐岩风化壳发育程度的影响 [J]. 地质学报，83（6）：886-893.

龚承林，徐长贵，官大勇，等，2023. 渤中凹陷断拗转换期湖扩—湖退型层序及其对规模湖底扇发育展布的控制 [J]. 古地理学报，25（05）：992-1010.

赖发叶，1989. 试论母岩岩性与土壤侵蚀的关系 [J]. 中国水土保持，7：41-43.

李峻颉，侯国伟，秦兰芝，等，2021. 构造转换带制约下的砂体富集效应：以平湖斜坡孔雀亭区平湖组为例 [J]. 高校地质学报，27（04）：459-468.

林畅松，夏庆龙，施和生，等，2015. 地貌演化、源—汇过程与盆地分析 [J]. 地学前缘，22（1）：9-20.

刘炳强，王伟超，张文龙，等，2022. 陆相盆地河—湖沉积源—汇系统收支分析：以柴北缘中侏罗统石门沟组为例 [J]. 沉积学报，40（06）：1494-1512.

莫源富，奚小双，2010. 植被覆盖茂密区碳酸盐岩岩性的遥感识别：以灌江流域为例 [J]. 桂林工学院学报，30（1）：41-46.

裴建国，梁茂珍，陈阵，2008. 西南岩溶石山地区岩溶地下水系统划分及其主要特征值统计 [J]. 中国岩溶，27（1）：6-10.

宋章强，杜晓峰，王启明，等，2017. 辽西低凸起北段源—汇系统精细描述与油气勘探实践 [J]. 地球科学，42（11）：2069-2080.

王世杰，2002. 喀斯特石漠化概念演绎及其科学内涵的探讨 [J]. 中国岩溶，21（2）：101-105.

徐长贵，2013. 陆相断陷盆地源—汇时空耦合控砂原理：基本思想、概念体系及控砂模式 [J]. 中国海上油气，25（4）：1-11.

徐长贵，杜晓峰，朱洪涛，2020. 陆相断陷盆地源汇系统控砂原理与应用. 北京：科学出版社.

徐杰，姜在兴，2019. 碎屑岩物源研究进展与展望 [J]. 古地理学报，21（03）：378-396.

杨春艳，杨广斌，陈智虎，2016. 西南山区不同岩性背景下植被覆盖特征分析：以盘县为例 [J]. 贵州师范大学学报（自然科学版），6：1-7.

杨立铮，1985. 中国南方地下河分布特征［J］. 中国岩溶，4（1-2）：98-106.

杨明慧，2009. 渤海湾盆地变换构造特征及其成藏意义［J］. 石油学报，30（6）：816-823.

姚光庆，姜平，2021. 储层"源—径—汇—岩"系统分析的思路方法与应用［J］. 地球科学，46（08）：2934-2943.

Allen P A, 2008a. From landscapes into geological history［J］. Nature, 451（7176）: 274-276.

Allen P A, 2008b. Time scales of tectonic landscapes and their sediment routing systems［J］. Geological Society, London, Special Publications, 296: 7-28.

Allen P A, 2017. Sediment routing systems: the fate of sediment from source to sink［M］. Cambridge: Cambridge University Press.

Blum M, Martin B J, Milliken K, et al., 2013, Paleovalley systems: insights from quaternary analogs and experiments［J］. Earth-Science Reviews, 116: 128-169.

Fossen H, Rotevatn A, 2016. Fault linkage and relay structures in extensional settings: a review［J］. Earth-Science Reviews, 154: 14-28.

Lawton T F, 2014. Small grains, big rivers, continental concepts［J］. Geology, 42: 639-640.

Moustafa A R, Khalil S M, 2017. Control of extensional transfer zones on syntectonic and post-tectonic sedimentation: implications for hydrocarbon exploration［J］. Journal of the Geological Society, 174: 318-335.

Nyberg B, Helland-Hansen W, Gawthorpe R L, et al., 2018a. Revisiting morphological relationships of modern source-to-sink segments as a first-order approach to scale ancient sedimentary systems［J］. Sedimentary Geology, 373: 111-133.

Nyberg B, Helland-Hansen W, Gawthorpe R L, et al., 2018b. Revisiting morphological relationships of modern source-to-sink segments as a first-order approach to scale ancient sedimentary systems［J］. Basin Research, 33: 2435-2452.

Rahl J M, Reiners P W, Campbell I H, et al., 2003. Combined single-grain（U-Th）/He and U/Pb dating of detrital zircons from the Navajo Sandstone, Utah［J］. Geology, 31: 761-764.

Reiners P W, Campbell I H, Nicolescu S, et al., 2005. （U-Th）/（He-Pb）double dating of detrital zircons［J］. American Journal of Science, 305: 259-311.

Sharman G R, Johnstone S A, 2017. Sediment unmixing using detrital geochronology［J］. Earth and Planetary Science Letters, 477: 183-194.

Snedden J W, Galloway W E, Milliken K T, et al., 2018. Validation of empirical source-to-sink scaling relationships in a continental-scale system: the Gulf of Mexico basin Cenozoic record［J］. Geosphere, 14: 768-784.

Sømme T O, Helland-Hansen W, Martinsen O J, et al., 2009. Relationships between morphological and sedimentological parameters in source-to-sink systems: a basis for predicting semi-quantitative characteristics in subsurface systems［J］. Basin Research, 21: 361-387.

Szymanskia E, Fielding L, Davies L, 2022. Source-to-sink analysis of deepwater systems: Principles, applications, and case studies［M］//Rotzien J R, Yeilding C A, Sears R A, et al., Deepwater sedimentary systems: science, discovery, and applications. New York: Elsevier: 407-441.

Vermeesch P, 2013. Multi-sample comparison of detrital age distributions［J］. Chemical Geology, 341: 140-146.

Williams R M, Underhill J R, Jamieson R J, 2020. The role of relay ramp evolution in governing sediment dispersal and petroleum prospectivity of syn-rift stratigraphic plays in the Northern North Sea [J]. Petroleum Geoscience, 26: 232-246.

Xu J, Snedden J W, Stockli D F, et al., 2017a. Early Miocene continental-scale sediment supply to the Gulf of Mexico Basin based on detrital zircon analysis [J]. Geological Society of American Bulletin, 129: 3-22.

Xu J, Stockli D F, Snedden J W, 2017b. Enhanced provenance interpretation using combined U-Pb and (U-Th)/He double dating of detrital zircon grains from lower Miocene strata, proximal Gulf of Mexico Basin, North America [J]. Earth and Planetary Science Letters, 475: 44-57.

Yu Y, Xu C, Zhang X, et al., 2023. Research advances on transfer zones in rift basins and their influence on hydrocarbon accumulation [J]. Energy Geoscience, 4: 100148.

第 9 章　源汇系统工业化制图方法

9.1　源汇系统工业化制图内容与物源子系统分析

层序地层是源汇系统研究的基础，其核心在于建立高精度等时地层格架，层序地层研究的准确性和精度直接影响源汇系统研究的准确性和精度（徐长贵，2013；刘强虎等，2016；魏山力，2016；朱红涛等，2017；徐长贵等，2017；徐长贵和龚承林，2023）。

9.1.1　源汇系统工业化制图与层序地层格架

9.1.1.1　源汇理论工业化制图内容

陆相断陷盆地源汇理论工业化应用的主要研究内容包括源汇系统的层序地层格架建立、物源子系统分析与物质供给通量表征、输砂通道子系统分析与搬运通量表征、坡折子系统描述与表征、源汇系统耦合模式与沉积响应分析，源汇系统研究要编制的关键图表有源汇系统层序地层综合图、物源供给系统古地理格架图、源汇沉积体系平面图以及物源供给通量表、沉积搬运物通量表，可以简称为"三图两表"（徐长贵和杜晓峰，2017）。

沉积源汇系统制图工作所需要的基本资料主要包括：涵盖从源到汇的区域地质背景资料，包括但不限于盆地类型、构造、地质、古气候、古水系和沉积特征等；钻井资料，包括但不限于录井资料、测井资料、地层分层数据等，有条件时包括钻井取心、井壁取心等资料；分析化验资料，包括但不限于岩矿分析、古生物分析、锆石测年、元素地球化学等资料；二维、三维地震、重磁等资料；区域研究和基础地质研究等其他研究成果。

9.1.1.2　源汇系统的层序地层格架

层序地层是源汇系统研究的基础，层序地层研究的准确性和精度直接影响源汇系统研究的准确性和精度。关于层序地层学研究理论、技术方法已经有非常多的文献涉及，具体研究方法不再赘述。这里需要强调的是，在源汇系统研究与沉积储层精细预测中需要恢复出精细古物源区，特别是在厚度较薄的地层格架内的沉积体系分析中，要进行高精度层序地层的识别，分析隆起区层序发育与湖盆沉积区层序发育的差异，进而识别出隐性物源。

源汇系统的层序地层格架建立要形成的关键成果图件包括单井层序划分柱状图、连井层序地层对比剖面图、井震标定层序地层对比地震剖面图和层序地层格架综合图等

（图 9.1.1）（徐长贵等，2017）。其中"源汇系统的层序地层格架综合图"是源汇系统的层序地层格架最为核心的成果图件，图 9.1.1 是一个渤海沙南地区源汇系统层序地层格架综合图的一个实例，从该综合图中可以清晰地了解本地区的物源基岩年代、层序发育的基本情况、层序的基本结构等信息。

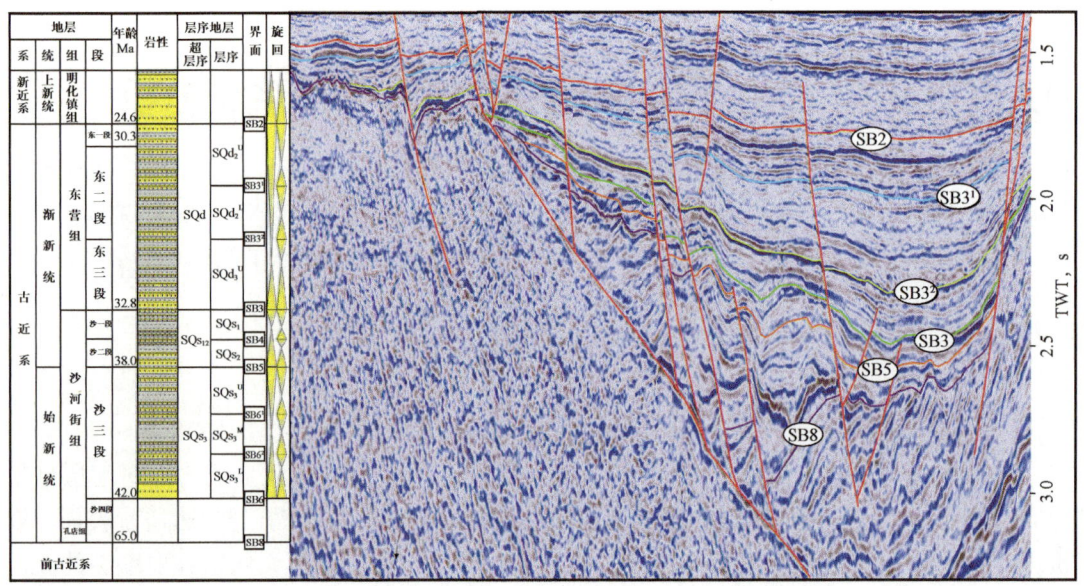

图 9.1.1　渤海沙南地区的源汇系统层序地层格架综合图

9.1.2　物源区汇水单元划分工业化制图

9.1.2.1　物源区汇水单元划分

物源区汇水单元划分是源汇定量分析的基础，包括源汇系统划分、物源区基岩岩性、物源区的水系流域面积、物源区落差描述、物源区边界样式等。

汇水单元划分是在古地貌刻画的基础上，以分水岭最高点的连线即分水线为界线来确定（图 9.1.2）。一个物源区分水线级次控制的源汇系统的规模也不同，分水线的级次通常分为三级（图 9.1.2）。一级分水线是一个物源区的中央分水岭，将物源区分割为水流流向完全相反的两个大的水系，一级分水线控制一级汇水单元（图 9.1.2）。二级分水线是在一级分水线的基础上，分割区域性水流流域的分水岭，这一流域内往往由多条水系构成，这些水系最终汇成一个具有相同水流方向的河流，二级分水线控制二级汇水单元（图 9.1.2）。三级分水线就是单个河流之间的分水岭，三级分水线控制三级汇水单元（图 9.1.2）。

源汇系统的划分的相关工业化图件主要包括物源区汇水单元划分图，包括基于多级分水岭（一级分水岭、二级分水岭和三级分水岭）厘定的物源区多级汇水单元（一级汇水单元、二级汇水单元和三级汇水单元）划分。基于"三级分水线"进行汇水系统物源供给通量表征的典型实例来自如图9.1.3所示的沙垒。沙垒田凸起自西向东（顺时针方向）划分为22个汇水单元（a~v），其中包括2个一级汇水单元，7个二级汇水单元。其中a~l区位于沙垒田凸起北部，物源区南高北低，水流流向虽有差异，但整体向北，水流最终注入沙北沉积凹陷内；m~v区位于沙垒田凸起南部，水流最终注入沙南沉积凹陷内（图9.1.3）。

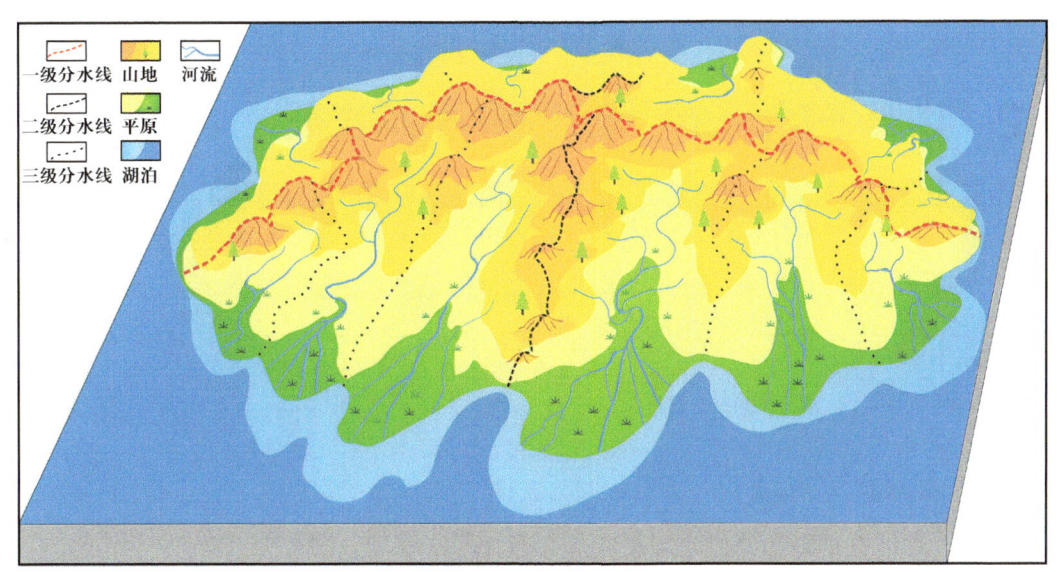

图9.1.2　基于三级分水线厘定的物源区汇水单元划分示意图

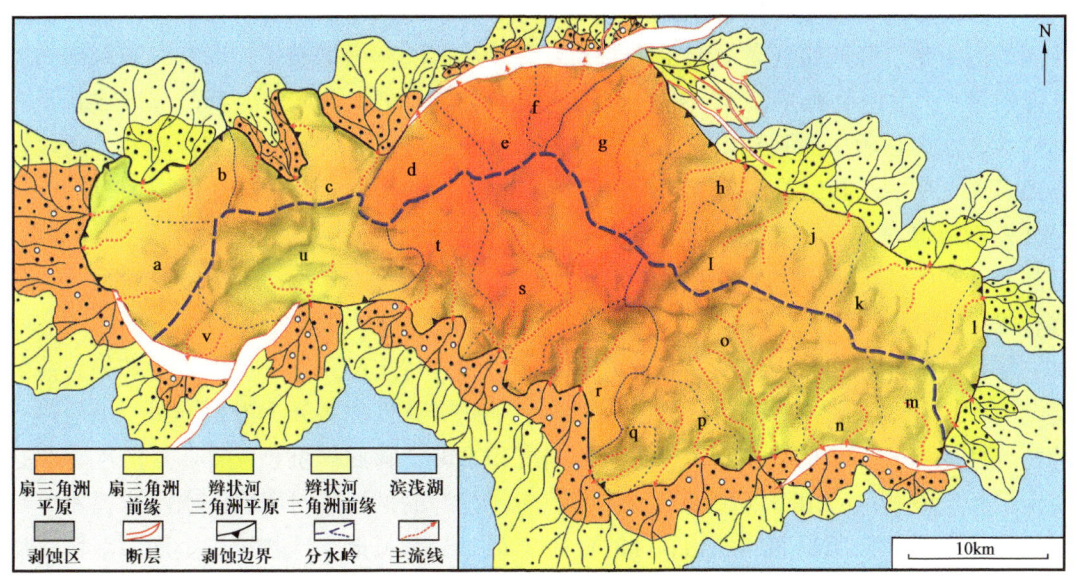

图9.1.3　沙垒田凸起源汇系统级划分与扇体分布

9.1.2.2　物源供给通量表征

在源汇系统母源区汇水单元划分的基础上，可以定量表征一个汇水系统的物源供给通量（徐长贵等，2017）。在实际应用中，常用"汇水单元面积和物源区落差"来半定量刻画某一源汇系统的物源供给通量（徐长贵等，2017）。一般而言，在基岩组成、物源通道类型与规模及边界样式相近条件下，系统内物源区的汇水面积与沉积扇体规模间呈现为正相关关系，即汇水面积越大，沉积区扇体规模越大，与此同时，垂向高差（物源区内最高点与最低点差值）越大，对应物质供给通量越大，在沉积凹陷内对应扇体展布面积相应越大。

9.2 物源子系统分析与搬运子系统表征

物源是储集砂体存在的物质基础，沉积物源供给对陆相盆地砂体的分布具有极其重要的影响，但物源的整体分析与表征是传统沉积体系分析中常常忽略的一个内容，因此，对物源系统进行精细的刻画表征是源汇系统分析的基础和关键（刘强虎等，2016；徐长贵和杜晓峰，2017；朱红涛，2017；徐长贵和龚承林，2023）。

9.2.1 物源子系统工业化制图

9.2.1.1 物源类型识别

物源类型的识别是物源研究的基础，在陆相断陷盆地，物源类型多样，不同类型的物源对砂体的控制作用不尽相同，物源古地貌恢复的方法也不完全相同。

按照物源所处的盆地位置不同，可以分为盆外物源和盆内物源。盆外物源多为盆地外围的造山带、隆起带或者褶皱带（如渤海海域北部的燕山褶皱带，渤海海域东部的胶辽隆起带）；盆内物源是盆地内部分割不同凹陷或者洼陷的凸起区、低凸起区或者是局部高地。盆内物源按照其规模大小可以进一步细分为区域性物源和局部性物源。区域性物源多为大型的凸起区或低凸起区，物源规模较大，剥蚀时间较长，可以作为长期物源；局部性物源是规模较小、遭受剥蚀较短的盆地内部或周缘的小型古高地、凸起倾末端、低凸起、凹中低隆等次级正向地貌单元，它们剥蚀时间较短，实际工作中往往难以识别，具有较强的隐蔽性，但因其多处于生烃凹陷附近甚至被生烃凹陷包围。

复杂断陷盆地物源系统是动态的，源和汇之间在特定的条件下可以发生转换。按照活动的方式不同，陆相断陷盆地物源可以分为垂向隆升性物源和走滑性物源。垂向隆升性物源是受生长性断层的控制，相对盆地同沉积下降，物源同沉积隆升。走滑性物源是在走滑断裂发育区，由于断裂走滑活动的影响，物源的位置相对凹陷汇水区位置发生有规律性的变化。按照识别的风化剥蚀时间长短可以分为长期显性物源和短期隐蔽性物源（徐长贵等，2014；杜晓峰等，2017）。

9.2.1.2 物源区古地理格局

古地理格局是受研究区构造变形、沉积充填、差异压实、风化剥蚀等综合作用综合影响的结果，古地理格局的确定与划分是源汇研究的一个重要环节（图 9.2.1）。古地理格局分析主要包括古气候分析、构造背景分析和古地貌恢复等（徐长贵等，2017；徐长贵和龚承林，2023）。

在源区古地貌恢复的基础上，结合断裂与斜坡体系类型、展布及地层叠置特征综合确定古地理格局，划分构造—沉积单元，分析各三级（或四级）层序中不同构造—沉积单元内地层展布特征、厚度变化及沉积中心演化、迁移规律。具体步骤可概括为：（1）建立研究区构造—层序地层格架；（2）应用沉降回剥分析技术恢复不同层序发育时期的古地貌；（3）恢复研究区各目的层的层序发育时期古地理格局；（4）综合断裂与斜坡体系类型、展布及地层叠置特征划分构造—沉积单元。这一研究主要图件包括古地理格局图、三级层序地层古厚图、断裂体系平面分布及生长指数统计图等。

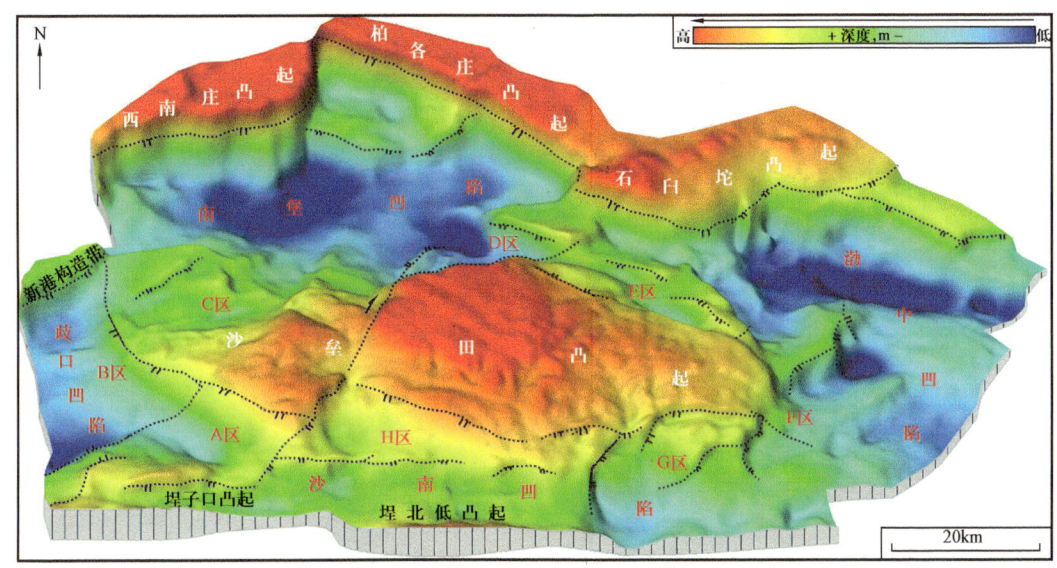

图 9.2.1　渤海海域沙垒田凸起及围区沙河街组古地理格局及分区图

基于高分辨率三维地震数据体，根据上述步骤做出的渤海海域沙垒田凸起及围区沙河街组古地理格局及分区图（图 9.2.1）。图中可以直观地观察、分析各沉积要素（或单元）独特的形态。通过古地理格局分析，可以很清楚地识别出研究区的正向古地貌单元（古隆起、古凸起）、负向古地貌单元（沟谷、河道）和沉积区。古隆起等正向地貌单元可以作为物源区，而负向古地貌单元是沉积物运输的通道，是连接物源区与沉积区的纽带（图 9.2.1）。

物源区古地理格局厘定的主要工业化图件包括：古地理格局图、层序格架内地层厚度图、断裂体系平面分布及生长指数统计图等。

9.2.2　基岩地质年代与岩性组成工业化制图

9.2.2.1　源区基岩年代学和岩石学分析

源区基岩组成直接决定沉积区内物质组成，因不同基岩类型抗风化、剥蚀能力存在差异，使得汇水区内沉积砂体发育的质量和规模亦存在差异，源区基岩地质年代确定、岩性组成及分布研究是源汇系统的重要部分，它可指导预测不同区带储层物性特征。源区基岩组成的研究包括基岩年代学研究和基岩岩石学研究（图9.2.2）（徐长贵等，2017；徐长贵和龚承林，2023）。

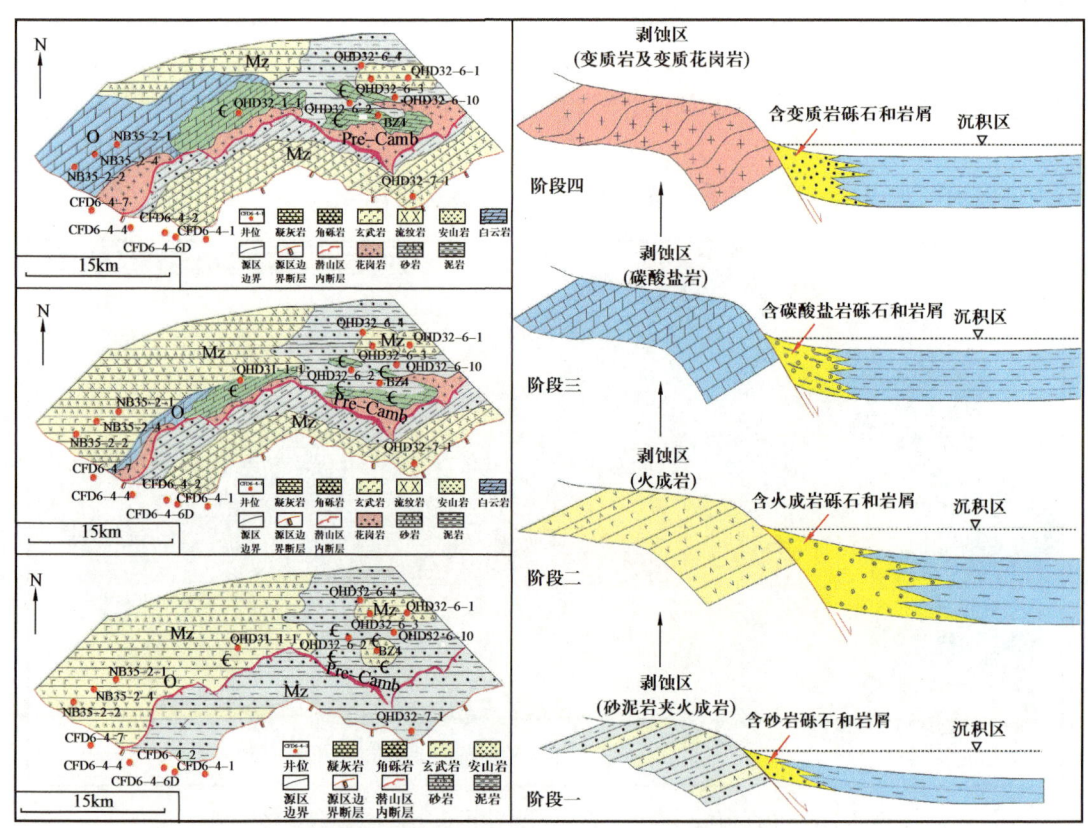

图9.2.2 渤海海域沙垒田凸起及围区（物源区）沙河街组基岩岩性分布图

基岩岩性的确定主要根据钻井岩心、岩屑的观察与镜下鉴定，基岩年代确定常用锆石 U/Pb 同位素测年，基岩分布主要依据地震反射特征结合钻井标定进行，在海上探区钻井资料稀少的情况下，可以通过研究区之外的地震反射特征类比确定基岩的年代与基岩的岩石类型（图9.2.2）。

源区基岩年代学和岩石学分析的主要工业化图件包括物源区基岩年代分布图和物源区基岩岩性分布图。

9.2.2.2 物源示踪分析

在陆相断陷盆地中，沉积区内的沉积物质往往受到多个物源的影响，因此，要弄清楚沉积区物质来源，需要对沉积物进行物源示踪分析（徐长贵和龚承林，2023）。

源汇系统的物源示踪分析主要方法有：（1）碎屑岩岩屑成分，该方法主要通过砂岩矿物的 Dickinson 图解划分基岩类型及构造背景以进行物源示踪；（2）地震前积反射特征,该方法主要根据3D地震资料中的前积反射特征来推断古物源方向;(3)重矿物,该方法主要通过沉积岩中的重矿物化学组分和重矿物组合(如ZTR)来指示源区的岩石类型和物源方向;(4)锆石U-Pb定年,该方法主要通过比对物源区与沉积区的锆石U-Pb年龄特征,建立物源体系与沉积体系的时空配置关系。

物源示踪分析的主要工业化图件包括:砂岩矿物Dickinson图、地震相图、重矿物特征指数分布图、锆石U-Pb年龄谱图和沉积物分散路径图等。

9.3 汇聚子系统分析与源汇系统耦合

搬运通道系统连接物源系统和沉积区,其类型、规模及与物源区基岩的配置关系控制沉积体系的规模及储集物性,因此搬运通道系统分析是"源—渠—汇—岩"系统分析的关键(刘强虎等,2016;朱红涛等,2017;徐长贵等,2017;徐长贵和龚承林,2023)。

9.3.1 搬运子系统与坡折子系统工业化制图

9.3.1.1 搬运子系统分析

搬运子系统(输砂通道系统)连接物源系统和盆地沉积凹陷区,输砂通道系统的类型、规模及其与物源区基岩的配置关系控制沉积体系的规模及其储集物性(刘强虎等,2016;朱红涛等,2017;徐长贵等,2017)。因此,输砂通道系统的分析是源汇系统分析的关键。输砂通道系统分析的主要内容包括输砂通道的类型识别、输砂通道与物源基岩岩性配置关系分析、输砂通道的定量表征(表9.3.1)。

表 9.3.1 渤海海域石南陡坡带沟谷定量表征(沟谷位置见图9.3.1)

沟谷编号	V1	V2	V3	V4	V6	V11	V18	V19	V20	V21	V22
沟谷长度,m	3520	1700	1650	1720	5000	3600	2160	3980	2400	2410	1980
平均宽度,m	880	370	470	634	1650	997	564	892	660	787	980
平均深度,m	138.6	52.4	30.8	49.3	123.2	175.6	80	120	104.7	86.3	58.5
宽深比	6.3	7.1	15.3	12.9	13.4	5.7	7.0	7.4	6.3	9.1	16.7
平均通道截面积,m²	60984	19373	7238	15622	101723	87517	22583	53573	34558	33935	28675

陆相断陷盆地常见的输砂体系主要有断面、侵蚀沟谷、断槽和转换带四种主要类型(徐长贵等,2008;徐长贵和龚承林,2023)(表9.3.1)。侵蚀沟谷主要包括U形、V形、W形几种主要类型;断槽主要包括一条断层所伴生的单断槽和两条断层所伴生的双断槽两种类型;转换带又可进一步划分为"同向倾斜型、相向倾斜型和背向倾斜型"三种类型。断面是碎屑物质的线状供给方式,其他三种都是点状供给方式。这四种类型可以单一存在,也可以组成复合的输砂体系类型,不同类型的输砂体系可以相互转化。不同输

砂通道输砂能力大小取决于其截面积的大小及其坡度的大小（表9.3.1）。

输砂通道的识别可以从地震单剖面上直接识别，单剖面上识别后进行平面组合，确定输砂通道的平面分布；输砂通道也可以通过古地貌图识别判断（图9.3.1）。断槽型沟谷因断槽在垂向上存在明显高差，在沉积古地貌刻画基础上，可以辅助应用相干体属性进行拾取。通过相干体属性可以有效凸显出不连续的特征，指示断层展布、断面及典型古沟谷特征，提高其解释精度。

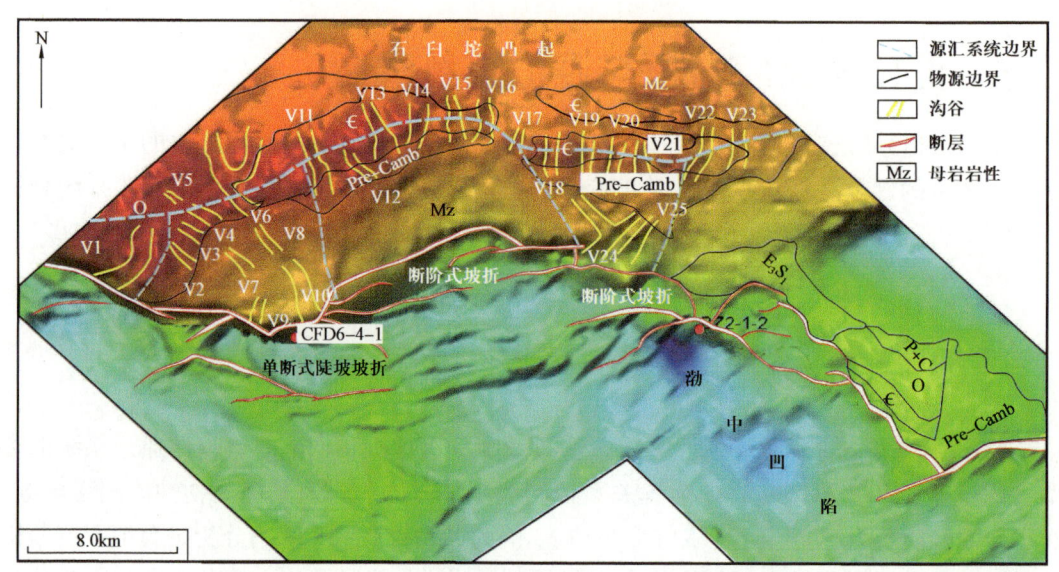

图9.3.1　石臼坨凸起西段物源区古地理综合图

沉积物搬运通量表征参数主要包括沟谷长度、宽度、沟谷下切深度、宽深比以及平均通道截面积等参数（表9.3.1），沟谷长度和宽度可以从古地貌图上直接读取，但是下切深度需要从地震剖面上读取统计。在物源区产状、基岩等条件相近背景下，物源通道规模（宽度/深度/长度）越大，其输导、搬运沉积量越大。

输砂通道与物源的配置关系非常重要，输砂通道与物源的配置关系决定沉积体碎屑物的岩石成分构成，因此直接影响储集体的物性。图9.3.2是渤海旅大29地区沟谷与物源的配置关系图，钻探实际表明，LD29-1N-1井沙二段辫状河三角洲是由切过元古界碳酸盐岩的沟谷供给物源，砂体储集物性极差，LD29-1-1sa井沙二段辫状河三角洲是由切过中生界火山岩的沟谷供源，储集物性要好得多，测试获得了高产，LD29-1-2井则是两者的混源，其储层物性介于两井之间。可见，沟谷与物源区基岩性质的配置关系对储集物性有着重要的影响。

搬运子系统分析主要的工业化图件包括如表9.3.1所示的搬运通道类型统计表或其他的搬运通道类型统计表、搬运通道平面分布图等。

9.3.1.2　坡折子系统分析

在陆相断陷盆地，根据坡折带的成因、平面组合样式及控相的差异性，可将渤海海

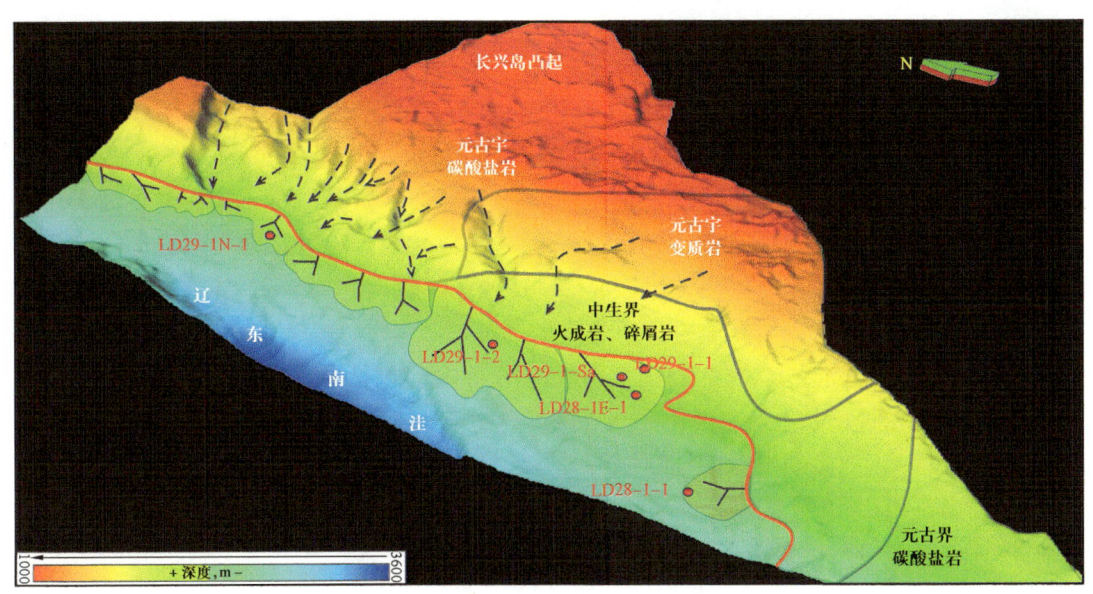

图 9.3.2 旅大 29 地区沟谷与物源的配置关系图

域古近系坡折带划分为伸展型边界断裂坡折带、走滑型边界断裂坡折带、沉积坡折带和基底先存地形坡折带等 4 种类型，根据伸展型边界断裂平面组合样式可进一步划分出单断式陡坡坡折带、断阶式坡折带（图 9.3.1）和传递构造坡折。不同类型坡折带对沉积体系的控制作用明显不同。

断裂型坡折带主要根据古构造图进行识别，而不能依据现今地貌进行坡折带识别，特别是断裂坡折，如果断层不控制沉积，那么就不能作为坡折带；沉积坡折带和基底先存地形坡折带要根据地震剖面和古地貌图结合起来判别。

在陆相盆地中，坡折带泛指从坡折和坡脚及其附近的明显受斜坡控制的侵蚀和沉积作用活跃地带，包括坡折、斜坡和坡脚三个部分。坡折产状表征主要包括斜坡的产状（倾角、倾向）和坡脚的产状（倾角、倾向）。

坡折带斜坡坡度大，其控制的扇体呈现面积小、厚度大、粒度粗特征；而坡折带斜坡坡度越小，其控制的扇体呈现为面积大、沉积厚度相对薄、粒度偏细特征。根据坡脚产状的差异，可以将坡脚分为坡脚上倾型坡折带和坡脚下倾型坡折带，坡脚下倾型坡折带容易产生由滑塌作用形成的滑塌浊积扇。

在完成物源子系统、输砂子系统和坡折子系统相关研究后，要编制一张物源供给系统古地理综合图，图中需要包含物源区母岩岩性要素、古地貌要素、汇水单元要素、源汇系统划分要素、坡折类型要素等五大要素（图 9.3.1）。

9.3.2 源汇系统耦合及其控砂控储工业化制图

坡折带的概念最早起源于地貌学，指地形坡度发生突变的地带，在源汇系统中坡折带具有重要的意义，它是物源体系、输砂通道体系与沉积物汇聚体系的地貌分界，更是沉积物卸载的地方（林畅松等，2000；龚承林等，2023；徐长贵和龚承林，2023）。

9.3.2.1 源汇系统耦合模式分析

基于目标区目的层段源汇单元刻画、统计，综合源区定量示踪、物源搬运通道精细识别、沉积砂体多尺度刻画、构造—沉积—层序一体化模式论证，建立研究区不同类型的"源—渠—汇"系统耦合模式（徐长贵等，2004）。

源汇系统耦合模式与沉积响应分析具体步骤如下：

（1）"源—渠—汇"系统控制因素分析。分析内容包括源—物质组成及供给通量、渠—优势堆积方向及搬运通量及汇—沉积充填样式及可容通量，明确构造—层序边界样式对"源—渠—汇"系统要素的控制作用。

（2）"源—渠—汇"系统类型与特征。研究重点参照源区（汇水体系）、物源—搬运体系及其与汇区间衔接处边界样式差异，将沙垒田凸起"源—渠—汇"系统划分为断裂陡坡型"源—渠—汇"系统、断裂缓坡型"源—渠—汇"系统及斜坡型"源—渠—汇"系统三大类。其中断裂缓坡型"源—渠—汇"系统可以进一步划分为单一断裂缓坡型"源—渠—汇"系统与多级断裂缓坡型"源—渠—汇"系统。主要图件：不同类型"源—渠—汇"体系模式图、不同层序"源—渠—汇"系统耦合模式图等。

在源汇体系理论指导下，结合钻井、测井和地震识别的沉积相类型标志，通过区域连井—地震剖面的沉积相解释及重点区带地震沉积学的精细解剖，综合编制以三级层序为单位的源汇沉积体系平面分布图，进而在层序格架内分析沉积相与沉积体系发育分布特征（图9.3.3）。图件应尽可能全面、准确地反映源区母岩岩性、主要沟谷、坡折类型、沉积类型及展布，展现出源汇要素的耦合关系特征。

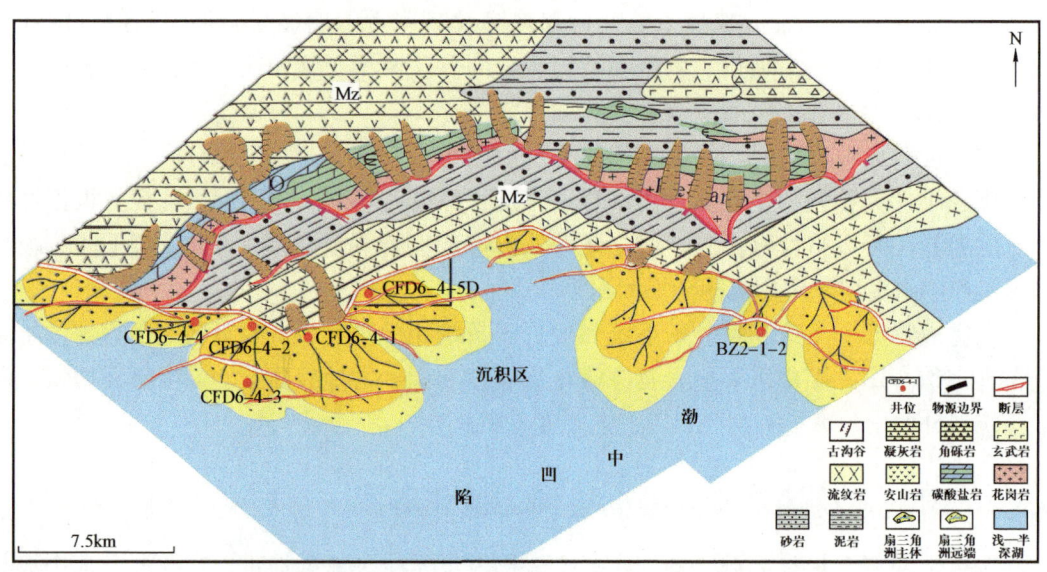

图9.3.3　石臼坨地区沙三段源汇沉积体系平面分布图

9.3.2.2 源汇系统耦合控砂控储

在上述基础上，明确源渠汇体系时空配置关系及其与规模砂体的控制作用，揭示源渠汇体系对成岩作用和储层质量的控制作用，并最终从揭示源渠汇岩系统的角度落实优质储层的时空展布（徐长贵和龚承林，2023）。

源汇系统耦合控砂控储工业化图件主要包括源汇配置模式图、源汇分区平面图、源汇沉积响应模式图、成岩相平面分布图、成岩演化模式图、优质储层平面分布图、"源—渠—汇—岩"系统耦合模式图。在此基础上，通过"源—渠—汇"系统四联图综合评价深层优质储层，四联图包括源汇分区平面图、沉积相平面图、成岩相平面图和储层评价平面图。

参 考 文 献

杜晓峰，庞小军，王清斌，等，2017. 石臼坨凸起东段围区沙一二段古物源恢复及其对储层的控制 [J]. 地球科学，42（11）：1897-1909.

龚承林，徐长贵，官大勇，等，2023. 渤中凹陷断拗转换期湖扩—湖退型层序及其对规模湖底扇发育展布的控制 [J]. 古地理学报，25（05）：992-1010.

林畅松，潘元林，肖建新，等，2000."构造坡折带"：断陷盆地层序分析和油气预测的重要概念 [J]. 地球科学（中国地质大学学报），25（3）：260-266.

刘强虎，朱筱敏，李顺利，等，2016. 沙垒田凸起前古近系基岩分布及源—汇过程 [J]. 地球科学，41（11）：1935-1949.

魏山力，2016. 基于地震资料的陆相湖盆"源—渠—汇"沉积体系分析：以珠江口盆地开平凹陷文昌组长轴沉积体系为例 [J]. 断块油气田，23（04）：414-418.

徐长贵，2013. 陆相断陷盆地源—汇时空耦合控砂原理：基本思想、概念体系及控砂模式 [J]. 中国海上油气，25（4）：1-11.

徐长贵，杜晓峰，2017. 陆相断陷盆地源—汇理论工业化应用初探：以渤海海域为例 [J]. 中国海上油气，29（4）：9-18.

徐长贵，龚承林，2023. 从层序地层走向源—汇系统的储层预测之路 [J]. 石油与天然气地质，44（03）：521-538.

徐长贵，于水，林畅松，等，2008. 渤海海域古近系湖盆边缘构造样式及其对沉积层序的控制作用 [J]. 古地理学报，（06）：627-635.

朱红涛，徐长贵，朱筱敏，等，2017. 陆相盆地源—汇系统要素耦合研究进展 [J]. 地球科学，42（11）：1851-1870.